医用镍钛形状记忆合金表面改性

苏向东　王天民　何　力　著

科学出版社

北　京

内 容 简 介

本书针对医用NiTi形状记忆合金表面改性开展研究工作，全书共11章，研究内容如下：研究NiTi形状记忆合金在体液、血液和口腔等不同体外模拟生理环境中的镍离子腐蚀溶出；计算NiTi形状记忆合金去合金化脱镍的热力学条件，提出去合金化脱镍的技术路线和脱镍的方法；研究纯钛、纯镍在钼酸盐溶液中的阳极极化特性，分析NiTi形状记忆合金在钼酸盐溶液中适宜的阳极氧化电位，在合金表面制备出氧化膜。利用层层静电自组装的方法，制备两种多层膜——聚乙烯亚胺（PEI）/肝素钠和壳聚糖/肝素钠，实现无机/有机材料的复合和药物肝素钠的表面负载。对低温去合金化脱镍处理后的NiTi形状记忆合金进行体外血液相容性和组织相容性评价；对所制备的多种膜层开展了溶血率实验、动态凝血时间实验、血小板黏附实验和细胞相容性评价实验。

本书可供从事骨科、口腔、介入学行业及领域的科研工作者和医务工作者阅读，也可供高等院校相关师生学习参考。

图书在版编目(CIP)数据

医用镍钛形状记忆合金表面改性 / 苏向东，王天民，何力著. —北京：科学出版社，2021.1

ISBN 978-7-03-067560-6

Ⅰ. ①医… Ⅱ. ①苏… ②王… ③何… Ⅲ. ①生物医学工程-钛基合金-镍基合金-形状记忆合金-金属材料-表面改性-研究 Ⅳ. ①R318.08 ②TG146.2

中国版本图书馆CIP数据核字（2020）第260425号

责任编辑：万瑞达 / 责任校对：王万红
责任印制：吕春珉 / 封面设计：曹 来

科学出版社 出版
北京东黄城根北街16号
邮政编码：100717
http://www.sciencep.com
北京中科印刷有限公司 印刷
科学出版社发行 各地新华书店经销
*
2021年1月第 一 版 开本：787×1092 1/16
2021年1月第一次印刷 印张：11 1/4 插页 3
字数：282 000

定价：89.00元

（如有印装质量问题，我社负责调换〈中科〉）
销售部电话 010-62136230 编辑部电话 010-62130874（BA03）

前　　言

金属材料作为人体植入材料应用于医学领域已有 200 余年的历史。由于人体内是一个具有腐蚀性的特殊环境，会导致金属材料在人体内离子化，尤其是人们对于有害金属离子的微量溶解释放都是难以接受的，因此早期在医学应用的金属材料主要是不锈钢材料。发展至 20 世纪末，被大量应用的医用植入金属材料主要还是不锈钢，以及钴铬合金和钛及钛合金（Ti6Al4V），另外还有少量的锆、钽、铌和一些贵金属。随着经济水平的提高和人们对美好生活的日益向往，人们对生活质量和生存寿命提出了更高的要求和期望。由于 NiTi 形状记忆合金（NiTi shape memory alloy）具有优异的材料特性，因此非常有潜力应用于制备人体内长期植入的医用材料。20 世纪 80 年代末开始对其医学应用的可行性开展基础研究，90 年代末进入临床试验，目前它已在临床获得应用。NiTi 形状记忆合金集感知与驱动为一体，具有特殊的形状记忆效应、超弹性和低弹性模量，因而使之能在介入治疗、骨外科、口腔整形外科等多个医学领域内发挥其他材料无法替代的重要作用，从起初在航空航天领域的应用转向在医用生物材料领域。随着 NiTi 形状记忆合金在临床上的应用逐步扩大，人们更加关心和重视合金中的镍元素对人体潜在的致敏、致炎和致癌等风险，因为该种合金中含有近 50%（原子分数）的镍元素。1987 年国际癌症研究中心将镍确认为第一类致癌物。虽然镍的致病机理目前仍然在研究与争论中，但是如果当 NiTi 形状记忆合金在人体内腐蚀溶解出超量的 Ni^{2+}时是具有细胞毒性的，会导致局部组织刺激反应或组织坏死，甚至会导致呼吸功能障碍和过敏反应；Ni^{2+}也会抑制细胞增殖，存在潜在的致癌性。因此，研究探明合金中 Ni^{2+}的腐蚀释放机理，抑制、阻挡或消除其潜在的危害，进一步提高 NiTi 形状记忆合金长期植入的宿主安全性是目前临床应用中所关注的问题，也是需要继续深入研究的持久稳定性问题。

本书在分析总结国内外医用 NiTi 形状记忆合金表面改性发展现状的基础上，阐述了 NiTi 形状记忆合金的腐蚀特性及 Ni^{2+}溶出的机理，并针对医用 NiTi 形状记忆合金表面改性的不同临床需要，研究讨论适宜于不同体内环境特点的合金表面改性技术，包括去合金化脱镍、表面电化学处理技术、层层自组装技术、溶胶凝胶法和热氧化法技术；最后分别评价了几种经过表面改性处理的 NiTi 形状记忆合金的血液相容性和细胞相容性。

著者在撰写本书过程中得到了北京航空航天大学郝维昌教授、董平博士等的协助，以及兰州西脉记忆合金有限公司达国祖博士的帮助；由衷地感谢贵州科学院谭红研究员、陈传朴副研究员和贵州省土肥分析中心韩峰高级实验师等的大力支持；感谢贵州省新材料研究基地的黄健副研究员、李勇、谭春生、金开胜、杨儒鑫、李鹏、孙林林、张爱军、米谢平等工程师对本书所涉及研究工作的帮助。

受作者水平所限，书中不妥之处在所难免，恳请广大读者批评指正。

著　者

2020 年 3 月于贵阳

目　录

第 1 章　绪　　论

金属材料作为人体植入材料应用于医学领域已有 200 余年的历史。早在 1775 年，Icart 等[1]就报道了用铁丝来固定骨折；之后 Lister、Hansmann 等[1]分别采用铂、银、金等贵金属丝、板和螺钉来进行骨折内固定、伤口缝合等治疗。在 20 世纪 20～50 年代，冶金工业有了很大的发展，物理冶金技术的成果也相应地促进了金属植入材料的进步，为医用金属植入材料提供了新的、性能更加优异的合金选择。1913 年不锈钢诞生，AISI302、AISI316、AISI316L 等不锈钢被研究证明在 pH 为 5.5 的环境中具有良好的耐蚀性能，该 pH 正好对应于人体外科手术后的体液酸度波动范围，因而使之被大量应用于医学领域[1]。1937 年，Venable 等[2]又研制出具有良好力学和耐蚀性能的 Co-Cr-Mo 合金，即 Vitallium 合金，并应用于牙科，这促使整形外科得到很大的发展。1951 年纯钛被报道用于骨科内固定[3]，用纯钛制作的骨板、骨钉等医疗器械的力学性能、耐蚀性能良好，尤其可贵的是金属钛引起的人体组织反应较小，和人体具有较好的相容性，这使钛及其合金在医学领域内的应用备受青睐。目前，虽然已研制出工业应用的合金种类很多，但是由于人体内是一个具有腐蚀性的特殊环境，人体内对于金属离子的腐蚀溶解可接受程度是很有限的，特别是有害的金属离子，即使微量释放也是不能容忍的，因此实际上可供医学安全应用的金属及合金很有限。发展至 20 世纪末，占主导地位的医用植入金属材料还是不锈钢、钴铬合金和纯钛及钛合金（Ti6Al4V），另外还有少量的锆、钽、铌和一些贵金属。

而今，随着经济的快速发展和人民生活水平的日益提高，人们对生活质量和生存寿命提出了更高的要求和期望。与此同时，由于生活节奏加快、环境污染、物流传递、城市建设、交通车辆剧增等都使产生传播各种疾病和出现意外事故的概率有所增大，现有的医疗技术面临着各种新的挑战，各种医疗器械所需的特殊医学功能也给材料科学与工程提出了更多、更高的要求。因此，研究新型的医用金属合金和改良提升已有合金材料的性能使之更加符合人体生理环境的苛刻要求具有十分重要的实际意义。NiTi 形状记忆合金于 20 世纪 80 年代末开始医学应用基础研究，90 年代逐渐开始临床试验，是目前正在扩大进入临床的一种新的合金材料。其集感知与驱动为一体，具有特殊的形状记忆效应和超弹性，因而使之能在介入、骨外科、口腔整形外科等多个医学领域内发挥其他材料无法替代的重要作用。进入 21 世纪后，NiTi 形状记忆合金更加受到医学界和工业界的关注。本章就 NiTi 形状记忆合金（以下简称 NiTi 记忆合金）的发展、医学应用的材料学基础、生物相容性、临床应用案例、目前存在的主要问题进行分析阐述。

1.1 金属的形状记忆效应与 NiTi 形状记忆合金

金属材料的形状记忆效应是指某些具有热弹性马氏体相变的合金材料，处于马氏体状态时进行一定程度的变形或形变诱发马氏体后，在随后的加热过程中，当超过马氏体相消失的温度时，材料完全恢复到变形前的形状和体积的现象。形状记忆效应的发现可追溯到 20 世纪 30 年代。1938 年，美国的 Greninger 和 Mooradian 等在 Cu-Zn 合金中观察到马氏体相的形成和消失与温度的升高及降低有关；随后，苏联的 Kurdjumov 对此现象进行研究；1951 年，美国的 Chang 和 Read 等在 Au-Cd 合金研究中也发现了热弹性马氏体相变，但合金价格高昂，应用很少。直到 1962 年，美国海军军械研究室 Buehler 等偶然间发现，当时作为阻尼材料研究的等摩尔比 NiTi 合金在室温形变阶段（处于马氏体状态）与点燃的香烟头接触后（经加热发生马氏体→母相逆转变）会出现自动弹直的现象（恢复母相对应的形状）这一特殊现象，命名为形状记忆，并称此合金为 NiTiNOL（Nickel Titanium Navy Ordnance Laboratory）[4]。这是在形状记忆材料研究方面取得的突破性进展。从此以后，人们对记忆合金形状记忆的机理及其应用进行了系统而广泛的研究。到 20 世纪 70 年代，人们在 Cu-Al-Ni 和 Cu-Zn-Al 等合金中相继发现了形状记忆效应；80 年代又开发出 Fe-Mn-Si 系铁基形状记忆合金。目前，形状记忆合金材料已经在电子、机械、能源、宇航、医疗及日常生活用品等方面得到了广泛的应用。

1.1.1 NiTi 形状合金的形状记忆效应与超弹性

近等原子比的 NiTi 合金具有形状记忆特性，它的形状记忆效应可以分为两种，一种称为单程记忆，另一种称为双程记忆（全程记忆效应是其特例，仅在 Ni>50.5%，经时效处理，有 Ti_3Ni_4 相时效析出时，在 B2 中产生不同方向约束应变，才能存在全程记忆效应）。图 1.1 所示为这两种不同的记忆效应[5]。只能记住高温形状的现象称为单程记忆效应；既能记住高温形状，同时又能记住低温形状的现象称为双程记忆效应。

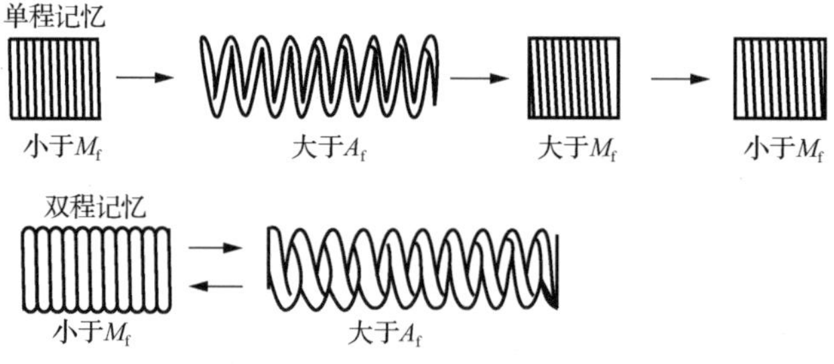

图 1.1 单程和双程记忆效应[5]

形状记忆效应与马氏体相变存在着不可分割的关系，除铁基形状记忆合金外，形状记忆效应是热弹性马氏体相变的一种特殊表现。马氏体的形核在体系中引起的能量变化一般由 4 项组成：化学自由能、表面能、弹性应变能和塑性应变能。当体积变化为 4%

时，4 种能量变化皆需考虑；当体积变化小于 1%时（NiTi 合金相变时的体积变化达到这个量级），表面能和塑性变形所需的能量可以小到忽略不计，此时，总能量变化由弹性应变能和由热效应引起的化学自由能组成，这样马氏体相变的产物实际由热效应与弹性效应之间的平衡来控制，这样的马氏体称为热弹性马氏体。这种马氏体相变称为热弹性马氏体相变。热弹性马氏体相变的特征是相变所需驱动力小，热滞小；相界面能进行往复运动，而且马氏体的形成量是温度的函数；形状应变为弹性协作应变，马氏体内的弹性储存能可作为马氏体逆相变的驱动力。

与形状记忆效应密切相关的另一个特殊现象是应力诱发马氏体相变和超弹性（伪弹性），马氏体应该在 M_s 点（马氏体相变始点）温度以下形成，但一些成分的合金即使在 M_s 点以上温度，只要受到外加应力作用，则会在已抛光的表面呈现明显的浮凸，即诱发了马氏体。这种由外部应力诱发产生的马氏体相变称为应力诱发马氏体相变（stress-induced martensite transformation，STMT）。应力诱发马氏体的出现存在最高温度限制，超过此温度后施加应力不会出现马氏体。在 M_s 以上，合金中能够形成应力诱发马氏体的最高温度称为 M_d 温度，见图 1.2（a）[6]。

能够形成应力诱发马氏体的合金单晶，在 M_s～M_d 温度范围内的应力-应变曲线中的弹性变形阶段是由三部分组成的，即母相的弹性变形、应力诱发马氏体导致的变形和马氏体的弹性变形。卸载后，通过马氏体向母相的逆相变和弹性回复使应变为零，见图 1.2（b）[6]。这种与相变密切相关的非线形弹性行为就是相变伪弹性（pseudoelasticity）或超弹性（superelasticity）。

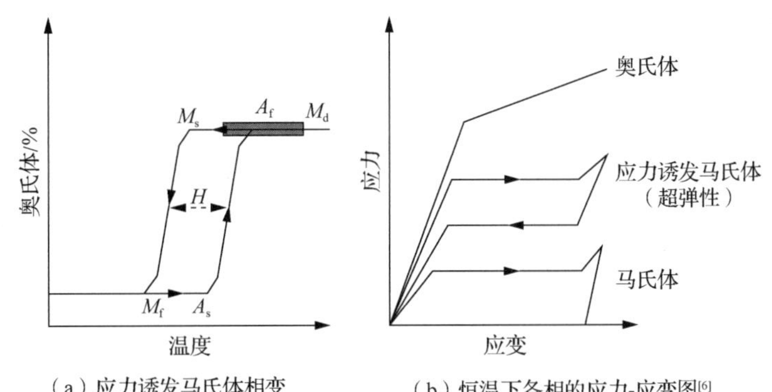

（a）应力诱发马氏体相变　　（b）恒温下各相的应力-应变图[6]

A_s—奥氏体相变始点；A_f—奥氏体相变终点；M_s—马氏体相变始点；M_f—马氏体相变终点；M_d—应力诱发马氏体最高温度；灰色区—相变超弹性最佳区。

图 1.2　应力诱发马氏体相变与各相的应力-应变图

形状记忆合金方面的研究已成为材料学研究的热点之一，目前有关形状记忆合金材料的研究论文已居马氏体相变研究领域之首。目前，已经发现具有形状记忆效应的合金有 Au-Cd、Cu-Zn、Cu-Zn-X（Si、Sn、Al、Ga）、Cu-Al-Ni、Cu-Au-Zn、Fe-Mn-Si、Fe-Ni-C、Fe-Pt、Mn-Cu、Ni-Al、Ni-Ti 等近 20 种合金系。其中以 Cu-Zn-X（Si、Al、Ga）、Fe-Mn-Si 和 Ni-Ti 应用较为广泛，而在所有形状记忆合金中能作为生物材料应用的目前只有近等原子比的 NiTi 记忆合金。

1.1.2 NiTi 形状合金形状记忆效应及超弹性机理

形状记忆合金中产生形状记忆特性源于马氏体相变是可逆的，从而使马氏体产生的变形消失，该特性是要通过晶体学条件保证的：①马氏体相变是热弹性的；②马氏体的点阵不变切变为孪生，亚结构只能由孪晶和层错组成；③马氏体属于低对称性点阵结构，而母相晶体为高对称性立方点阵结构，并且大都是有序的。这样的有序化材料具有较高的弹性极限，热弹性马氏体相变产生的小尺度畸变不会超过弹性极限，这会使相变过程中母相和马氏体界面保持弹性共格，为逆相变时重新构成原母相结构提供有利条件；根据马氏体与母相的晶体学关系，马氏体共有 6 个片群，24 种马氏体变体[7]。

NiTi 记忆合金中的相变属热弹性马氏体相变，它具有多种相变：无公度相变、R 相变（马氏体型）、马氏体相变、沉淀析出（$Ti_{11}Ni_{14}$、Ti_3Ni_3、$TiNi_3$、Ti_3Ni_4 等）及不同的逆相变，合金成分和热处理（尤其是固溶处理和时效）对相变的影响较大，也就影响其形状记忆效应。实用的具有形状记忆效应的 NiTi 合金的成分是在近等原子比的范围内，Ni 元素的原子百分比为 49%～51%，根据具体的使用目的可选用准确的合金成分。NiTi 二元合金在相图中只是处于中间部分，见图 1.3[8]。

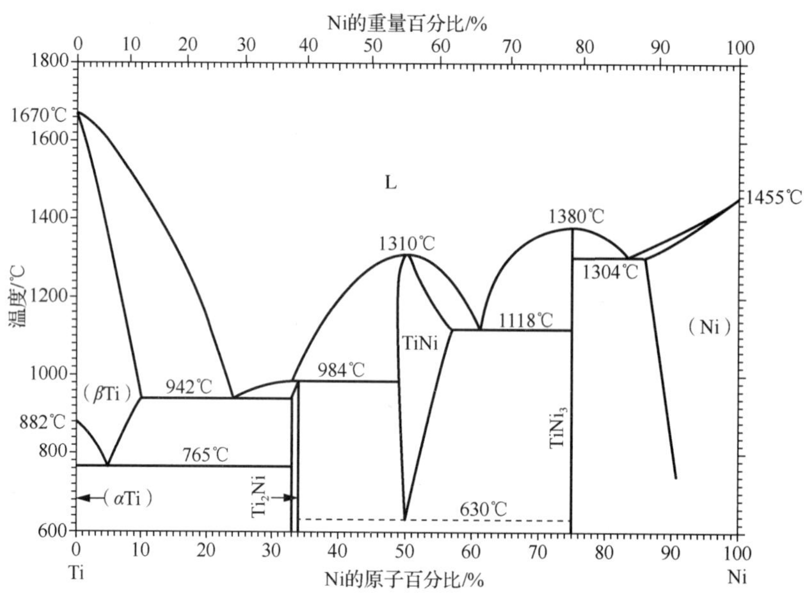

图 1.3 NiTi 二元合金相图[8]

由于 NiTi 合金马氏体相变中马氏体变体间的共格界面和自协作特性，马氏体的变形过程是通过孪晶界面运动来实现的，见图 1.4（a）[6]。当冷至 M_f 点以下，马氏体以自适应方式形成，其 3 个变体形成三角形自适应形态。由于变体的形状变化相互抵消，其宏观平均形状应变几乎为零。外加应力时，相对于外加应力有利的位向的变体消耗其他变体而长大，发生马氏体变体的再取向，最后形成单一位向的马氏体，且沿应力方向产生最大应变；外加应力消除时，单一位向马氏体不发生逆向恢复。加热时，在 A_s 点以上发生马氏体的逆转变，由于点阵对称性和原子有序的限制，不出现多个等效母相变体，马氏体和母相间具有特定的对应关系，只有特定取向的母相晶核才能长大；至 A_f 点后，马氏体基本消失，经逆转变得到的母相在晶体学上完全恢复到原始母相状态，同时形状应变也完全恢复，NiTi 合金的单程记忆效应可达 8%。

超弹性和形状记忆效应两种现象的本质是一样的，它是应力诱发马氏体相变的结果，见图 1.4（b）[6]。对于同一合金，由于应力作用的温度，所处变形的温度和合金的最初状态（马氏体或母相）的不同，合金可出现形状记忆效应或超弹性。至于出现哪种现象，取决于合金马氏体可逆转变为母相的开始温度 A_s 和结束 A_f 点与应力作用的温度和所处变形温度。因此，从机理上讲，记忆合金都可出现相变超弹性。

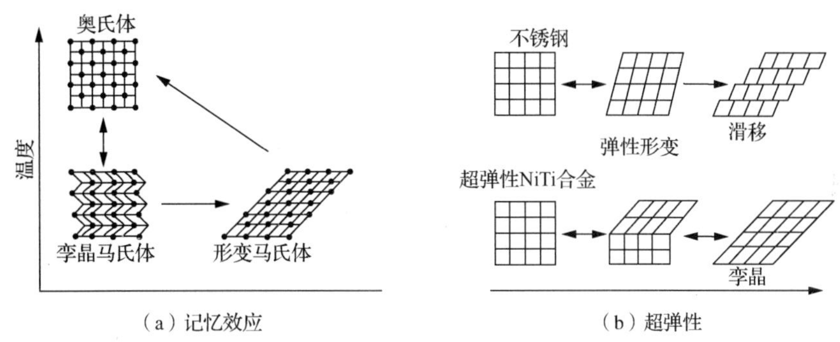

图 1.4 形状记忆效应和超弹性原理[6]

1.1.3 NiTi 形状记忆合金的价电子结构

NiTi 记忆合金的奥氏体母相具有 $a = 0.301$～0.302nm 的 CsCl（B2）型的体心立方结构，马氏体相为单斜畸变的 B19'结构，其点阵参数为 $a = 0.2889$nm，$b = 0.4120$nm，$c = 0.622$nm，β=96.8°。在由母相向马氏体相转变的过程中，往往会出现一种中间相——R 相，其具有简单六方结构，$a = 0.738$nm，$b = 0.532$nm。NiTi 合金的母相结构由钛和镍原子分别以简单立方格子沿体对角线错开半个周期而重叠组成，体心原子与四周原子是两种不同的原子，钛原子位于体心，镍原子位于顶角[9]。

钛原子的价电子状态为 $3d^2 4s^2$，镍原子的价电子状态为 $3d^8 4s^2$。根据固体与分子经验电子理论对 NiTi 合金 B2 母相和马氏体 B19'相进行分析计算表明[10-11]，NiTi 合金在奥氏体 B2 状态下镍、钛分别处于第 9、11 阶杂化态，共价电子数为 9.2814 个，晶格电子数为 1.0643 个。在马氏体 B19'状态下的镍、钛分别处于第 5、18 阶杂化态。发生马氏体相变时，Ni/Ti 的杂化状态分别由 B2 相的 9/11 杂阶变为 B19'相的 5/18 杂阶，单位原子的共价电子数目由 4.6407 下降为 2.2522。这意味着 NiTi 合金中的马氏体相变伴随有原子中电子结构的变化。在高温 B2 相的情况下，单位原子拥有 4.6407 个共价电子，原子间大多以共价键结合，结合能为 961.9kJ/mol，从而造成 B2 相的弹性变形困难，其杨氏模量为 75GPa；随着温度的下降，共价键逐渐失稳，最终断裂形成金属键，原子中的电子轨道发生改变，这也就是马氏体相变过程中的电子结构的变化，表现为合金的费米面形状发生变化，在费米面能观察到 DOS 的重新分布，N（Ef）剧烈下降[11]。与 B2 相相比，马氏体 B19'相中共价电子数目下降，金属键性增强，结合能为 977.5kJ/mol。表现为合金的电阻率由 B2 相的 100μΩ·cm 下降为马氏体相的 70μΩ·cm；晶格网络相对疏松，变形比较容易，表现为弹性模量的下降为 40GPa[12]。由此可知，NiTi 合金马氏体的塑性要好于其母相。

NiTi 记忆合金母相结构的成键电子主要为共价电子与晶格电子，而晶格电子来源于 s 电子或等效于 s 电子的 p 电子，它具有离域性质。因此，其相对于共价电子而言对各方向电荷密度分布贡献均等；共价电子属于单占据轨道电子，具有定域性质，对电荷密度分布的贡献具有各向异性。根据 NiTi 合金的价电子结构的信息，利用共价电子数 *nc* 和晶格电子数 *n*l 可确定该合金的价电子结构空间分布模型[13-14]。NiTi 合金的价电子结构空间分布模型见图 1.5。

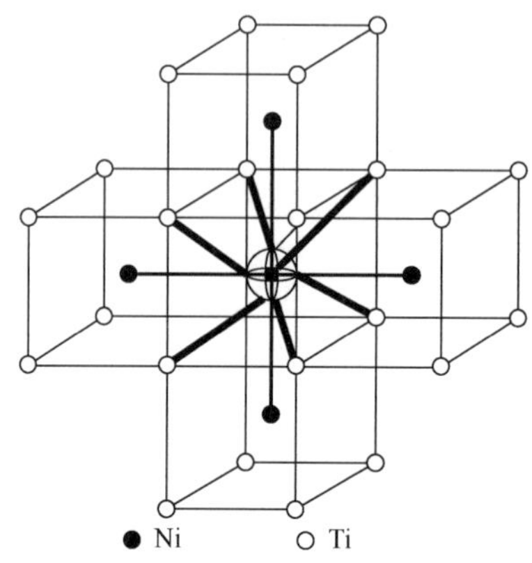

图 1.5　NiTi 合金的价电子结构空间分布模型[13-14]

1.1.4　NiTi 形状记忆合金的基本性能

形状记忆效应和超弹性是 NiTi 记忆合金最为特殊的性质，此外它还具有良好的力学性能、抗疲劳、耐腐蚀、高阻尼、无磁性及良好的生物相容性等。NiTi 记忆合金的常规物理和力学性能见表 1.1[15]，其力学性能取决于在一定温度下的相结构。另外，在表征材料特殊的记忆性能方面，其主要参数包括记忆合金随温度变化所表现出的形状回复程度、回复应力、使用中的疲劳寿命(经历一定热循环或应力循环后其特性的衰减情况)。此外，相变温度及正、逆相变的温度滞后更是关键参数，记忆合金的这些特性与合金的成分、成材工艺、热处理条件和使用情况密切相关。

表 1.1　NiTi 记忆合金的常规物理和力学性能[15]

密度/(g/cm^3)	熔点/℃	热容/[kJ/(kg·℃)]	线膨胀系数/(l/℃)	热导率/[W/(m·℃)]	电阻率/(Ω·cm)	硬度/Hv		拉伸强度/(kg/cm^2)		屈服强度/(kg/cm^2)		延伸率/%
						马氏体	母相	热处理后	未处理	马氏体	母相	
6～6.5	1240～1310	4.5～6	10×10^{-6}	20.9	(50～100)$\times10^{-6}$	180～200	200～250	70～110	130～200	5～20	10～60	20～60

NiTi 记忆合金的相变温度对成分最敏感。一般来说，Ni 的含量每增加 0.1%，就会引起相变温度降低 100℃。例如，$Ni_{50}Ti_{50}$(at%)合金的 A_f 温度在 100℃，而 $Ni_{51.2}Ti_{48.8}$(at%)合金的 A_f 温度在−20℃。在实际应用中，大多数 NiTi 合金的相变温度需要控制在 5℃；加入第三元素，如 Fe、Co、Cu、Nb 和 C 等都会使相变温度发生变化。此外，时效温度、时效时间也会明显影响相变温度。实际应用中，往往是在用 NiTi 合金制造记忆元件过程中，通过选取合适的时效条件调整合金到理想的相变温度[16]。

就合金材料的医学应用而言，NiTi 形状记忆合金还具有射线不透性、核磁共振无影响性、与人体骨相近的弹性模量、耐蚀性好等优异的性能，因此使其在生物医学方面的应用是其他形状记忆合金无法代替的。

1.1.5 NiTi 形状记忆合金的熔炼及加工

NiTi 记忆合金的熔炼配制采用高纯电解镍与零级海绵钛作为原料，高频感应炉与自耗炉（电弧熔炼法）或等离子体与电弧熔炼法熔炼获得合金铸锭。由于合金相变温度对成分高度敏感，因此熔炼时合金成分波动应控制在±0.05%范围内。这就要求熔炼时必须有合适的成分配比，使合金铸锭成分均匀。由于合金中存在有活性大的钛元素，熔炼过程中极易与 C、N、O 等元素发生反应，造成合金成分发生变化，影响相变温度和力学性能，因此在熔炼时应对坩埚材质、熔炼气氛等进行选择和控制。一般对 NiTi 合金化学成分和元素含量的要求依据 ASTM 标准 F2063-00[17]。目前工业生产 NiTi 合金主要熔炼方法特点对比见表 1.2[18]。

表 1.2 NiTi 合金主要熔炼方法特点对比[18]

熔炼方法	特点
真空自耗电极电弧熔炼	杂质污染少；铸锭成分均匀性差，适合制备母合金，然后真空感应熔炼
真空感应熔炼	成分易控、均匀，但墨坩埚易增碳；氧化物坩埚易与钛反应，需引入氧
真空感应水冷铜坩埚熔炼	有涡流搅拌作用，成分均匀；杂质污染少

合金锭在 700～800℃进行热加工，包括模锻、挤压及轧制。丝状产品可通过冷拔，每次加工率小于 20%，冷加工期间可在 700～800℃进行多次退火。根据记忆性能的需要进行记忆处理，在 400～500℃加热保温数分钟到数小时（定型处理）然后空冷，即可获得单程记忆效应。获得双程记忆效应则需要进行“锻炼”，即记忆训练，使材料在高温形状和低温形状之间反复变化，其实质是强制变形。

另外，在 Ti-51at%Ni 合金中发现其具有全程记忆效应。该合金的特点是不但可以记忆高温和低温的形状，而且可以记忆中间过程，在温度循环过程中自发出现形状变化，形状变化可以大于所有可逆形状记忆效应，高温形状和低温形状可以完全倒置[19]。

1.2 生物材料及 NiTi 形状记忆合金生物相容性

生物材料（biomaterials）也称生物医学材料（biomedical materials），是指用于与生

命系统接触和发生相互作用，并能对其细胞、组织和器官进行诊断治疗、替换修复或诱导再生的一类特殊材料，它包括天然材料和人工合成材料。按材料的基本性质进行分类，可以将生物材料分为医用金属材料、生物陶瓷、医用高分子材料和医用复合材料[20]。尽管金属材料种类很多，但能够在人体生理环境条件下长期安全服役的却不多。目前，广泛应用的金属生物材料主要是医用不锈钢、医用钴基合金、纯钛及医用钛合金、医用记忆合金和医用贵金属，此外还有医用钽、铌、锆和医用磁性合金等。

目前，随着记忆合金的发展，以 NiTi 为代表的形状记忆合金在临床获得应用，并因其具有的形状记忆、超弹性等独特性能而迅速成为医用金属材料的重要组成部分。

1.2.1 生物材料的性能要求

作为生物医学中使用的材料，除了要具备必要的材料学的特性起到一定的生物功能之外，还需要满足在生理环境下工作的生理学要求，即应具有良好的生物相容性。这是生物医学材料区别于其他材料的基本特征，也是评价生物材料的核心指标。生物材料植入机体以后，通过材料与机体组织的直接接触与相互作用而产生两种反应：其一是宿主反应，即机体组织与生物活体系统对材料作用的反应；其二是材料反应，即材料对机体生理环境作用的反应。

宿主反应通常分为 5 类，即局部组织反应，全身毒性反应，过敏反应，致癌、致畸、致突变反应和适应性反应。局部组织反应是指机体组织对植入手术创伤的一种急性或炎性反应，是最早的宿主反应，其反应程度取决于创伤的性质、轻重和组织反应的能力，并与机体本身性质有关。全身毒性反应通常是由于植入材料或器件在加工和消毒过程中吸收或形成的低分子量产物在机体内渗出或因为生理降解所产生的毒性物质所引发的一种反应。这种反应一般分为急性和慢性两种，其中慢性毒性反应是因为低分子材料在机体内缓慢释放和生理降解出毒性产物所引发。过敏反应比较少见，但其产生的机理与全身毒性反应相同。致癌、致畸、致突变反应一般属于慢性反应，其中致癌反应是因材料中含有的致癌物质或材料在体内降解过程中产生的致癌物质所致。适应性反应属于慢性和长期性反应，其中包括机械力对组织与材料相互作用的影响。

材料反应通常包括生理腐蚀、吸收、降解与失效等反应。生理腐蚀是材料在生理环境作用下的一种腐蚀。这种生理腐蚀对医用金属材料尤为重要，因为人体体液是含约 1%氯化钠的充气溶液，此外还含有其他类型的盐、有机化合物、血液、淋巴液与酶等，在 37℃体温下是一个相当强的腐蚀环境，可产生多种类型的腐蚀，如均匀腐蚀、点蚀、电偶腐蚀、缝隙腐蚀、晶间腐蚀、磨蚀、腐蚀疲劳和应力腐蚀等。生理腐蚀可引起金属从植入体表面脱落，导致过敏反应。生理腐蚀过程中产生的金属离子和腐蚀产物会引起局部组织反应或全身毒性反应。用医用金属材料制作的承载部件在生理环境中容易发生应力腐蚀和腐蚀疲劳，导致部件损伤和失效。因此，对于医用金属材料来讲，其发展历史实际上是寻求能耐生理腐蚀的金属材料的历史。吸收是指材料在体液或血液中因吸收某些成分而改变其性能的过程。这种吸收过程是慢性和远期反应。例如，人工心脏瓣膜支架在血液中因选择性吸收血液中的类脂化合物而变色、鼓胀和开裂，不过借助于支架表面改性或材料表面复合可使吸收现象得到控制。降解与失效是材料在生理环境中两个重要的材料反应。生物降解是材料在生理环境作用下发生结构破坏与性质蜕变的一个过程。在生理环境中能发生降解的材料中有可降解生物陶瓷、可降解高分子材料等。降解产物要达到对机体无毒性，能参与体内的代谢循环。利用这些材料的降解特性可制造可吸收的手术缝合线、骨钉、骨缺损填料等，这是降解有利的方面。但是，作为机体修复的替代材料，则要求在生理环境中能保持长期的化学稳定性，不希望发生降解或吸收。不过，在生理环境条件下，即使是陶瓷或金属也会或多或少地发生降解。陶瓷或金属这种降解可理解为腐蚀降解。除降解外，材料在生理环境中失效的途径还包括磨损、吸收和机械力作用等[21-22]。

因此，对于一种合格的生物材料，既要求所引起的宿主反应能够保持在可接受的水平，同时又要求其材料反应不至于造成材料本身发生破坏。这种对材料在生理环境条件下应具有的特殊性能要求通常用生物相容性（biocompatibility）来表征。生物相容性可以定义为材料在特殊的生理环境中引起适当的宿主反应和发挥有效作用的能力[23]。对于生物材料来说，生物相容性评价是必不可少的程序，目前中国国家技术监督局已颁布关于《医疗器械生物学评价》标准 GB/T 16886.1 至 GB/T 16886.20，其包括遗传毒性、致癌性、生殖毒性、与血液相互作用、细胞毒性实验（体外）、植入后局部反应、刺激与致敏、全身毒性实验等 12 个部分。

1.2.2 医用金属材料的生物相容性

生物相容性是指生物医用材料在特定应用中，引起适当的宿主反应和产生有效作用的能力。它用以表征材料与活体系统相互作用的生物学行为[23]。生物相容性主要分为组织相容性和血液相容性，二者密切相关但又各有侧重，组织相容的材料不一定就血液相容。

对于金属材料而言，合金元素的组成及合金在特定生理环境中的腐蚀性是决定其生物相容性的重要因素。正如 D. F. Williams 在《外科植入器械的生物相容性》一书中所述："外科植入材料发展的历史是一部寻找人体中应用的能够耐腐蚀的材料的史话！"

已有研究证明[1]：金属合金中的合金元素在人体体液中由于腐蚀可能会溶出和产生毒性。每一种金属元素对细胞都有其固有的毒性，金属的腐蚀程度决定了腐蚀产物在体内存在的浓度。因而，合金的耐蚀性和合金中各合金元素的毒性决定了合金的生物相容性。腐蚀产生的金属盐对细胞培养的毒性按 Co>V>Ni>Cr>Ti>Fe 的顺序依次降低[23]。所有的金属在人体内都会发生不同程度的腐蚀，而且在植入以后，即使在距离植入物较远的组织中也会测量到金属浓度的升高[24]，这与金属的离子化有关，也与金属或金属氧化物在吞噬细胞作用下在体内的循环有关。有很多因素影响金属的腐蚀，如表面粗糙度、缺陷、应力和多相不均匀的表面等增加了合金表面的显微电化学不均匀性，在体内易于发生电化学反应从而使腐蚀加剧。植入物的高承载部位比低承载部位更容易发生腐蚀。易钝化金属表面的钝化膜也直接影响其腐蚀行为，钝化膜的结构、成分和厚度取决于金属本身的化学性质和所服役的环境。点阵缺陷、杂质和表面污染影响钝化膜的质量。热处理和加工过程影响金属的晶粒尺寸和金属的能量状态并引起合金表面显微电化学均匀性的改变，这些因素都会引起金属腐蚀性能发生变化。目前，使用的大部分医用金属材料都是可致钝金属，在它们的表面存在一层致密的钝化膜。钝化膜一般由金属氧化物组成，其结构可以是晶体，也可以是非晶；但在体内氧、氯离子同时存在的情况下，氯离子和氧会竞争吸附于合金表面，一旦氯离子吸附则会使钝化膜遭到破坏，易导致局部腐蚀的发生[23]。此时金属离子会产生大量的腐蚀溶出，这不仅影响合金的生物相容性，也使植入器械发生快速局部腐蚀而失效。由此可见，合金材料的表面性质决定了合金的表面电荷与表面功函数、表面亲（疏）水性等与生物相容性相关的性能。

另外，合金材料的生物相容性也与表面形貌密切相关。尤其对于与骨接触的合金材料，过于光滑平整的表面对细胞的生长没有接触诱导（contact guidance）作用。细胞在合金表面的生长形态可由合金材料表面形态调控，当表面粗糙度为 1～3μm 时，可明显地促进细胞在材料表面的黏附、生长，降低包囊组织的厚度；过于粗糙和光滑的表面则无此效应。当合金表面呈多孔状，孔径大于 140nm 时，可利于细胞、血管等的附着、爬行、生长，为成骨细胞的生长提供养分，因而在这些空隙处易于优先生长出成骨细胞[25]。同时，多孔的表面也有利于植入假体与骨组织的机械嵌合，减少假体由于松动而造成的植入失败。然而对于与血液接触的医疗器械，如冠状动脉支架，则要求材料表面尽可能地平整光滑，平整光滑的表面产生的激肽释放酶少，使凝血因子 XII 向 XIIa 转变，从而降低凝血，减少血栓的形成。

由此可见，金属材料的生物相容性与其表面结构和表面性质有着密切的关系，主要是其表面的化学成分、结构、形貌、孔隙率和相组成等。在充分发挥金属材料良好力学性能的同时，改变合金的表面结构和表面性质使之适应于不同生理环境中的使用要求，是医用金属材料表面改性的目的，也是目前改良提高医用金属材料生物相容性的主要研究方向。

1.2.3　NiTi 形状记忆合金的生物相容性及临床医学应用

要将 NiTi 记忆合金应用于医学领域，评价其生物相容性是必须的。1976 年，Castleman 等[26]首次研究了 NiTi 记忆合金的生物相容性。结果表明，NiTi 记忆合金的细胞毒性较小。1977 年，美国 3MU2 Nitek 公司开始销售 NiTi 记忆合金牙齿矫形丝，成为第一个 NiTi 记忆合金医学产品。1990 年，美国 Mitek 公司生产的 NiTi 记忆合金骨钉获得 FDA 认证后进入临床应用；次年，美国 Raychem 公司首次制造出 NiTi 合金薄壁管，并与 US Surgical 合作制造出可操纵的腹腔镜。至此 NiTi 记忆合金开始大量用于制造各种医疗器械，但是人们对合金中镍的毒性仍然感到忧虑。

此后，芬兰医生 Ryhänen 于 1997～1999 年间较系统地评价了肌肉组织、神经组织和骨组织对 NiTi 记忆合金的反应，认为 NiTi 记忆合金具有良好的生物相容性[6]，初步消除了人们对 NiTi 记忆合金中镍毒性的顾虑，并基本接受了用 NiTi 记忆合金制作器件植入人体，这使其在医学领域影响较大。随后，国内外许多学者从不同角度对此问题进行了大量的研究[27-32]。由于研究的角度和实验方法的差异，得到的关于 NiTi 记忆合金生物相容性的结果也有所不同，但是这些研究结果并不能完全否认 NiTi 记忆合金具有人体可接受的生物相容性。因此，NiTi 记忆合金在医学领域的应用并未间断。

我国在 1980 年左右开始进行 NiTi 记忆合金的医学应用，先后研发出十多种 NiTi

记忆合金骨科器械，尤其是在骨折内固定方面获得了良好的治疗效果，如图 1.6 所示。NiTi 记忆合金的应用，丰富和促进了骨科骨折内固定理论的进步，从过去的坚强固定（AO）、弹性固定（BO）理论发展到由 NiTi 合金而产生的记忆固定（MO）理论。因此，近 10 年来，NiTi 形状记忆合金以其优良的生物相容性、射线不透性、核磁共振无影响性、力学性能及特殊的形状记忆效应和超弹性等特点，成为继 Fe-Cr-Ni、Co-Cr、Ti-6Al-4V 等合金之后在医学领域又一得以广泛应用的生物医用金属材料。NiTi 记忆合金医学产品的设计、生产与销售成为主流，并已在胸外科、神经外科、妇科、颌面外科、口腔科、骨外科、泌尿外科、脑外科、胆道外科、五官科及心血管科等方面获得成功应用，用其制作的医疗器械有食道、气管内支架，尿道支架，宫内避孕器，胆道支架，口腔矫正丝，脑动脉瘤夹，血管内支架，加压骑缝钉，髓内钉、聚髌器，哈伦顿棒等几十种。随着目前介入医学的发展，又在介入放射学、介入内窥镜检查等诸多医学领域发挥其独特作用，应用前景十分广阔。

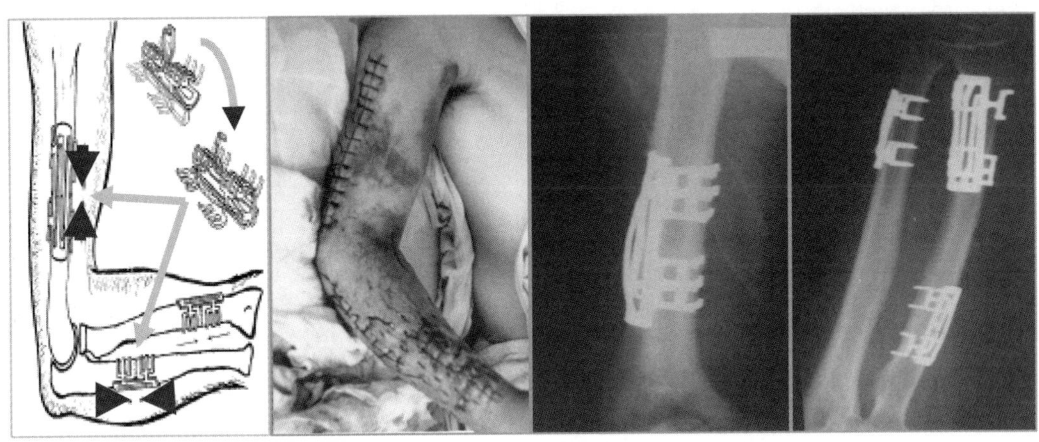

图 1.6 用 NiTi 记忆合金环抱器进行骨折内固定（图片由兰州大学医学院骨科研究所提供）

1.2.4 NiTi 形状记忆合金医学应用障碍——Ni^{2+}对人体潜在的危害

随着 NiTi 记忆合金在临床的逐步推广应用，镍的腐蚀溶解而产生的潜在危害也逐渐显露。包柏成[33]、徐伟明[34]、茹连法[35]等均分别报道了 NiTi 记忆合金丝在牙科应用中引起口腔黏膜溃疡、水肿，局部有白色痂膜附着，上下唇肿胀的镍致过敏临床案例。Yahia 等[36]依据美国 ASTM 标准测试研究发现，NiTi 记忆合金的细胞毒性比纯 Ti、Ti6Al4V 和 316L 不锈钢大。邢春旺等[37]采用 MTT assay 实验证明，在口腔环境中使用 2 个月后的 NiTi 记忆合金丝比新的 NiTi 记忆合金丝细胞毒性高。鲍善芬等[38]研究了动物体内植入 NiTi 记忆合金 230d 和 180d 后，动物脊部肌肉、肝脏、肾脏、鼻咽部黏膜等组织中的钛、镍元素的积蓄，发现镍在动物脏器中的含量较对照组高，钛无显著变化；另外，发现在鼻咽、食管、小肠、心、脾、肺、肾及颅骨等部位中，镍在鼻咽和食管内的蓄积量较其他部位高[39]，并提出 NiTi 记忆合金在临床一些领域内的应用需持慎重态度。王海鹰等[40]研究了 NiTi 记忆合金在犬的骨内植入后，镍、钛在肝、脾、肾和鼻咽黏膜中的含量。结果表明，在这些器官中镍含量均增高，钛变化很小。赵英等[41]研究了

Ni^{2+}在大鼠体内的代谢过程，发现金属镍和 NiTi 记忆合金长期植入大鼠体内均可导致机体内镍含量增高，镍主要经肾脏排出，部分由消化道排出，镍在肾脏蓄积，并能导致肾结构和功能的破坏。由此可见，NiTi 记忆合金在动物体内的稳定性是相对的。

在国外，NiTi 记忆合金植入体的 Ni^{2+}释放首先由 Castleman[42]提出，以犬为实验动物，采用中子活化分析技术，结果发现 NiTi 记忆合金植入体周围骨组织中的 Ni^{2+}浓度比对照组高 3 倍。Matsumoto[42]采用吸收光谱分析法，以新西兰兔为实验动物，4 周后，检测发现血、肾、肝、尿中的 Ni^{2+}浓度分别比正常值增加 2 倍、4 倍、2 倍和 10 倍。随着对 NiTi 记忆合金生物相容性研究的逐步深入，许多学者也开始对 NiTi 记忆合金作为长期植入物的生物安全性提出疑问[43-44]。

镍是人体必需的一种微量元素，主要通过呼吸、消化、注射等方式进入人体内，人体通过食物的允许摄入量为 300～500μg/d；血清和血液中的 Ni^{2+}含量为 1～5μg/L，各人体组织中的镍含量也各不相同。溶解的 Ni^{2+}的浓度较高时，引起细胞变形和染色体损坏，还可取代酶和蛋白质中的二价金属离子（Ca^{2+}、Mg^{2+}、Zn^{2+}），改变分子结构。动物体内种植镍钛合金或喂含镍食物均可引起脏器和组织镍蓄积增加，可能在肝、肾和鼻咽黏膜中有蓄积倾向[39]。其中鼻咽黏膜是镍的靶器官，鼻咽癌发病可能与局部镍蓄积有关。所以，镍虽然是人体正常微量饮食的一部分，但是过多暴露在较高镍水平的环境中，可以导致严重的呼吸功能障碍、局部和系统的过敏反应，甚至会抑制细胞的增殖。

Petoumenou 等[45]研究发现，当正畸患者安置带环、托槽、镍钛弓丝后，可检测到 Ni^{2+}的析出，患者唾液中 Ni^{2+}浓度增加。Amini 等[46]也得出相似的结果，其研究表明正畸患者的颊黏膜细胞中镍含量明显大于未接受正畸治疗的对照组。镍在口腔中可致牙龈红肿、疼痛、扁平苔癣等。

特别地，东南大学吕晓迎等[47]采用基因表达芯片技术和生物信息学研究方法，结合细胞毒性实验，从基因组水平上探索了 Ni^{2+}细胞毒性机理，采用 MTT 法评价了 200μmol/L 浓度的 Ni^{2+}溶液分别处理 L929 细胞不同时间（24h、48h 和 72h）后的细胞毒性。浓度为 200μmol/L 的 Ni^{2+}溶液处理细胞 24h 后，虽然其细胞毒性级别为 0 级，但是却已经引起了 636 个基因发生差异表达。通过对其中的 33 个基因进行详细分析，发现此时已经对细胞功能产生了较为广泛的负面影响。这说明基因表达芯片技术分析 Ni^{2+}对人体的危害比细胞毒性实验具有更高的灵敏度。

Ni^{2+}对细胞正常生命活动的主要影响表现为：影响氨基酸、脂肪酸、铁元素的运输过程，物质的囊泡转运，影响细胞线粒体内运输、生物合成、催化以及呼吸链上电子传递过程，破坏线粒体的正常生物功能；促进细胞凋亡过程的发生；抑制与 G 蛋白相关的信号传导过程，激活细胞对外界刺激的检测和应激过程等。因此，NiTi 记忆合金植入器件在人体环境中由于长期腐蚀而产生大量 Ni^{2+}的释放，在还未产生细胞毒性反应的情况下，已在基因水平上开始对人体产生侵害，从而将会引起较大的宿主慢性副反应，如致敏性、细胞毒性和致癌变性。这些不良副作用使 NiTi 记忆合金在人体内的安全性遭到质疑，患者心存顾虑，医学应用受到影响，已成为其生物应用的最大障碍。

图 1.7 为欧洲人对镍过敏的临床统计[48]。由此可见，有 9%～20%对镍过敏的高危人群存在，其中多见于女性。1987 年国际癌症组织（international agency for research cancer，

IARC）曾将镍确定为第一类致癌物，虽然镍的致病机理目前仍然在研究与争论中，但是如果当 NiTi 形状记忆合金在人体内腐蚀溶解出超量的 Ni^{2+}时是具有细胞毒性的，会导致局部组织刺激反应或组织坏死，甚至会导致呼吸功能障碍和过敏反应，Ni^{2+}也会抑制细胞增殖，存在潜在的致敏、致炎和致癌性[49-50]。

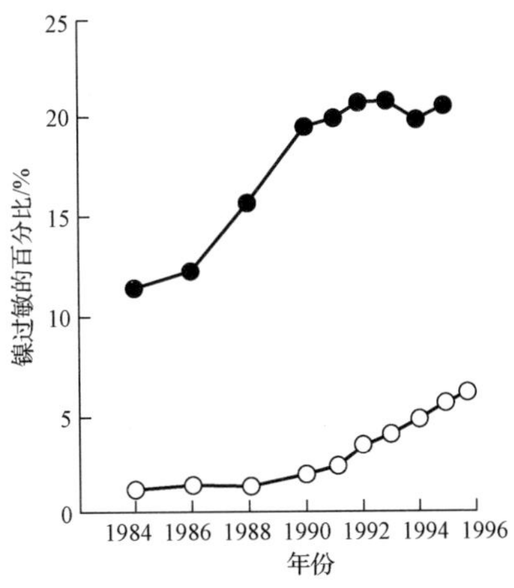

图 1.7 欧洲人对镍过敏的临床统计[46]

因此，消除镍的潜在危害，提高 NiTi 记忆合金器械植入宿主的长期稳定性和安全性是临床应用中需要继续深入研究的重要问题。

1.3 国内外医用 NiTi 形状记忆合金表面改性

采用近等原子比 NiTi 记忆合金无论是制作骨科种植体、骨科内固定、口腔矫形还是介入等医疗器械，虽然它们所要求实现的生物功能不同，但最大程度提高宿主安全性和减小合金材料的反应是材料学的根本目的。由前述可知，材料的生物相容性与材料的表面性质密切相关，因此在不损害块体材料良好性能的前提下，对材料进行表面改性是实现这一目的的有效途径；另外，金属材料的裸表面是生物惰性的，如何使其不但能满足生物力学的要求，同时还应具有一定的生物活性，达到生物功能性同生物相容性的良好结合，是需要同时进一步解决的问题。

针对以上问题，国内外学者均做了大量的工作，一方面是采用了物理、化学、电化学等多种方法对 NiTi 记忆合金表面进行改性，对象主要是针对组织相容性和血液相容性，对骨科应用中 NiTi 记忆合金的表面改性立足于使之能实现骨整合而避免形成致密的纤维结缔组织；另一方面是针对血管支架的表面改性，立足于减少血栓形成和抑制血管平滑肌细胞增生，避免产生二次再狭窄。但无论如何改进材料表面的生物活性，控制合金中的 Ni^{2+}溶出是一个最基本的也是亟待解决的问题。

到目前为止，针对 NiTi 形状记忆合金表面改性的方法纷繁多样，针对口腔、骨科使用的 NiTi 形状记忆合金表面改性方法有等离子喷涂 HA、生化法仿生沉积制备 Ca/P

层、离子镀 DLC、电化学沉积 HA、Sol-Gel 法制备 TiO_2、激光表面溶涂、激光气体氮化、离子注入氧、氮等；针对心血管支架用的 NiTi 形状记忆合金表面改性方法有离子镀 Ta、等离子聚合高分子、接枝等，现将其归纳于表 1.3。

表 1.3　医用 NiTi 形状记忆合金的表面处理及改性方法比较

序号	表面处理及改性方法	表面膜层	作用	举例
1	热氧化	TiO_2/NiO(Ni)	抗蚀，生物相容	Michiardi 等[51]
2	激光表面重熔	TiO_2/NiTi	增厚膜，抗蚀	Cui 等[52]
3	离子束增强沉积	TiO_2	抗蚀，生物相容	刘敬肖等[53]
4	化学钝化	NiO/TiO_2	抗蚀	Brien 等[54]
5	水热合成	TiO_2	抗蚀	Cheng 等[55]
6	Sol-Gel 法	TiO_2(SiO_2+TiO_2、P_2O_5+TiO_2)	抗蚀，血液相容	Liu 等[56]
7	表面化学沉积	HA	抗蚀，组织相容	杨贤金等[57]
8	仿生化学沉积	Ca/P	抗蚀，组织相容	Liu 等[58]
9	电化学沉积	HA	抗蚀，组织相容	尹燕等[59]
10	离子注入	O	抗蚀，生物相容	Ray 等[60]
		N	抗蚀，生物相容	华英杰等[61]
		P	抗蚀，生物相容	Zhao 等[62]
		Ar+	抗蚀，生物相容	Pelletier 等[63]
11	粉末埋覆反应辅助涂层	TiN/Ti_2N	抗蚀，生物相容	Starosvetsky 等[64]
12	多弧离子镀	Ta	抗蚀，显影	成艳等[65]
13	电解沉积	ZrO_2	抗蚀，生物相容	Giacomelli 等[66]
14	电化学阳极氧化	TiO_2/Ni	抗蚀，生物相容	Cheng 等[67-68]
15	Ti 离子溅射+单弧离子镀	TiN（含大量 TiO_2，无 Ni）	抗蚀	Endo 等[69]
16	激光气体氮化	TiN	抗蚀	Cui 等[70]
17	电弧离子镀	DLC	抗蚀，生物相容	Ohgoe[71]
18	等离子喷涂	PTFE	抗蚀，生物相容	Yahia 等[36]
19	等离子处理	C 型聚对二甲苯	血液相容	张征林等[72]
20	双离子注入	Mo+C	抗蚀，血液相容	郭海霞等[73]
21	固态渗 C 法	TiC+TiO_x	抗蚀，生物相容	姜训勇等[74]
22	气相沉积	各向同性 C	胶原生长	Hedayat 等[75]
23	大分子接枝	PEG	血液相容	杨隽等[76]
24	复合活化	TiO_2/HA	组织相容	Chu 等[77]

从表 1.3 可见，目前对 NiTi 形状记忆合金表面进行处理改性方法分以下 3 种类型：

1）采用强氧化法，以期在 NiTi 记忆合金表面原位氧化出一层致密、均匀和基体结合力强、具有良好生物相容性的 TiO_2 保护膜；

2）采用化学、物理等方法在 NiTi 形状记忆合金表面制备耐蚀层和具有一定血液相容性的改性层，如 TN、TC、TiO_2+Ta_2O_5、Mo+C、DLC、PTFE、PEG 等；

3）在 NiTi 记忆合金表面制备耐蚀层和具有一定组织相容性的改性层，以期获得既能有良好的耐蚀性，又有良好生物相容性的耐蚀生物活性层，如 HA、Ca/P、SiO_2+TiO_2、

$P_2O_5+TiO_2$ 等。

以上各种方法虽然立足点不尽相同，但都力求改善植入后的宿主反应和材料反应，均在不同的应用领域不同程度地提高了 NiTi 记忆合金的耐蚀性和生物相容性。由于采用的技术手段、装备水平不一，因此实验的方法、时间均存在差异；同时，各种表面改性技术也各有利弊，大部分仍处于基础研究阶段，少部分已逐步在临床开始应用，因此这是一个仍然需要发展的热点领域，继续深入探索能满足不同应用需要和经济要求的 NiTi 记忆合金表面改性技术具有十分重要的实际意义和广阔的应用前景。

第 2 章　NiTi 形状记忆合金的腐蚀特性及 Ni^{2+}溶出

钛、镍皆属于易钝化金属材料，能在金属表面生成一层钝化膜，使之具有良好的化学稳定性，耐腐蚀[78-79]。当二者以近等原子比合金化后（Ni 为 50.7at%，Ti 为 49.3at%），将由原来的金属键结合，转变为具有一定共价键结合的金属间化合物，其化学性质、腐蚀溶解行为将会发生什么变化？作为一种医用金属材料，如何在控制 NiTi 记忆合金发生生理腐蚀，最大程度地减少 Ni^{2+}腐蚀溶出的同时，利用合金的腐蚀溶解来对其进行有效的表面处理？本章对 NiTi 记忆合金在不同化学介质和模拟生理环境中镍的腐蚀溶解行为进行了阐述，这对于 NiTi 记忆合金各种医疗器械的化学抛光、电解加工、化学钝化、电化学阳极氧化、阴极沉积膜层和医学临床使用等都将具有一定的参考价值。

2.1　NiTi 形状记忆合金表面组织结构特征

图 2.1 和图 2.2 所示为经过机械抛光后 NiTi 记忆合金未刻蚀和刻蚀后的组织，可见 NiTi 记忆合金的组织致密，但存在一些夹杂物。在 Ni-Ti 二元合金相图中，理想配比的 NiTi 在低温下存在的成分范围非常窄，通常在冷却过程中会有其他如 Ti_4Ni_3 和 $TiNi_3$ 等金属间化合物析出。另外，由于钛和氧的亲和力很强，在高温熔化状态下，氧不可避免地存在于合金中，造成其他非金属夹杂物出现。

（a）未刻蚀

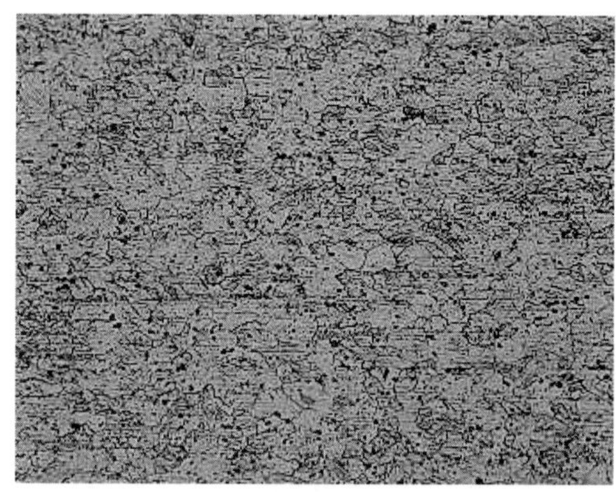

（b）刻蚀后

图 2.1　NiTi 记忆合金金相（500×）

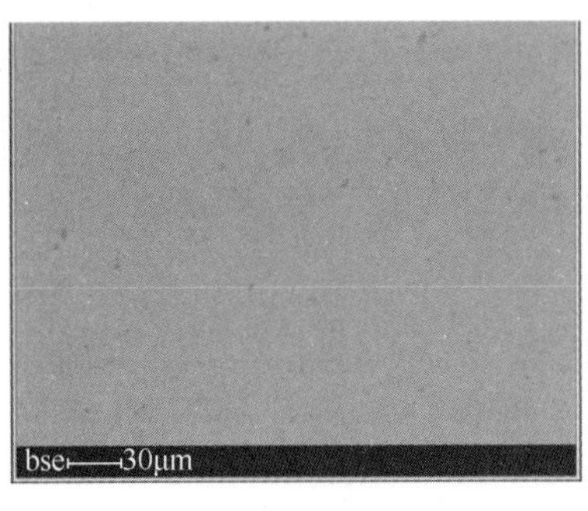

（a）未刻蚀

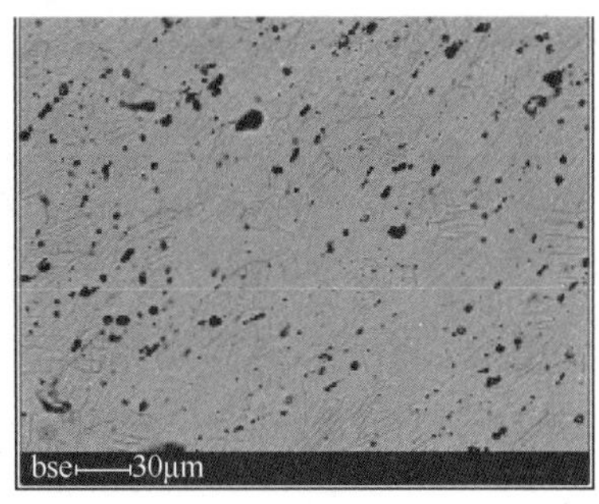

（b）刻蚀后

图 2.2　NiTi 记忆合金 EPMA 背散射电子像

由图 2.1（b）可见，近等原子比的 NiTi 记忆合金金相组织主要为 NiTi 等轴晶粒，还有一些夹杂物；图 2.2（b）中显示出在 NiTi 基体上出现孪晶带，这可能是由于制样过程中的剪切力诱发马氏体相变所致，另外还存在一些由于刻蚀而使夹杂物脱出造成的小孔洞。

图 2.3 为机械抛光后的 NiTi 记忆合金 XRD 分析图谱，可见合金相组成主要是 B2 结构的金属间化合物 NiTi 奥氏体，同时也出现弱的 B19'马氏体的峰，未见其他镍与钛形成的金属间化合物和合金表面的氧化物相。

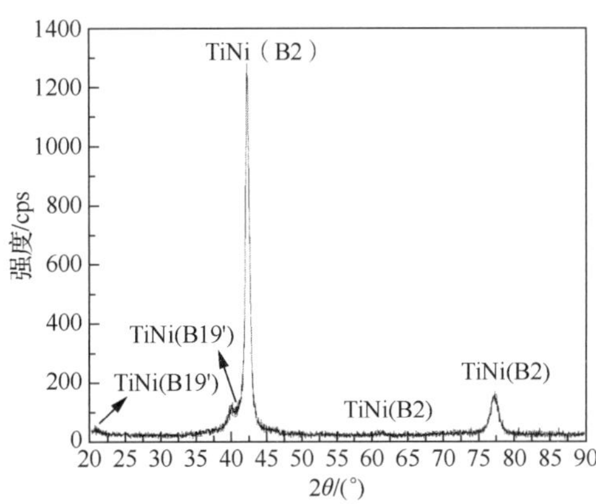

图 2.3　机械抛光后的 NiTi 记忆合金 XRD 分析图谱

这说明近等原子比的 NiTi 记忆合金组织主要为致密的 NiTi 等轴晶粒和少量的非金属夹杂物，且非金属夹杂物易在化学腐蚀中脱出。

2.2　无机酸中 NiTi 形状记忆合金的腐蚀特性

NiTi 记忆合金在 3 种不同浓度无机酸中的镍、钛腐蚀溶解量 ρ 见表 2.1。

表 2.1　NiTi 记忆合金在 3 种不同浓度无机酸中的镍、钛腐蚀溶解量 ρ　　单位：μg/mL

溶液名称	浓度/%	试样面积 S/cm²	腐蚀 24h		腐蚀 48h		腐蚀 72h	
			ρ（Ni）	ρ（Ti）	ρ（Ni）	ρ（Ti）	ρ（Ni）	ρ（Ti）
HCl	2	4.686	0.35	0.32	1.09	0.9	2.44	1.88
HCl	5	5.028	21.3	15.1	22.6	16.1	22.1	15.9
HCl	10	4.72	621	488	1765	1366	3368	2760
HCl	20	4.76	1153	943	7595	6298	15780	13030
HCl	30	4.703	2811	2148	7358	5830	12440	9928
HNO_3	2	4.951	3.44	1.04	8.55	2.66	13.5	4.00
HNO_3	5	4.71	0.59	0.53	2.06	1.79	4.03	3.03
HNO_3	10	4.75	1.63	1.32	4.99	3.79	9.62	7.19
HNO_3	20	4.756	5.08	4.1	12.5	10.1	23.3	18.4
HNO_3	30	4.73	8.78	4.56	23	15.4	40.7	29.3
H_2SO_4	2	4.707	1.84	0.77	5.1	2.64	9.94	5.39
H_2SO_4	5	4.658	1.96	1.29	5.8	3.55	12	7.08
H_2SO_4	10	4.73	1.47	0.83	4.88	3.09	10.8	7.09
H_2SO_4	20	4.98	1.06	0.87	4.24	3.36	12.4	8.78
H_2SO_4	30	4.713	2.43	2.03	8.26	7.01	18.1	14.4

2.2.1　盐酸溶液中的腐蚀

NiTi 记忆合金在浓度为 10%、20%和 30%的盐酸溶液中，有气泡从合金表面析出，数量随盐酸浓度的升高而加大，且溶液颜色也随着浓度和时间的增加呈现出不同的变化（紫色－紫蓝色－深蓝色）。72h 后，经浓度为 10%、20%的盐酸腐蚀的试样表面有一层均匀的腐蚀产物。30%的盐酸腐蚀过的合金表面出现大量直径大小不一的腐蚀孔洞；而浓度为 2%、5%的盐酸溶液颜色无变化，也没有气泡析出，合金表面仍具有金属光泽。合金在盐酸溶液中，镍（Ni）、钛（Ti）溶出速率随浓度变化曲线见图 2.4。由图 2.4 可见，在盐酸浓度为 5%以下时，镍和钛的溶出速率都很小，腐蚀时间也无明显影响；浓度 10%以上腐蚀溶解加剧，浓度 20%腐蚀 48h 后镍和钛的溶出速率均出现下降。这可能是由于高浓度、长时间腐蚀，使腐蚀产物增多，在合金表面形成一定的阻挡层，造成溶液扩散化学反应有所减缓。另外，钛的腐蚀溶出速率比镍低，但二者的腐蚀溶解趋势是基本一致的。盐酸浓度为 2%、5%、10%、20%和 30%时，镍、钛的平均溶解速率比分别为 1.16、1.40、1.26、1.22 和 1.27。在浓度为 2%和 5%的盐酸溶液中，镍、钛溶出速率比见图 2.5 和图 2.6，可见相同浓度不同时间的镍、钛溶出速率比都基本接近。

这说明在盐酸溶液中 NiTi 记忆合金中的镍和钛以较小的差异同时溶出，镍的溶出量略大于钛，使镍的腐蚀呈现出一定的选择性。

一般而言，钛的钝化膜处于稳定状态的介质就是使钛维持耐蚀性的介质，这些介质均系氧化性和中性介质；而使钛的钝化膜遭到破坏的介质是强氧化性和还原性酸溶液。钛不仅可以在含氧的溶液中保持稳定的钝性，而且在含有 Cl^- 的溶液中也能保持钝性[80]。

这与钛对氧具有很高的亲和力及钝化产物 TiO_2 具有很高的化学稳定性有关，它使 Cl^- 难以取代钝化膜中的氧。

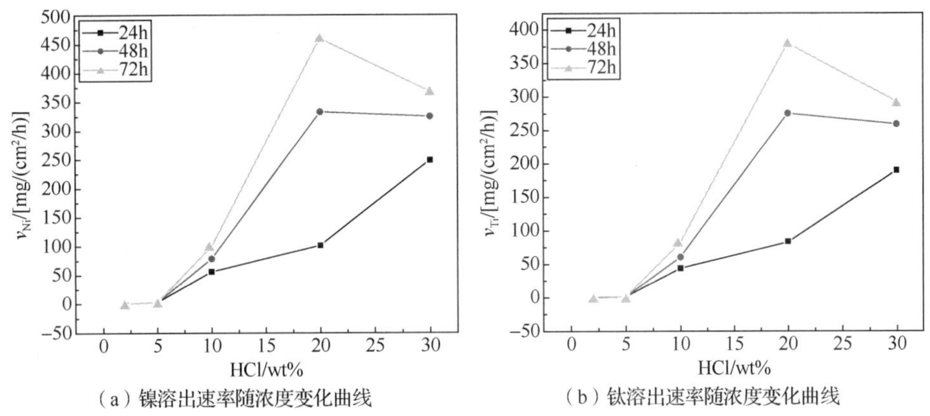

（a）镍溶出速率随浓度变化曲线　（b）钛溶出速率随浓度变化曲线

图 2.4　NiTi 记忆合金在盐酸溶液中镍、钛溶出速率随浓度变化曲线

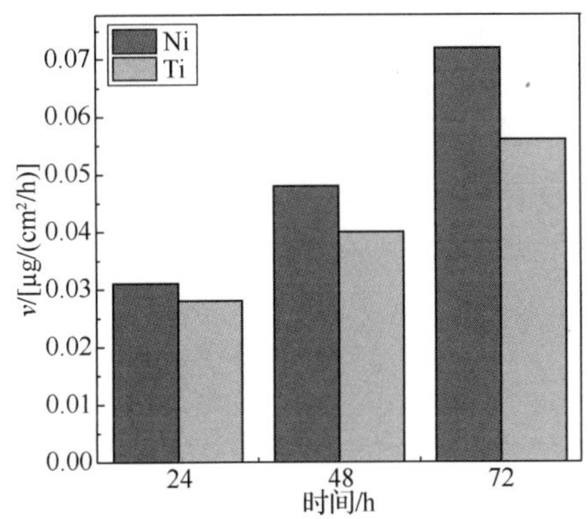

图 2.5　2%盐酸溶液中的镍、钛溶出速率比较

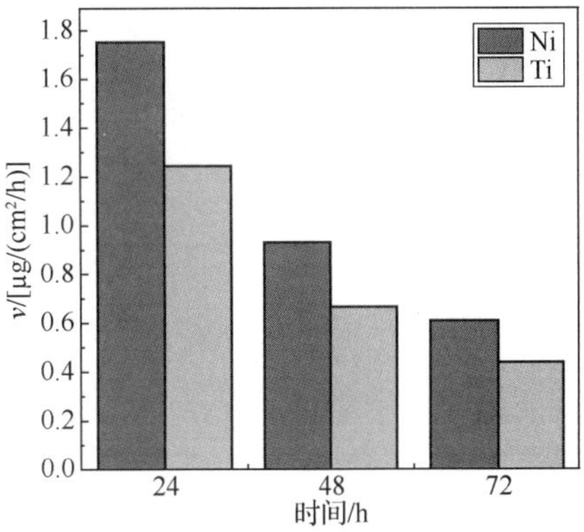

图 2.6　5%盐酸溶液中的镍、钛溶出速率比较

盐酸为非氧化性酸，所以在溶液中无氧化剂的情况下，钛形成稳定钝化膜较困难。尤其在酸度较高时更是如此，在此情况下，即使形成了钝化膜，也会发生如下反应：

$$TiO_2 + 2H^+ = TiO^{2+} + H_2O \tag{2.1}$$

这使钛以 TiO^{2+} 形式进入溶液。实验中腐蚀溶液出现紫色便是 Ti^{4+} 在酸中的典型显色。所以，NiTi 记忆合金在浓度为 5%以下的盐酸中，由于酸度低使 Ti^{4+} 腐蚀溶出较少，而在 10%以上盐酸中腐蚀快速加剧。实验证明，NiTi 记忆合金在盐酸中 Ni^{2+} 的离子化倾向大于钛。镍的氧化物易溶于酸而不溶于碱[81]。

酸性溶液中镍将会被 H^+ 氧化为 Ni^{2+} 进入溶液，Ni^{2+} 水溶液显色为绿色，和钛的显色合并，所以实验腐蚀溶液的显色为蓝紫色，之后随着 Ni^{2+} 浓度升高变为深蓝色。而溶液中的阴极去极化是 H^+ 作为去极剂被还原成 H_2，即产生析氢腐蚀，所以实验中出现 H_2 气泡产生。

另外，盐酸中的 Cl^- 吸附到合金表面后将会生成 $NiCl_2$，$NiCl_2$ 易溶于水，这使镍产生水化进入溶液变得更加容易，如反应式（2.2）和式（2.3）所示：

$$NiTi+2Cl^-+2H^++2[O] = NiCl_2+TiO_2+H_2\uparrow \tag{2.2}$$

$$NiCl_2 \xrightarrow{(水解)} Ni^{2+}+2Cl^- \tag{2.3}$$

通过式（2.2）计算，$\Delta G_{298}^0=-708.53kJ/mol$，表明完全可在含 Cl^- 的水溶液中进行反应。这和吸附氧的作用恰好相反，吸附氧将降低镍的溶解速度，吸附 Cl^- 后降低了镍的阳极溶解过电位，增加了镍的阳极溶解交换电流密度。这将造成局部腐蚀的产生，所以腐蚀后试样表面出现不均匀的坑洞，表面粗糙凹凸不平，见图 2.7。

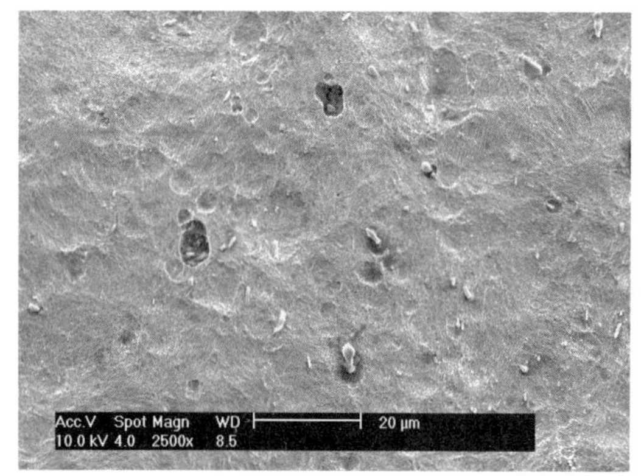

（a）表面腐蚀形貌

（b）图（a）的局部放大像

图 2.7　30%盐酸腐蚀 NiTi 记忆合金 72h 后的表面 SEM

2.2.2　硝酸溶液中的腐蚀

在浓度为 2%、5%、10%、20%和 30%的硝酸溶液中腐蚀 NiTi 记忆合金 72h，溶液颜色均无变化，也无气泡析出，合金表面仍具有金属光泽。图 2.8 为 NiTi 记忆合金在硝酸溶液中的镍、钛溶出速率随浓度变化曲线。

从图 2.8 中可以看出，NiTi 记忆合金在硝酸中的溶解速率随腐蚀时间的延长镍、钛的溶出速率增加。硝酸浓度在 5%～30%时，随着酸的浓度增加，溶出速率也增加，在浓度为 5%时溶出速率最小。硝酸浓度为 2%、5%、10%、20%和 30%时，镍、钛的平均溶出速率比分别为 3.29、1.19、1.29、1.24 和 1.56，可见 2%低浓度的硝酸使镍的溶出量是钛的 3 倍之多。硝酸浓度为 5%时镍、钛的平均溶出速率比最低，这可能是由于硝酸是强氧化性酸，5%浓度的硝酸使 NiTi 记忆合金产生钝化，钛与镍的合金化使镍在氧化性介质中的耐蚀性提高，这同铬与镍的合金化提高镍在氧化条件下的抗蚀能力的原理一样。高浓度的硝酸由于氧化性强，将会使钛出现腐蚀[81]。

这表明，NiTi 记忆合金在硝酸中，合金中的镍和钛也以较小的差异同时溶出。在低浓度时镍的溶出量明显大于钛，使镍的腐蚀溶出呈现出比盐酸中强的选择性。

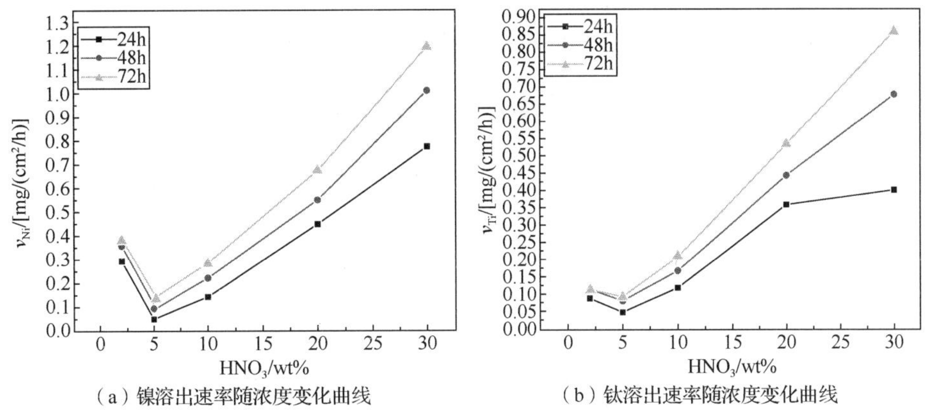

（a）镍溶出速率随浓度变化曲线　　（b）钛溶出速率随浓度变化曲线

图 2.8　NiTi 记忆合金在硝酸溶液中镍、钛溶出速率随浓度变化曲线

2.2.3　硫酸溶液中的腐蚀

在浓度为 2%、5%、10%、20%和 30%的硫酸溶液中腐蚀 NiTi 记忆合金 72h，溶液颜色均无变化，也无气泡析出，合金表面仍具有金属光泽。图 2.9 为 NiTi 记忆合金在硫酸溶液中镍、钛溶出速率随浓度变化曲线。由图 2.9 可见，NiTi 记忆合金中的镍、钛溶出速率均随时间的延长而增加。浓度为 2%、5%、10%、20%和 30%时，镍、钛的平均溶出速率比分别为 2.05、1.61、2.19、1.29 和 1.20，可见在 10%以下的低浓度硫酸中镍、钛的溶出速率比稍大。与 NiTi 记忆合金在盐酸、硝酸中的腐蚀情况有所不同的是，在浓度 5%以下稀硫酸中，镍、钛的溶出呈均匀加速状态。

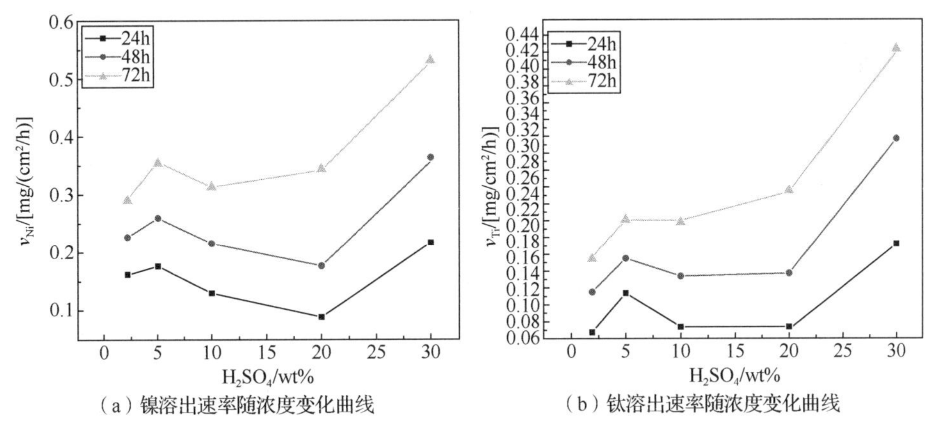

（a）镍溶出速率随浓度变化曲线　　（b）钛溶出速率随浓度变化曲线

图 2.9　NiTi 记忆合金在硫酸溶液中镍、钛溶出速率随浓度变化曲线

硫酸属非氧化性酸，钛在其中钝化能力弱，只有在其中存在重金属离子或氧化剂时才可抑制钛的腐蚀，这与在盐酸中的情况相似。但本实验所采用的两种非氧化性酸的浓度均在 30%以下，不同程度地具有一定的氧化性。因而，钛会产生一定的钝化，使之溶解量较小。酸性溶液中镍的阳极金属电位（−0.25V）低于水溶液中氢的析出电位，理论上可使镍在硫酸中发生析氢反应，但实际上析氢速度极其缓慢，所以腐蚀过程中无明显气泡析出。

综上所述，3 种无机酸中，NiTi 记忆合金中的镍、钛均在硫酸中的腐蚀溶出率最小，在盐酸中最大。

图 2.10 是 3 种无机酸的氧化还原电位及 pH 随浓度的变化曲线，可见同等浓度下硫酸的 pH 最低，酸度最大；硝酸最小。但硝酸的氧化还原电位最高，氧化能力最强；硫酸的还原性强，盐酸与之接近。相比之下，硝酸在 2%稀浓度时的氧化还原电位也较盐酸和硫酸高，但酸度低，此时镍、钛的溶出速率比较大，72h 时最大为 3.37，显示出镍溶出具有较强的选择性，见图 2.11。

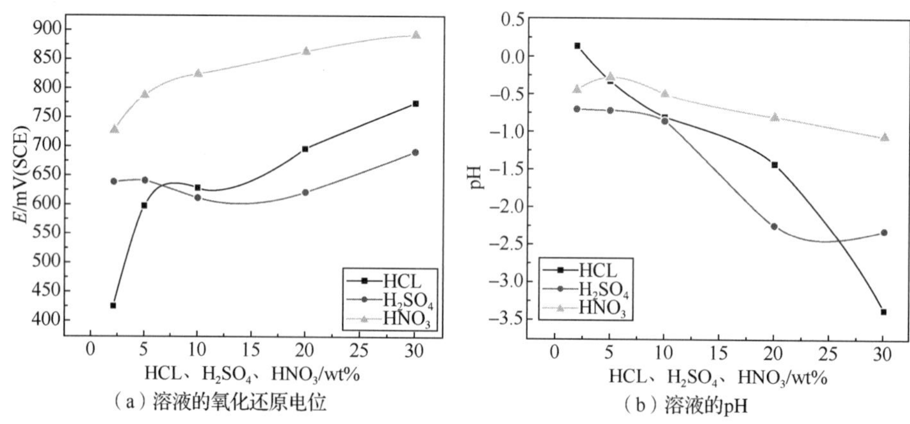

（a）溶液的氧化还原电位　　（b）溶液的pH

图 2.10　3 种无机酸的氧化还原电位及 pH 随浓度的变化曲线

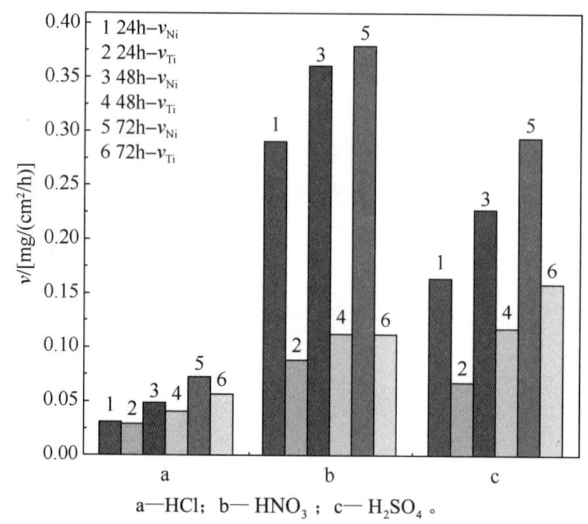

a—HCl；b— HNO_3；c— H_2SO_4。

图 2.11　浓度为 2%的 3 种酸中镍、钛溶出速率

这是因为稀硝酸、中等以上浓度的硝酸电离后的特性有所不同；前者具有强酸的特性，而后者溶液中存在着阳离子团$[NO_2]^+$，其提供了一个成膜过程。

稀硝酸与 NiTi 记忆合金中的镍发生如下反应：

$$8HNO_3(稀) + 3Ni = 3Ni(NO_3)_2 + 4H_2O + 2NO(g) \tag{2.4}$$

在生成最终产物 $Ni(NO_3)_2$ 之前，存在两个中间过渡反应：

$$2Ni + 2HNO_3 = 2NiO + H_2O + 2NO(g) \tag{2.5}$$

$$2Ni + 2HNO_3 = Ni_2O_3 + H_2O + 2NO(g) \tag{2.6}$$

如果是浓硝酸，则

$$4HNO_3(浓) + Ni = Ni(NO_3)_2 + 2H_2O + 2NO_2(g) \tag{2.7}$$

硝酸浓度增大，氧化还原电位升高，见图 2.10（a）；式（2.5）和式（2.6）两个过渡反应将会随硝酸浓度的增大而更加显著，这将导致镍的溶出率下降。而合金中的钛则由于氧化生成了 TiO_2，使之稳定性增加，溶出率降低，见图 2.12～图 2.15。目前有研究表明，采用硝酸钝化处理 NiTi 记忆合金后发现表面镍含量有所降低[5]，而有的研究则报道发现表面镍含量有所升高[54]。由本论文的实验结果可知，出现这种矛盾结果的原因可能是由于硝酸的浓度不同。

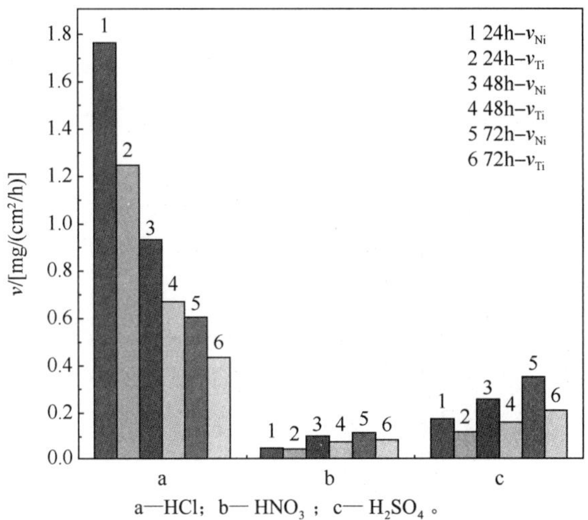

图 2.12　浓度为 5%的 3 种酸中镍、钛溶出速率

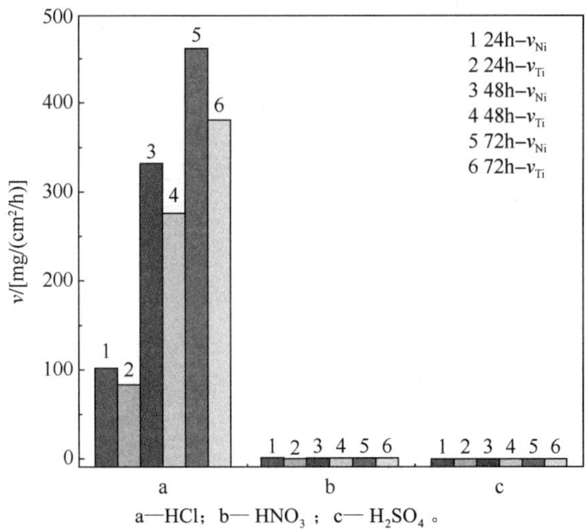

图 2.13　浓度为 10%的 3 种酸中镍、钛溶出速率

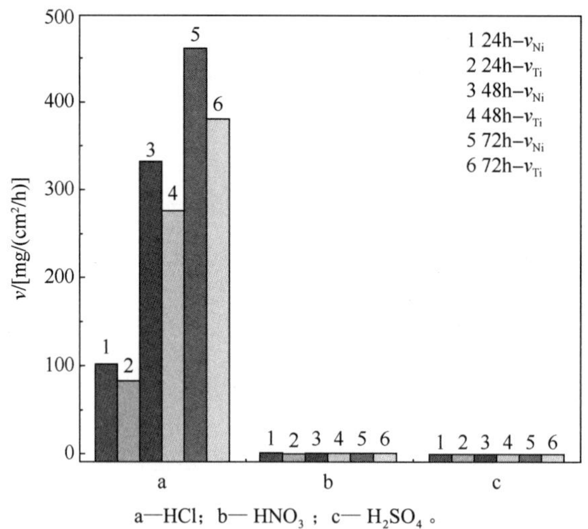

图 2.14　浓度为 20%的 3 种酸中镍、钛溶出速率

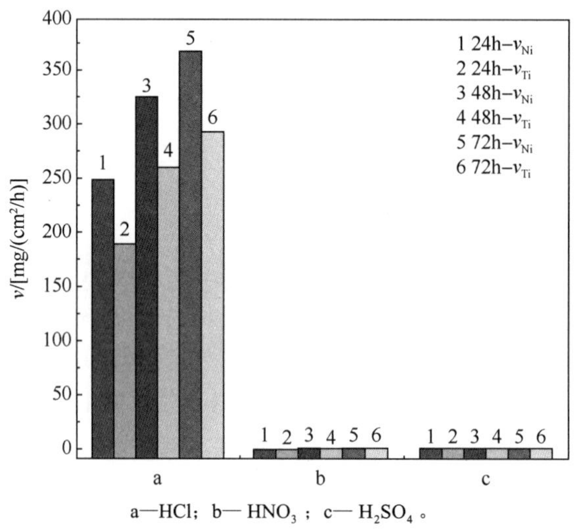

图 2.15　浓度为 30%的 3 种酸中镍、钛溶出速率

与等浓度的硝酸和硫酸相比，盐酸在浓度为 2%时，由图 2.10 可以看出，属低氧化性、低酸度。对 NiTi 记忆合金中镍、钛的腐蚀溶出能力小于同等浓度的硝酸和硫酸，但镍溶出也具有一定的选择性，只是比在硝酸中弱得多。当盐酸浓度超过 5%以后，对镍、钛的溶出能力迅速升高，大大高于硝酸和硫酸，同时仍然具有镍溶出的选择性，24h 后镍、钛的溶出速率比为最大 1.41。

这是因为盐酸中 Cl^- 易于在合金表面/溶液界面上吸附，加上 H^+ 的作用，在反应式（2.2）和式（2.3）之间存在两个中间过渡反应：

$$NiO + 2HCl = NiCl_2 + H_2O \tag{2.8}$$

$$Ni_2O_3 + 6HCl = 2NiCl_2 + 3H_2O + 2Cl \tag{2.9}$$

$NiCl_2$ 则易发生水解而使 Ni^{2+} 进入溶液。钛虽然抵抗 Cl^- 侵蚀的能力较强，Cl^- 难以取代钝化膜中的氧[80]，但在盐酸的还原性条件下，TiO_2 的形成较困难。可见，由于盐酸具有低的氧化还原电位及其中 Cl^- 的存在，使 NiTi 记忆合金中的钛、镍钝化均难以形成，溶出量较大。

硫酸则与盐酸具有同样低的氧化还原电位，同样使 TiO_2 的形成较困难，但无卤素阴离子的存在，SO_4^{2-} 阴离子从空隙或缺陷处渗透穿过氧化物膜要比 Cl^- 更困难[78]，故使镍、钛的溶出量相对较小。

2.2.4　混合无机酸中的腐蚀

氧化性和非氧化性混合无机酸中 NiTi 记忆合金中 Ni^{2+} 的腐蚀溶出速率见表 2.2。由此可知，在氧化性和还原性无机酸混合体系中不含 Cl^- 离子的情况下，NiTi 记忆合金的腐蚀较在单纯的还原性酸中弱，镍的腐蚀溶出速率仅为 0.069μg/（cm^2/h）。这是由于硝酸的氧化性造成合金钝化所致。

表 2.2　混合无机酸中 NiTi 记忆合金中镍的腐蚀溶出速率

溶液介质	温度/℃	时间/h	Ni^{2+} 溶出速率[μg/（cm^2/h）]
16%(HCl∶HNO_3 =1∶3)	95	1	8.90
4%H_2SO_4+0.2%HNO_3	95	2	5.15
4%H_2SO_4+0.2%HNO_3	140（3atm）	3	1064.25
4%H_2SO_4+0.2%HNO_3	室温	96.5	0.069

在不含 Cl^- 的氧化性和非氧化性混合酸中，室温与 95℃高温下相比，温度升高将使 NiTi 记忆合金的腐蚀溶解量增大，镍的腐蚀溶出速率达到 5.15μg/（cm^2/h），约为常温条件下的 70 倍之多；而在含 Cl^- 的氧化性和非氧化性混合酸中，95℃高温下镍的腐蚀溶出速率为 8.90μg/（cm^2/h），高于同等温度下不含 Cl^- 的混合酸。

这说明在有氧化性介质存在的环境中，Cl^- 仍然加速 NiTi 记忆合金中镍的腐蚀溶解，这是 Cl^- 与氧化性离子竞争吸附的结果，无论溶液中 Cl^- 浓度的高低，总会存在部分 Cl^- 吸附于合金表面上而导致镍的氯化水解，从而使合金中镍的腐蚀溶出量增大，但随着氧化剂浓度的升高，钝化作用将愈加明显。

2.3　有机酸中 NiTi 形状记忆合金的腐蚀特性

NiTi 记忆合金中的镍在不同有机酸中 95℃下、2h 后的 Ni^{2+} 溶出速率见表 2.3。

表 2.3　NiTi 记忆合金中的镍在不同有机酸中 95℃下、2h 后的 Ni^{2+} 溶出速率

溶液体系	pH	E/mV	Ni^{2+} 溶出速率[μg/（cm^2/h）]
50%柠檬酸	1.03	453	0.88
50%草酸	-0.36	240	16.26

续表

溶液体系	pH	E/mV	Ni^{2+}溶出速率[μg/（cm^2/h）]
25%氨基乙酸	6.16	234	0.63
50%醋	1.30	403	0.52
50%乳酸	1.01	425	0.50

注：E 为溶液氧化还原电位（SCE）。

由表 2.3 可见，草酸中镍的腐蚀溶出速率较大，表面腐蚀形貌呈短杆堆积状，见图 2.16。进一步对表面短杆堆积状物做 EDX 分析表明，表面上的钛也大量溶出，且溶出量超过镍，表面各元素的相对含量氧为 79.05at%，镍为 19.37at%，钛为 1.58at%。这是由于在低 pH，即高酸度、还原性条件下，钛处于活性溶解状态；镍则可能与草酸产生化学反应生成草酸镍而残留于合金表面。

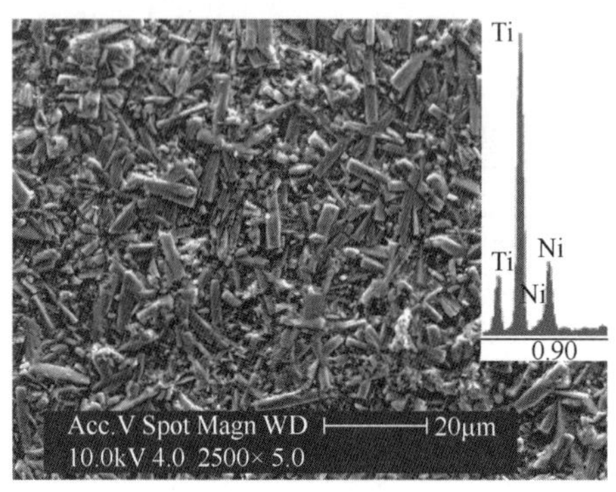

（a）表面腐蚀形貌　（b）图（a）局部放大

图 2.16　50%草酸溶液中 NiTi 记忆合金腐蚀后的表面 SEM

20%氨基乙酸虽然也具有一定的还原性，同时还含有镍的强配合离子氨基，但酸度低，属中性介质，镍的腐蚀溶出速率低，大大低于在草酸介质中。柠檬酸、醋酸和乳酸的氧化性及酸度都基本接近，所以三者对 NiTi 记忆合金中镍的腐蚀溶出速率都较接近，只是柠檬酸略大。与无机酸相比，有机酸的氧化还原电位相对较低，在室温条件下，对 NiTi 记忆合金的腐蚀也较弱。实验 NiTi 记忆合金在 50%醋酸中的耐蚀性，在室温下腐蚀 2h 后，腐蚀液中 Ni^{2+} 含量低于分析仪器的检出限。

2.4　混合溶液体系中 NiTi 形状记忆合金的腐蚀特性

不同混合溶液体系对 NiTi 记忆合金中镍、钛腐蚀溶出的影响见表 2.4。室温下，在 $1^{\#}$、$2^{\#}$由两种氧化性物质组成的溶液中，NiTi 记忆合金中的镍腐蚀溶出量较接近，低浓度硝酸+$FeCl_3$ 溶液中略高些。在此基础上加入还原性盐酸后，组成 $3^{\#}$～$5^{\#}$溶液，合金中的镍、钛溶出量大幅提高，镍溶出量比钛大，但 3 种溶液的 Ni/Ti 摩尔比基本接近 2.5～3，时间对其影响较小，镍、钛溶出基本保持恒定，可见酸性环境中 Cl^- 存在时，NiTi 记忆合金的腐蚀严重。

表 2.4　不同混合溶液体系对 NiTi 记忆合金中镍、钛腐蚀溶出的影响

序号	溶液体系	腐蚀条件	镍溶出量	钛溶出量	Ni/Ti/（摩尔比）
1	$10\%HNO_3+1\%FeCl_3$	室温 48h	87.94（μg/cm^2）		
2	$32\%HNO_3+2\%AgNO_3$	室温 48h	67.84（μg/cm^2）		
3	$5\%HCl+0.6\%FeCl_3+2\%NaNO_3$	室温 24h	0.153（mg/mL）	0.046（mg/mL）	2.71（μg/mL）
4	$10\%HCl+0.7\%FeCl_3+3\%NaNO_3$	室温 24h	0.156（mg/mL）	0.044（mg/mL）	2.88（μg/mL）
5	$12\%HCl+0.8\%FeCl_3+3\%NaNO_3$	室温 24h	0.315（mg/mL）		
6	$5\%HCl+0.6\%FeCl_3+2\%NaNO_3$	室温 48h	0.285（mg/mL）	0.091（mg/mL）	2.55（μg/mL）
7	$10\%HCl+0.7\%FeCl_3+3\%NaNO_3$	室温 48h	0.184（mg/mL）	0.050（mg/mL）	2.99（μg/mL）
8	$3.7\%HCl+0.01mol/LNa_2MoO_4\cdot 2H_2O$	室温 96.5h	8.090（μg/mL）	4.590（μg/mL）	1.43（μg/mL）
9	$3.7\%HCl+0.01mol/L\ K_2Cr_2O_7$	室温 96.5h	6.070（μg/mL）	3.710（μg/mL）	1.34（μg/mL）
10	$3.7\%HCl+0.01mol/L\ K_2Cr_2O_7$	室温 528h	24.000（μg/mL）	15.000（μg/mL）	1.30（μg/mL）
11	0.1mol/L　NaCl	95℃ 17h	3.760（μg/mL）	1.470（μg/mL）	2.07（μg/mL）
12	浓 NH_4OH+O_3	室温 367h	15.000（μg/mL）	11.000（μg/mL）	1.11（μg/mL）
13	35g/L 间硝基苯磺酸钠 $+0.25g/L\ NH_4OH+100g/L(NH_4)SO_4$	室温 24h	0.070（μg/mL）	0.022（μg/mL）	2.59（μg/mL）
14	30g/L 间硝基苯磺酸钠 $+65g/LH_2NCH_2CH_2NH_2$	室温 24h	0.080（μg/mL）	0.016（μg/mL）	4.07（μg/mL）
15	60g/L 间硝基苯磺酸钠 $+60mol/L\ H_2SO_4+1g/LKSCN$	室温 96.5h	17.790（μg/mL）	9.670（μg/mL）	1.50（μg/mL）
16	30g/L 间硝基苯磺酸钠 $+65g/LH_2NCH_2CH_2NH_2$	60℃ 20h	0.100（μg/mL）	0.014（μg/mL）	5.80（μg/mL）
17	35g/L 间硝基苯磺酸钠 $+0.25g/L\ NH_4OH+100g/L(NH_4)SO_4$	60℃ 20h	0.120（μg/mL）	0.012（μg/mL）	8.12（μg/mL）
18	$100g/L\ NH_4NO_3+40g/L\ NH_4COOH$	室温 144h	0.070（μg/mL）	0.010（μg/mL）	5.69（μg/mL）
19	$100g/L\ NH_4NO_3+40g/L\ NH_4COOH+0.24g/L\ HNO_3$	60℃ 336h	0.200（μg/mL）	0.012（μg/mL）	13.55（μg/mL）
20	$29\%H_2O_2$	75℃ 2h	3.400（μg/mL）	0.200（μg/mL）	13.83（μg/mL）
21	$27\%H_2O_2+NH_4COOH$	75℃ 2h	1.600（μg/mL）	0.100（μg/mL）	13.02（μg/mL）
22	$20\%HNO_3+0.0116g/mL$ 对氨基苯磺酸	室温 144h	2.700（μg/mL）	2.300（μg/mL）	0.954（μg/mL）
23	$100g/L\ HNO_3+50g/L\ HCl+15g/L\ H_2O_2$	室温 24h	18.190（μg/mL）	255（μg/mL）	0.061（μg/mL）
24	$20\%HNO_3+30g/L\ NaCl+15g/L$ Urea	室温 24h	0.870（μg/mL）	0.500（μg/mL）	1.42（μg/mL）
25	$2\%HNO_3+40\%HCl$	室温 24h	3.000（mg/mL）	2.000（mg/mL）	1.22（μg/mL）

8#～10#溶液为低浓度盐酸和少量非氯类氧化剂组成的溶液介质，NiTi 记忆合金中的镍、钛溶出量比高浓度盐酸时少，少量氧化剂对钛钝化的影响不是十分显著，合金中的钛仍有溶出，但镍的溶出量仍然比钛略高，Ni/Ti 摩尔比均在 1.3 左右。

12#、15#和 25#溶液在室温时对 NiTi 记忆合金的腐蚀也较强，合金中镍、钛的腐蚀溶出量较大，且选择性不强，二者基本以等量溶出。对 15#进一步高温 90℃加热 2h，试样均匀减薄至原来厚度的 1/4，且表面平整、光滑，呈均匀腐蚀，这对于 NiTi 记忆合金的化学抛光是有利的。

高温下，19#～21#溶液介质显示出对合金中镍较强的选择性溶解，3 种溶液中的 Ni/Ti

摩尔比均超过 10，且 20#和 21#溶液中的镍溶解量相对较大，这对于消除 NiTi 记忆合金表面镍的危害，提高其耐蚀性和生物相容性是极其有利的。但理想的情况应该是使 NiTi 记忆合金表面一定深度内的镍被完全溶出，获得完全由 TiO_2 组成的表面，但是如何才能利用腐蚀来实现这一目的呢？关于这个问题将在第 3 章中详细分析讨论。

2.5　NiTi 形状记忆合金在模拟生理环境中的腐蚀

生物医用金属材料在生理环境中的耐蚀性是影响合金材料生物相容性的重要因素之一。体液是一个含氯及多种无机盐成分的高腐蚀性环境，合金在其中产生腐蚀的程度，除受合金材料本身的性质影响外，体液环境也是其腐蚀的重要影响因素，其中体液的 pH 和 Cl^- 含量是很重要的化学因素。由于人体的个体差异及生理环境的复杂性，尤其是在植入体周围存在感染以及金属植入体存在局部腐蚀的情况下，皆可以引起周围组织酸化，pH 降低；而 Cl^- 的浓度也因人体部位的不同和盐分日摄取量的不同而发生波动。因此，Ni^{2+}的腐蚀溶出与生理环境中酸碱度和 Cl^- 含量的波动密切相关，二者应是影响金属体内腐蚀重要的化学环境因素。目前，采用电化学极化的方法研究评定 NiTi 合金在各种模拟体液中耐蚀性优劣的报道较多[82-83]，但电化学阳极极化法不能反映出在生理环境中 pH 及 Cl^- 浓度变化对 NiTi 记忆合金随时间释放 Ni^{2+}动力学过程的影响，目前这方面的报道较少。

2.5.1　不同模拟生理液 pH 对 Ni^{2+}腐蚀溶出的影响

镍属于易钝化金属，由其腐蚀电化学热力学理论条件可知[81]，在 1≤pH≤6 的酸性介质中，镍在中低电位范围内是热力学不稳定的，可产生腐蚀生成 Ni^{2+}；但在中高电位范围，镍趋于钝化。在 6<pH≤11 的中性介质和中等强度的碱性介质中，在从低到高很宽的电位范围内，镍几乎处于钝化状态，即在有氧化性的介质中，镍将通过氧化生成高价氧化物膜而钝化，从而减少镍在溶液中的腐蚀溶解。这种现象在 2.2 节的硝酸腐蚀实验中已观察到，产生的化学反应如式（2.4）～式（2.7）所示。

图 2.17 所示为 3 种模拟体液的氧化还原电位随 pH 的变化曲线。由图 2.17 可见，浓度为 0.9%NaCl 生理液的电位 E_N 在三者中稍高，Hank's 模拟体液的电位 E_H 和 Tyrode's 模拟血液的电位 E_T 二者较接近，但 E_T 要稍低些，即 3 种模拟液的电位序为 $E_T < E_H < E_N$。这说明在 3 种模拟体液中，镍通过氧化生成高价氧化物膜而钝化的倾向在 0.9%NaCl 生理液中最大，Hank's 模拟体液中次之，Tyrode's 模拟血液中最小。

图 2.18 显示出 NiTi 合金在 3 种模拟体液中，相同的浸泡周期，pH 分别在约 2、3、5、8 和 10 下的 Ni^{2+}随时间释放量的实验结果。结果表明，在 4 种 pH 条件下，镍在 3 种体液环境中均存在一定量的腐蚀溶出，但程度不同。在 pH=2、3、5、8 情况下，3 种生理环境中 Ni^{2+}释放规律基本一致，呈现出 Tyrode's 模拟血液中的 Ni^{2+}释放量稍大，一周后达到 1.08μg/cm^2；Hank's 模拟体液中次之；浓度为 0.9%NaCl 生理液中最小。这是因为镍在 3 种模拟液中的钝化趋势不同。由图 2.17 给出的 3 种溶液的电位序可知，在 E_N

下，镍钝化趋势较大，镍腐蚀量较小；E_H 下次之；E_T 下则镍钝化趋势较弱，腐蚀量较大。在 pH=10 情况下，Ni^{2+}的溶出更加微量，最高是在浓度为 0.9%NaCl 生理液中，一周后也才达到 0.53μg/cm²。同时，实验后期观察到 Hank's 模拟体液和 Tyrode's 模拟血液（台式液）中均出现大量白色絮状沉淀物，同时在浓度为 0.9%NaCl 生理液中测出镍的溶出稍大，这可能是由于溶液 pH 高，OH^- 根较多，Hank's 模拟体液和 Tyrode's 模拟血液中的一些钙、镁等离子水解生成氢氧化物沉淀，这些沉淀物将会吸附部分 Ni^{2+}，从而减少溶液中的 Ni^{2+}含量，使 0.9%NaCl 生理液中 Ni^{2+}含量的测定分析结果高于二者。

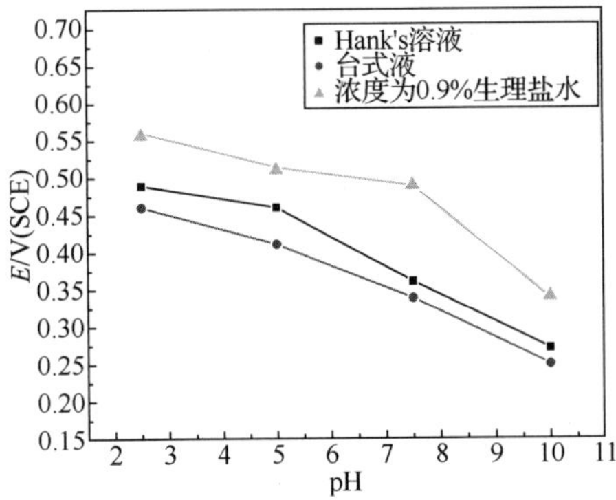

图 2.17　3 种模拟体液的氧化还原电位随 pH 的变化曲线

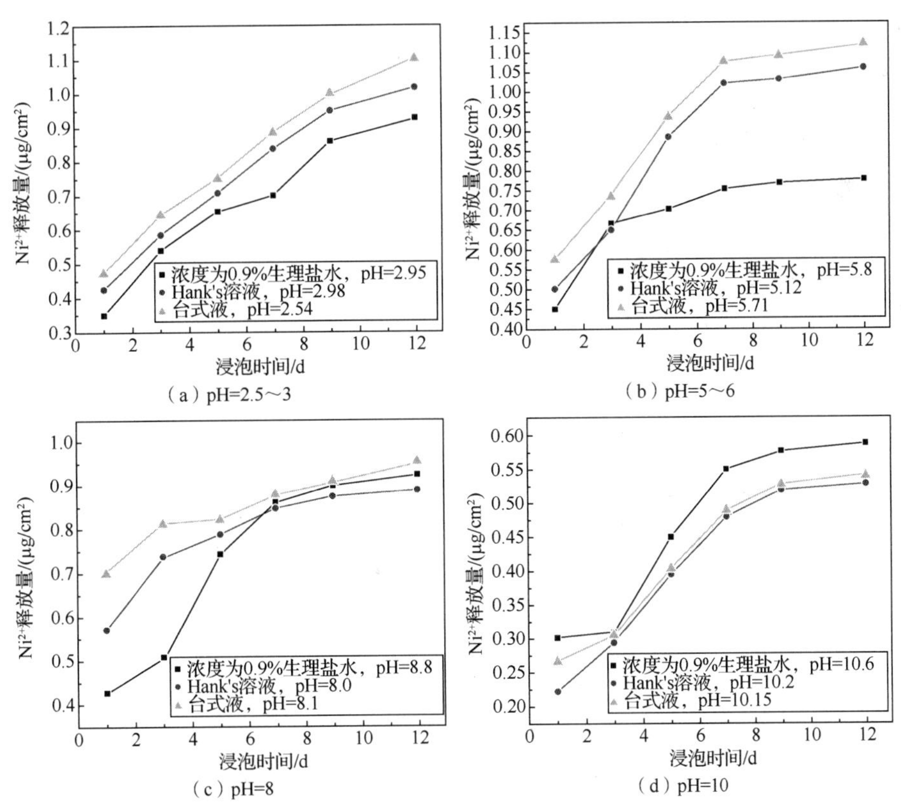

图 2.18　NiTi 记忆合金在不同生理液中不同 pH 下 Ni^{2+}溶出动力学曲线（37℃±1℃）

图 2.19 为 NiTi 记忆合金在不同模拟体液中 pH 对 Ni^{2+}腐蚀溶出速率的影响。由图 2.19 可见，随着 pH 的升高，3 种模拟体液中 Ni^{2+}腐蚀溶出速率下降；这是由于镍及其氧化物易溶于酸而微溶于碱，故其耐蚀性随溶液 pH 的升高而增大。这一现象同镍的钝化稳定性有关，这个问题将在第 3 章中详细论述。

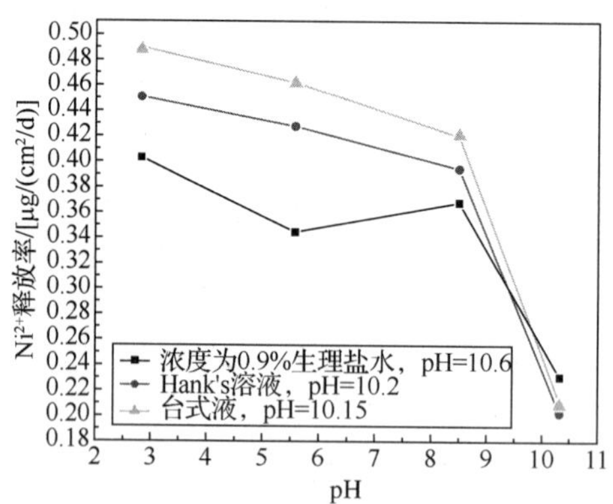

图 2.19　NiTi 记忆合金在不同模拟体液中 pH 对 Ni^{2+}腐蚀溶出速率的影响（37℃±1℃下，12d）

由于口腔环境具有与其他生理环境不同的特殊性，牙斑菌和其他细菌产生糖的代谢物乳酸使口腔环境中的酸度变化较大，产生龋齿的酸度范围在 pH=4 左右；同时由于个体饮食习惯的差异，也使口腔环境中的 pH 发生较大的波动。因此，本节研究了 NiTi 记忆合金不同 pH 条件下在 Fusayama 模拟唾液中的 Ni^{2+}腐蚀溶出行为。图 2.20 为 Fusayama 模拟唾液的氧化还原电位随 pH 的变化曲线，可见 Fusayama 模拟唾液的氧化性较低，且随 pH 的升高溶液的氧化性降低，镍的腐蚀相应减弱。合金中 Ni^{2+}的实际腐蚀溶出情况见图 2.21。

图 2.21 为不同 pH 条件下 Fusayama 模拟唾液中 Ni^{2+}腐蚀溶出的动力学曲线。由此可见，在口腔环境中 Ni^{2+}释放同酸度成正比，酸度越大，镍腐蚀越严重，当达到低酸度时（如 pH 大于 5），Ni^{2+}的释放基本平稳。

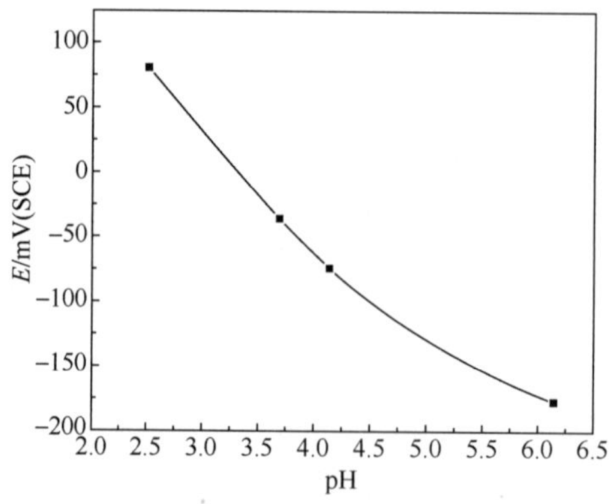

图 2.20　Fusayama 模拟唾液的氧化还原电位随 pH 的变化曲线

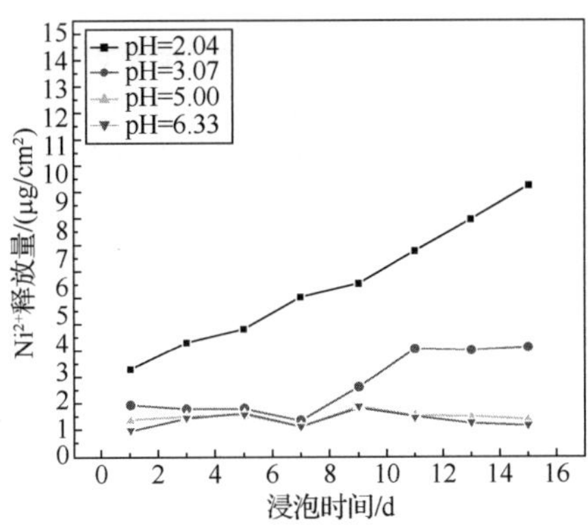

图 2.21　不同 pH 条件下 Fusayama 模拟唾液中 Ni^{2+}腐蚀溶出的动力学曲线（37℃±1℃）

由于唾液中含有乳酸、硫氰酸根和尿素等，致使 NiTi 记忆合金中镍的腐蚀溶出比在其他生理环境中严重，几乎相差 10 倍；同时也说明在 Fusayama 模拟唾液的中低电位下，NiTi 记忆合金中 Ni^{2+}的腐蚀溶出量较大。这也正是在目前 NiTi 记忆合金临床应用中，镍致敏案例多在口腔正畸中出现的原因。其具体临床案例在第 1 章中已列举。

为了比较 NiTi 记忆合金，纯钛、纯镍在 Hank's 模拟体液和 Fusayama 模拟唾液中的耐蚀性，分别对 3 种材料做稳态自腐蚀电位测定，见图 2.22。

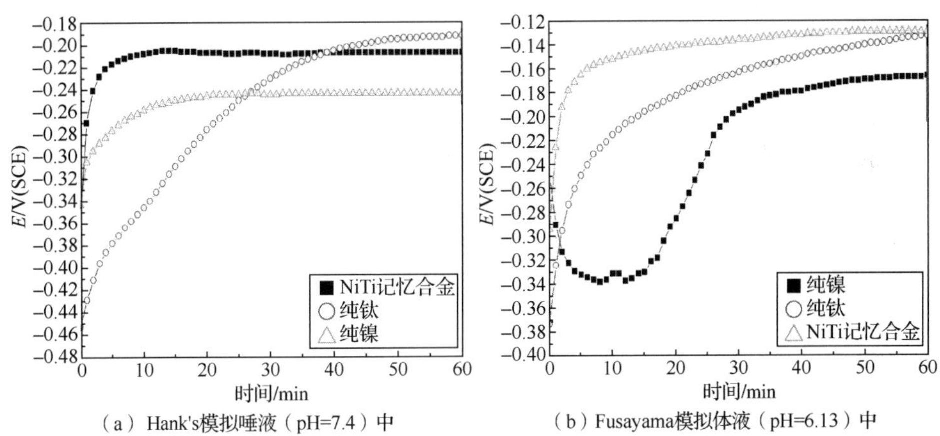

图 2.22　纯钛、纯镍和 NiTi 记忆合金在不同模拟体液中的自腐蚀电位随时间的变化曲线

自腐蚀电位表明了材料在特定介质中的离子化趋势，自腐蚀电位越低，其离子化趋势越强，反之亦然。图 2.22（a）为纯钛、纯镍和 NiTi 记忆合金在 Hank's 模拟体液（pH=7.4）中的自腐蚀电位随时间的变化，可见纯钛在溶液中开始腐蚀电位很低，但很快产生钝化，电位迅速升高，约 40min 后进入稳态，达到稳态后的自腐蚀电位最高约−0.19V；NiTi 记忆合金在溶液的自腐蚀电位中较稳定，变化不大，5min 后就开始进入稳态，自腐蚀电位一直保持在约−0.21V；纯镍在此种介质中约 20min 后进入稳态，保持自腐蚀电位恒定在约−0.26V。比较可知，NiTi 记忆合金在 Hank's 模拟体液中的耐蚀能力较纯钛略差，但比镍强，能在短时间内达到稳态，迅速提高其热力学稳定性。

图 2.22（b）为纯钛、纯镍和 NiTi 记忆合金在 Fusayama 模拟唾液（pH=6.13）中的自腐蚀电位随时间的变化，可见纯钛和在 Hank's 模拟体液中的情况一样，开始显示出较低的腐蚀电位，然后迅速升高，但是进入稳态的时间较长，60min 后自腐蚀电位和 NiTi 记忆合金基本相同；同时可见 NiTi 记忆合金在 Fusayama 模拟唾液中的腐蚀电位-时间曲线不如在 Hank's 模拟体液中那样平缓恒定，其原因在于 Fusayama 溶液中含有硫氰酸根离子，它能络合钛，使钛的稳定性下降。纯镍在 Fusayama 模拟唾液中进入稳态的时间较长，腐蚀电位-时间曲线约 40min 才开始慢慢出现平缓，在此之前的腐蚀电位很低，在最低−0.34V 处出现约 10min 的短时恒定，这进一步说明了镍在 Fusayama 模拟唾液中的热力学稳定性差，溶出倾向较大。

比较金属镍和 NiTi 合金，当金属浸入电解质溶液中时，金属材料表面的正离子将受到极性水分子的作用而发生水化。如水化能足以克服金属的结合键能，则金属表面的一部分正离子就会脱离金属表面而进入溶液形成水化离子；由镍的热力学性质可知[10]，NiTi 合金在 298K 的形成热为 $H_f^0 = -66.94\,\text{kJ/mol}$，金属镍的结合能为 E_{Ni}=$431\,\text{kJ/mol}$，钛的结合能为 $E_{Ti} = 475\,\text{kJ/mol}$。NiTi 合金结合能为

$$E_c = H_f^0 - E_{Ni} - E_{Ti} = -972.94\,\text{kJ/mol}$$

NiTi 合金是以共价键为主的金属间化合物，共价电子数为 9.2814，而自由电子数仅为 1.0643，故其稳定性将高于金属镍。所以，从结合能的角度而言，在生理腐蚀环境中 NiTi 记忆合金中镍的离子化倾向也低于纯镍。

2.5.2　模拟生理环境中 Cl^-浓度对 Ni^{2+}腐蚀溶出的影响

图 2.23 为 NiTi 记忆合金在 37℃±1℃，pH=7.4 模拟环境中腐蚀 138d 后，Cl^-浓度对合金中 Ni^{2+}和 Ti^{4+} 腐蚀溶出的影响。

由图 2.23（a）可见，随着 Cl^- 浓度的增高，Ni^{2+}在溶液中的溶出量增大，说明 Cl^- 浓度对 NiTi 记忆合金的腐蚀有明显的影响。这是由于 Cl^- 会导致钝化膜破裂或阻碍镍的钝化。在生理液中，O 和 Cl^- 同时存在，溶液中的 Cl^- 和溶解氧会竞争吸附到 NiTi 合金表面，Cl^- 浓度越高，吸附倾向越大。

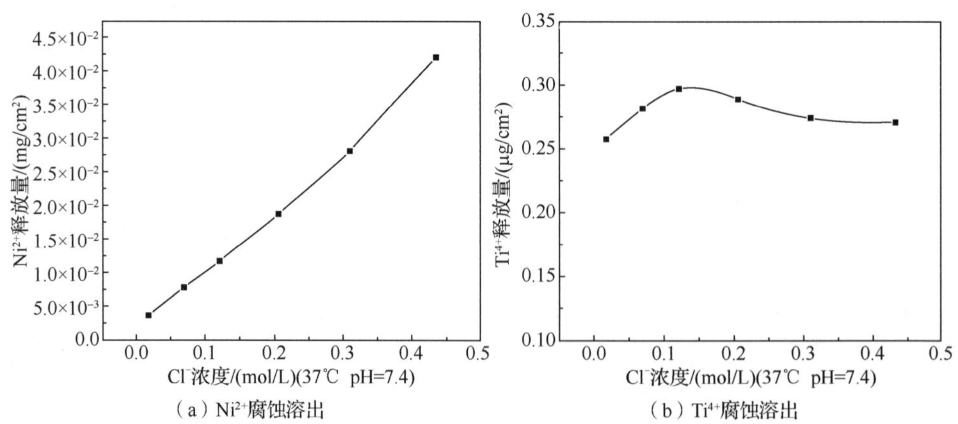

图 2.23　生理环境中 Cl^- 浓度对 NiTi 记忆合金中 Ni^{2+} 和 Ti^{4+} 腐蚀溶出的影响（37℃±1℃，pH=7.4）

Cl^-吸附在表面上，增加了金属阳极溶解反应的交换电流密度，促进了如下化学反应的发生，造成镍易于氯化水解而进入溶液：

$$Ni + 2Cl^- - 2e = NiCl_2 \tag{2.10}$$

$$NiO + 2Cl^- + 2H^+ = NiCl_2 + H_2O \tag{2.11}$$

由图 2.23（b）可知，Cl^-浓度对 Ti^{4+}腐蚀溶出的影响较小，溶出量也很低，比镍低 1～2 个数量级。比较二者的 Flade 电位，$\Phi^0_{F_{Ni}}(SHE) = 0.2V$，$\Phi^0_{F_{Ti}}(SHE) = -0.05V$[84]，可知钛的钝化稳定性高于镍，镍钝化膜的分解倾向大，尤其在有 Cl^-存在的情况下，Cl^-从空隙或缺陷处渗透穿过氧化膜比其他阴离子（如 SO_4^{2-}）更容易，也可能是 Cl^-胶状分散于氧化膜内，增加了膜的渗透性。但 Cl^-对钛的阳极行为影响较小，这可能是生成了一种不溶性的钛的碱式氯化物保护膜或化学稳定性好的 TiO_2，使钛保持钝化稳定，但在较低的 pH 范围，该稳定将会被破坏，钛也发生溶解。

2.5.3　NiTi 形状记忆合金腐蚀机理探讨

由前面的结果已知，NiTi 记忆合金在生理环境中呈现出选择性腐蚀的特征，镍优于钛被腐蚀而进入溶液。产生这种局部腐蚀可能的化学反应过程如下：

$$Ti + 2H_2O - 4e = TiO_2 + 4H^+ \tag{2.12}$$

$$Ni + H_2O - 2e = NiO + 2H^+ \tag{2.13}$$

或

$$Ni + 2H_2O - 2e = Ni(OH)_2 + 2H^+ \tag{2.14}$$

$$TiO_2 + 2H^+ = TiO^{2+} + H_2O \tag{2.15}$$

$$[O] + H_2O + 2e = 2OH^-(\text{中性环境中}) \tag{2.16}$$

$$[O] + 2H^+ + 2e = H_2O(\text{酸性环境中}) \tag{2.17}$$

已有研究表明[85]，NiTi 记忆合金在自然条件下生成的表面钝化膜由 TiO_2、TiO 和少量镍组成（仅几个纳米厚），且其下存在一层富镍层；而模拟体液的氧化性高于自然条件，合金表面将发生式(2.12)～式(2.14)的化学反应，从而产生钝化。但 NiO 和 TiO_2 的混合钝化膜在结构及厚度上总存在着一定的显微电化学不均匀性，且 NiO 的稳定性低于 TiO_2。在 Cl^-存在的条件下，这些显微电化学不均匀部位一旦吸附 Cl^-，便会使混合钝化膜中的 NiO 产生溶解，萌生点蚀蚀孔。蚀孔中心部位构成阳极，周围未被破坏的大面积钝化膜为阴极，从而形成了钝化-活化电池，且为大阴极、小阳极，所以阳极电流密度很高，使处于亚稳态的蚀孔得以迅速生长成为稳态蚀孔，在合金表面形成点蚀型腐蚀。而且，蚀孔很快生长发展到表层下的富镍层，使镍的腐蚀溶出量增加。蚀孔内的阳极反应如化学反应式（2.10）～式（2.12），蚀孔外的阴极反应如化学反应式（2.16）或式(2.17)，这将使蚀孔内的 pH 逐渐降低，促进化学反应式(2.11)的继续进行，而 $NiCl_2$ 进一步水解使镍以离子态进入溶液；同时由于酸度升高，导致化学反应式（2.15）的发生，使钛钝化遭到破坏，孔内无法形成保护膜，见图 2.24。

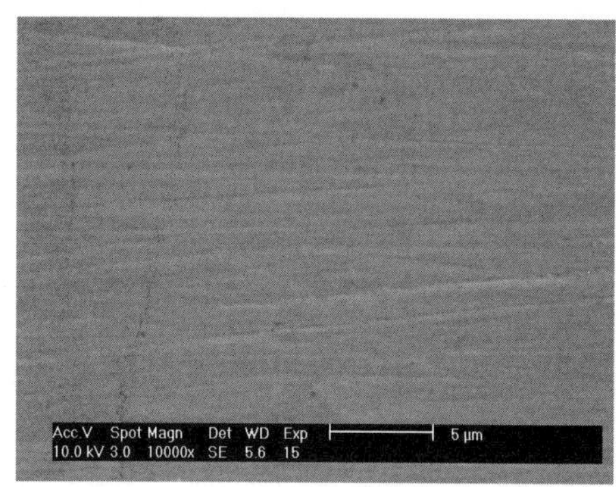

（a）表面腐蚀形貌

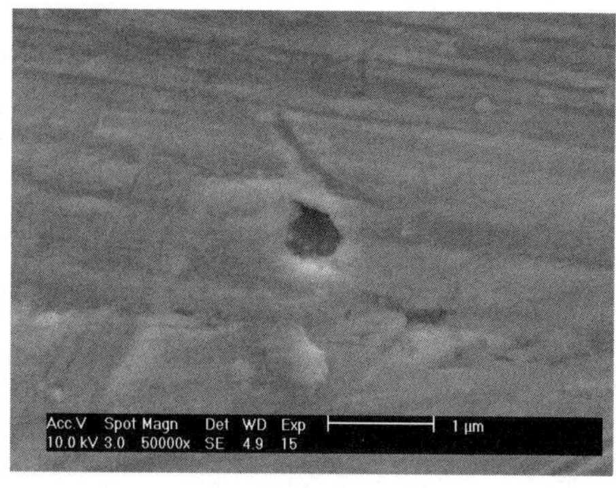

（b）点蚀孔局部放大

图 2.24　Tyrode's 模拟血液（pH=2.5）中 NiTi 记忆合金腐蚀表面 SEM

另外，由于点蚀孔较小，溶解氧不易扩散进入点蚀孔内，使之贫氧，造成氧浓差极化，使孔内贫氧部分电位负移形成阳极继续遭到腐蚀，孔外富氧部分电位正移形成阴极而被保护；同时，蚀孔内贫氧使形成钝化所需的氧含量降低，钝化膜再生修复困难，EDX 分析点蚀孔内氧含量为 12.4at%，孔外为 14.5at%，表明了这一现象的存在。

本 章 小 结

本章阐述了 NiTi 记忆合金在无机酸、有机酸、混合盐溶液等多种化学介质中的性质、腐蚀特性以及在模拟生理环境中的 Ni^{2+}腐蚀释放。可以认为，该种合金在硫酸、硝酸和盐酸等无机酸和柠檬酸、草酸、甘氨酸、醋酸和乳酸等有机酸中其合金元素钛、镍均产生不同程度的腐蚀溶解，其中在盐酸中的溶出量最大，当盐酸浓度大于 5%时尤为显著。在低浓度硝酸中，合金中的镍呈现出一定程度的选择性溶解；而在草酸中，则呈现出钛的选择性溶解。在具有一定氧化性的酸性溶液中含有 Cl^-时，将会加剧合金中镍的选择性溶解。在混合盐溶液体系中的研究结果表明，NiTi 记忆合金在过氧化氢、乙酸铵组成的溶液体系中，镍溶出的选择性较强，溶出的 Ni/Ti 摩尔比达到 10∶1。

从浓度为 0.9%生理盐水、Hank's 模拟体液、Tyrode's 模拟血液和 Fusayama 模拟唾液 4 种模拟生理液氧化还原性质可知，Fusayama 模拟唾液的氧化还原电位最低，NiTi 记忆合金在其中的化学稳定性较差，合金中 Ni^{2+}的腐蚀释放量是在 Hank's 模拟体液和 Tyrode's 模拟血液中的 10 倍之多。同时，在 4 种模拟生理环境中，均随着溶液 pH 的降低，合金中 Ni^{2+}的释放量增大；随着生理盐水中 Cl^-浓度的增加，合金中 Ni^{2+}的释放量也相应增加。NiTi 记忆合金中镍的溶出主要是由于镍的氯化水解，点蚀是其主要的腐蚀形式。

本章在阐述 NiTi 记忆合金在多种溶液介质中的化学性质、腐蚀特性的同时，尤其介绍了合金中镍在某特定条件下可产生选择性溶解。对于如何利用这一现象，发挥腐蚀的用途，为 NiTi 记忆合金的表面处理技术开发所应用奠定了基础。同时，本章也阐明了 NiTi 记忆合金在模拟生理环境中的腐蚀行为，在不同生理环境中的 Ni^{2+}溶出过程及其腐蚀机理。这些对于 NiTi 记忆合金表面改性技术路线的探索及其效果的评价都将具有指导意义。

第 3 章　NiTi 形状记忆合金表面去合金化脱镍

去合金化（dealloying）也可称为脱合金元素腐蚀（dealloying corrosion）或选择性浸出（selective leaching）[78]，是金属固溶体的组分之一在某种特定的介质中、适宜的电势、pH、温度条件下产生的一种合金元素出现选择性溶解的行为。去合金化源于金属固溶体表面上各组分的化学性质不同，使它们和介质的反应作用行为各异。与介质之间产生化学反应较大的组分将会被优先离子化或溶解；而较稳定的组分则残留下来，使金属表面逐渐地富集了另一组成。去合金化后材料总的尺寸变化不大，组织结构大多为微纳尺度的多孔结构，使块体合金材料的强度、硬度、韧性等力学性能大幅下降，如黄铜脱锌、青铜脱铝、灰口铸铁的石墨化等。但也有其建设性的用途，如利用去合金化方法制备加氢催化剂 Raney 镍，就是利用 NiAl 合金在适宜的碱性条件下的选择性脱铝，剩下一个多孔的高活性的镍的构架[78]。

近年来，随着纳米技术的发展，多孔材料在催化、敏感元器件、微纳机电系统和生物技术等方面获得广泛应用，使古老的去合金化成为制备纳米多孔先进材料的技术手段之一。2004 年以来，国外陆续报道了多项这方面的研究工作，如用 62Cu-38Zr 合金选择性脱 Zr 制备纳米多孔铜薄膜[86]，Ti-8at%Al 合金选择性脱铝制备氧化钛纳米管[87]，AuAg 合金选择性脱 Ag 制备纳米多孔 Au 带、箔[88-91]，Au-Zn 合金选择性脱 Zn 制备纳米多孔 Au 功能薄膜[92]等。由于去合金化是某种合金在特定的介质和环境条件下产生的一种元素选择性溶解的特殊行为，因此不是所有的合金都能产生去合金化，而且不同的合金产生去合金化行为所需的介质体系和条件参数也各不相同。目前许多研究工作都集中在贵金属、铜合金等方面，针对 NiTi 记忆合金表面去合金化脱镍，以提高其耐蚀性和生物相容性的研究工作目前很少。

本章首先对 NiTi 记忆合金化实现去合金化的可行性进行了热力学理论计算，并在计算结果指导下研讨了该合金适宜的去合金化处理介质体系及其相关的温度、电势、pH 等技术条件；然后对 NiTi 记忆合金表面去合金化脱镍处理后的效果进行评定，对合金脱镍的动力学过程进行论述，并对合金表面性质进行分析表征，研讨了其去合金化的机理。

3.1　NiTi 形状记忆合金去合金化热力学分析

3.1.1　去合金化的理论依据

对于 AB 型合金，从金属学上，单相合金是均匀固溶体；但从电化学上，合金组元有不同的受蚀倾向，若 A 是贵金属，B 是贱金属，强作用介质中 A、B 溶解是均匀的，但在弱作用介质中会发生组元 B 优先溶解，即发生脱 B 现象。因此，AB 型合金可以在溶液介质中采用化学或电化学的方法进行去合金化。

对 AB 型合金进行化学或电化学方法分离时，存在一个分离极限（parting limit），即当元素 B 必须超过某个成分含量时才能发生选择性溶解，它随作用介质而异，不同的作用介质 B 的分离极限不同。Tammann 定律指出，当 n=2、4 时易出现这种情况，即 AB、AB_3 型金属间化合物在某些介质中会发生溶解速度的突升或突降[93]。

合金的去合金化是由于合金中的各组元在介质中的电化学行为不同而导致的，去合金化能否发生及其产生的程度如何也必然与合金的成分有关。首先，发生去合金化的必要条件是组元间在特定介质中的稳定性必须有足够的差异，而且其中一种组元应该具有较高的平衡电位（通常是基础组元），或易钝化金属。如果无此差异，则二者的溶解速度相近，去合金化难以产生。另外，合金对于去合金化的敏感性与合金中的活性组元含量有关。一般而言，AB、AB_3 型金属间化合物易出现。合金的去合金化也与介质密切相关，一定成分的合金往往只对于某些特定的介质敏感，而不同的合金组元其发生去合金化的敏感介质不同。

NiTi 合金是典型的二元 AB 型合金，由前面的研究工作可知，近等原子比 NiTi 记忆合金在组成范围内的物相几乎完全是 NiTi 金属间化合物，且 50.7at%的高镍含量使其在适宜的介质体系中、适宜的温度等参数条件下存在产生选择性脱镍的可能。

为表征合金去合金化的程度，目前采用脱合金元素系数来作为评定指标[94]：

$$Z = R_s / R_a$$

式中，R_s 为溶液中 B、A 两种元素含量之比；R_a 为合金原有的 B、A 组分比。

对于近等原子比 NiTi 合金 $R_a \approx 1.028$，所以 $Z \approx 0.973R_s = 0.973[Ni^{2+} / Ti^{4+}]$。当 $Z>1$ 时为脱镍；当 $Z<1$ 时为脱钛；当 $Z=1$ 时无选择性溶解，呈均匀腐蚀或不发生腐蚀。

关于这一点在第 2 章研究 NiTi 记忆合金化学性质中就已发现。在某些溶液介质中出现镍的溶解优于钛，进入溶液的 Ni/Ti 摩尔比约为 10，只是溶出量不大，选择性也不太强，尚未达到去合金化程度，只能是一定程度的选择性腐蚀溶解，但却证明了 NiTi 记忆合金在适宜的条件下会产生一定程度的选择性脱镍这一事实。因此，进一步从理论上深入研究其可能的选择性脱镍介质体系和条件，通过理论研究的结果指导去合金化脱镍溶液体系的研制，是本节的工作。

3.1.2　NiTi 形状记忆合金去合金化脱镍热力学分析

在 NiTi 记忆合金中，如何实现选择性脱镍是解决这一问题的关键所在。为此，计算 NiTi 记忆合金去合金化的热力学条件，考察其在热力学上的可行性是必要的。

1. NiTi 形状记忆合金镍选择性溶解的电化学热力学

由前述分析可知，使合金中的不同组元形成显著电位差并对活性组元有溶解作用才能促进去合金化的产生。

对 NiTi 记忆合金进行去合金化处理的目的是使合金中的镍被选择性地溶解，而钛被保留，原位形成一个无镍的表面，从而提高合金的耐蚀性和生物相容性。

假设 NiTi 记忆合金中镍的溶解过程有两种可能的化学反应步骤，见图 3.1。第一种

情况是金属镍在 E_1、pH_1 条件下离子化后直接进入溶液；第二种情况是镍在 E_2、pH_2 条件下先被氧化成氧化镍或氢氧化镍，然后由于氧化镍在酸性条件下不稳定，在适宜的 pH_3 条件下再分解进入溶液，或同其他物质反应生成镍的易水解化合物后水解进入溶液。

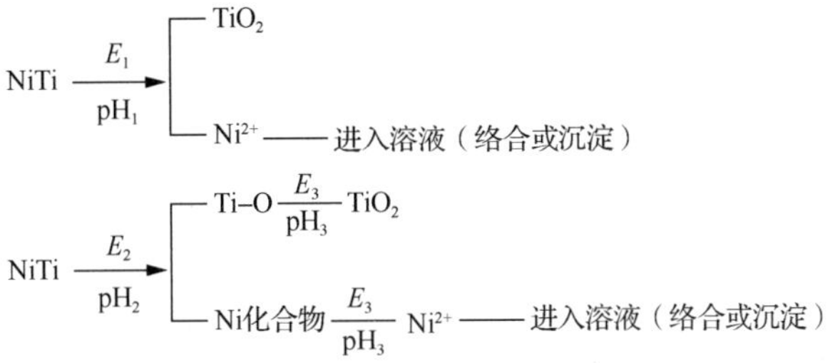

NiTi $\xrightarrow[pH_1]{E_1}$ ┬ TiO_2
└ Ni^{2+} —— 进入溶液（络合或沉淀）

NiTi $\xrightarrow[pH_2]{E_2}$ ┬ Ti–O $\xrightarrow[pH_3]{E_3}$ TiO_2
└ Ni化合物 $\xrightarrow[pH_3]{E_3}$ Ni^{2+} —— 进入溶液（络合或沉淀）

图 3.1　NiTi 记忆合金选择性脱镍可能的两种化学反应步骤

对于第一种可能的步骤：

由镍和钛的还原电位[84]可知：

$$Ni^{2+} + 2e \longrightarrow Ni \qquad E_1^0 = -0.25V(SHE) \tag{3.1}$$

$$Ti^{2+} + 2e \longrightarrow Ti \qquad E_2^0 = -1.63V(SHE) \tag{3.2}$$

二者较小，相差也较大。当二者组成电偶时，钛是阳极（活化状态），被溶解；而镍是阴极，不溶解，其结果是不能实现除镍留钛。

假设：

$$Ti^{2+} + Ni \longrightarrow Ni^{2+} + Ti \tag{3.3}$$

可将式（3.3）分解为如下两个半电池反应：

$$Ti^{2+} + 2e \longrightarrow Ti \qquad \text{还原电位 } E_4^0 = -1.63V \tag{3.4}$$

$$Ni - 2e \longrightarrow Ni^{2+} \qquad \text{氧化电位 } E_5^0 = 0.25V \tag{3.5}$$

由于式（3.4）+式（3.5）=式（3.3），因此：

$$E_3^0 = E_4^0 + E_5^0$$

$$E_3 = E_3^0 - 0.0296\lg[Ni^{2+}]/[Ti^{2+}]$$

当 E_3=0 时，发生极性转变，求得

$$\lg[Ni^{2+}]/[Ti^{2+}] = -46.6216 \tag{3.6}$$

所以，在溶液介质中，只有当 Ni^{2+}和 Ti^{2+} 的活度比 $[Ni^{2+}]/[Ti^{2+}] < 2.39\times10^{-47}$ 时，镍电位负移，才可能比钛更活泼，从而使镍是阳极，发生溶解；钛是阴极，被保护。因此，降低介质中的 Ni^{2+}活度，使镍电位 E 负移，是实现 NiTi 记忆合金选择性脱镍的途径之一。

对于第二种可能的步骤：

镍和钛均属于易钝化金属，而钝化的稳定性同 Flade 电位 Φ_F 有关。假设金属 M 发生钝化，生成 MO 二价氧化物：

$$M + H_2O - 2e = MO + 2H^+ \tag{3.7}$$

Flade 电位可相当于氧化物膜在介质中的平衡电位，由 Nernst 方程可知：

$$\Phi_F = \Phi_F^0 + (2.303RT/nF)\lg[H^+]^2 \tag{3.8}$$

式中，R 为气体常数，8.314J/（k·mol）；T 为绝对温度 K；F 为法拉第常数，96500 库仑；n 为电极反应中得失电子数。

$\varPhi_F$ 表示反应的 Flade 电位，$\varPhi_F^0$ 为标准 Flade 电位：

$$\varPhi_F = \varPhi_F^0 - 1.98\times10^{-4} T\cdot \text{pH} \qquad (3.9)$$

由此可知，Flade 电位与介质的温度和 pH 存在线性关系。已知镍的 $\varPhi_F^0(\text{SHE}) = 0.2\,\text{V}$，钛的 $\varPhi_F^0(\text{SHE}) = -0.05\,\text{V}$[78]，则镍钝化膜和钛钝化膜的 Flade 电位分别为

$$\text{Ni}: \varPhi_{F_{Ni}} = 0.2 - 1.984\times10^{-4} T\cdot \text{pH} \qquad (3.10)$$

$$\text{Ti}: \varPhi_{F_{Ti}} = -0.05 - 1.984\times10^{-4} T\cdot \text{pH} \qquad (3.11)$$

这表明在温度 T 下，钛的钝化稳定性高于镍，镍钝化膜的分解倾向大于钛，pH 升高将不利于镍钝化膜的溶解。因此，介质应在适宜的酸度下，使钛电位正移的程度超过镍。此时钛的作用相当于一个氧电极而不是钛电极（由于氧化物稳定性高），所产生的电偶电流加速镍的溶解。因此，使钛形成稳定的氧化物，使之电位正移，是实现 NiTi 记忆合金选择性脱镍的途径之二。

在两种金属均形成氧化物的钝化情况下，如假设二者分别为 TiO 和 NiO，且两种金属以氧化物形态独立存在，即活度均为 1 时，在一定的 pH 下将发生溶解反应：

$$\text{TiO} + 2\text{H}^+ \rightleftharpoons \text{Ti}^{2+} + \text{H}_2\text{O} \qquad (3.12)$$

$$K_1 = [a_{\text{Ti}^{2+}}]/[a_{\text{H}^+}]^2$$

$$\lg[a_{\text{Ti}^{2+}}] = \lg K_1 - 2\,\text{pH}$$

式中，K 为平衡常数；a 为离子浓度。

将 $[a_{\text{Ti}^{2+}}]=1$ 时的平衡 pH 定义为 pH_{TiO}^0，故

$$\lg[a_{\text{Ti}^{2+}}] = 2\,\text{pH}_{\text{TiO}}^0 - 2\,\text{pH} \qquad (3.13)$$

同理，对于镍而言有如下反应：

$$\text{NiO} + 2\text{H}^+ \rightleftharpoons \text{Ni}^{2+} + \text{H}_2\text{O} \qquad (3.14)$$

$$K_2 = [a_{\text{Ni}^{2+}}]/[a_{\text{H}^+}]^2$$

$$\lg[a_{\text{Ni}^{2+}}] = 2\,\text{pH}_{\text{NiO}}^0 - 2\,\text{pH} \qquad (3.15)$$

所以，平衡后

$$\lg[a_{\text{Ti}^{2+}}] - \lg[a_{\text{Ni}^{2+}}] = 2(\text{pH}_{\text{TiO}}^0 - \text{pH}_{\text{NiO}}^0)$$

即

$$\lg[a_{\text{Ti}^{2+}}]/[a_{\text{Ni}^{2+}}] = 2(\text{pH}_{\text{TiO}}^0 - \text{pH}_{\text{NiO}}^0) \qquad (3.16)$$

当近似以浓度代替活度时，则

$$\lg[\text{Ti}^{2+}]/[\text{Ni}^{2+}] = 2(\text{pH}_{\text{TiO}}^0 - \text{pH}_{\text{NiO}}^0) \qquad (3.17)$$

式（3.17）说明，从热力学角度分析，如要实现钛、镍两种氧化物的选择性溶解，使溶液中的 $[\text{Ti}^{2+}]/[\text{Ni}^{2+}]$ 最小化，其结果取决于钛、镍两种物质氧化物的性质（pH^0）。由于 pH^0 与温度有关，因此选择性溶解也与温度有关。由于金属氧化物溶于酸的过程通常为放热过程，根据吕 • 查德里原理可知，温度升高对溶解反应不利。当金属氧化物酸

性溶解时，使金属离子化进入溶液的条件是溶液中的电位和 pH 应在该金属离子的稳定存在区，即溶液的 pH 应小于平衡 pH。当金属离子的活度为 1 时，则要求 $pH < pH^0$，因为金属 M-H_2O 体系内的 pH^0 越大，则该金属的氧化物越易产生溶解进入溶液。NiO 在 298K、373K 和 473K 不同温度下的 pH^0 分别为 6.06、3.16 和 2.58[95]，由此可见 pH^0 随温度升高而变小，这也说明了升高温度不利于金属氧化物的溶解。关于温度对选择性溶镍的影响，从电化学角度分析也可知，温度升高，降低了式（3.10）中镍的 Φ_{FNi} 电位，使之稳定性提高。

因此，对于 NiTi 记忆合金的表面去合金化处理，应尽可能地在低温下进行，这正好符合处理过程应不损害块体材料性能的基本要求。

下面工作的关键是如何求出选择性地使镍离子化进入溶液并稳定于存在区的电位和 pH 范围。

2．Ni(Ti)-H_2O 系 E-pH 平衡图的计算绘制

由前述理论分析可知，金属在腐蚀溶解过程中，电位是控制金属离子化过程的因素，pH 是控制膜稳定性的因素。对于某一合金而言，$Z=f(E, \mathrm{pH}, T)$，求得 Z_{max}，即能获得某一组合选择性溶解的理想条件。对于在确定温度 T 下的去合金化，Z 是 E 和 pH 的函数，因此可通过图解法来求 Z_{max} 的解，这就可作 Ni(Ti)-H_2O 系 E-pH 平衡图。应用电化学热力学 E-pH 平衡图合成法，研究不同合金组元产生溶解的不同条件。

鉴于第 1 章中对 NiTi 记忆合金表面改性技术的温度条件做了要求，同时前述分析也说明了高温对选择性溶解镍不利，表面处理只宜采用低温，因此计算绘制 289K 下的 Ni(Ti)-H_2O 系 E-pH 平衡图具有一定的理论指导意义。

理论计算绘制 E-pH 图，是指利用电化学反应平衡原理，对参与反应各种物质的热力学数据进行计算，从而推导出该反应平衡时溶液 pH 和电位 E 的关系。

水溶液中的化学反应均可用如下通式表示：

$$a\mathrm{A} + m\mathrm{H}^+ + n\mathrm{e}^- = b\mathrm{B} + c\mathrm{H_2O} \tag{3.18}$$

式中，A 为物质的氧化态；B 为物质的还原态。

根据 Nernst 等温方程式，其平衡电位为

$$E_T = E_T^0 - (RT/nF)\ln[(a_\mathrm{B}^b a_{\mathrm{H_2O}}^c)/(a_\mathrm{A}^a a_{\mathrm{H^+}}^m)] \tag{3.19}$$

式中，R、T、F 含义同式（3.8）。

在稀溶液中，认为水的活度 $a_{\mathrm{H_2O}}=1$，因此式（3.19）可为

$$E_T = E_T^0 - 2.303(RTm/nF)\mathrm{pH} - 2.303(RT/nF)\lg[a_\mathrm{B}^b/a_\mathrm{A}^a] \tag{3.20}$$

又 $\Delta G_T^0 = -RT\ln K = -nFE_T^0$，根据反应的 ΔG_T^0、K 和 E_T^0 中的任何一个值，就可由式（3.20）求出该反应的 E_T-pH 关系，从而绘制出该温度下的 E-pH 平衡图。

式（3.18）反应可分为如下 3 种类型的反应。

1）当 $\mathrm{H}^+=0$ 时，但有电子迁移的反应，属氧化-还原反应：

$$a\mathrm{A} + n\mathrm{e}^- = b\mathrm{B} + c\mathrm{H_2O}$$

在 T、P 一定的条件下，此反应的 Gibbs 自由能变化为

$$\Delta G_T^0 = \Delta G_{298}^0 + RT\ln[a_B^b]/[a_A^a]$$

因为$\Delta G = -nFE$，所以 298K 时此类反应的平衡条件为

$$E = E^0 + (0.0591/n)\lg[a_A^a]/[a_B^b] \tag{3.21}$$

E^0 可查表或由ΔG_T^0求得

$$E^0 = -\Delta G_T^0 / 96500n$$

2）当$n=0$时，离子活度仅与 pH 有关，反应如下：

$$a\text{A} + m\text{H}^+ \Longrightarrow b\text{B} + c\text{H}_2\text{O}$$

式中，A 为酸性较强的物质；B 为酸性较弱的物质。

在 P、T 一定的条件下，此反应平衡关系应符合：

$$\Delta G = \sum \gamma_i G_i = 0$$

γ_i-i 种物质的化学反应能：

$$\Delta G = \Delta G^0 + RT\ln[a_B^b][a_{H_2O}^c]/[a_A^a][a_{H^+}^m]$$

由于一般所考虑的浓度均很少超过几个摩尔，因此可近似认为水溶液中 H_2O 的活度为 1，即假定$\mu_{H_2O} = \mu_{H_2O}^0$。同时，由于溶液较稀，因此可近似认为其活度等于浓度，即各物质的活度系数$a_\gamma = 1$。

所以

$$\Delta G = \Delta G^0 + RT\ln[a_B^b]/[a_A^a][a_{H^+}^m]$$

平衡时$\Delta G = 0$，当$a_A = a_B = 1$，$T = 298\text{K}$时，$\Delta G^0 = -RT\ln[a_B^b]/[a_A^a][a_{H^+}^m] = -RT\ln K$。

此即非氧化-还原反应的平衡式，K 即反应的平衡常数，它可以是离解常数、溶度积、络合常数等，即

$$K = \exp(-\sum \gamma_i G_i^0 / RT)$$

所以

$$\Delta G^0 = -RT\ln K = -8.314 \times 298 \times 2.303(-\lg[a_{H^+}^m]) = -5706 \times m \times \text{pH}^0$$

$$\text{pH}^0 = -\Delta G_{298}^0 / n5706$$

式中，pH^0为当$a_A = a_B = 1$，$T = 298\text{K}$时的 pH，称为标准 pH。

因此，反应的平衡条件为

$$\Delta G_T^0 = -RT\ln[a_B^b]/[a_A^a] - RT(-\ln[a_{H^+}^m]) = -5706\lg[a_B^b]/[a_A^a] - 5706m\,\text{pH}$$

所以，此类反应的平衡条件为

$$\text{pH} = \text{pH}^0 - (1/m)\lg[a_B^b]/[a_A^a] \tag{3.22}$$

3）当$Z \neq 0$，$m \neq 0$时，也即氧化-还原或电极反应：

$$a\text{A} + m\text{H}^+ + n\text{e}^- \Longrightarrow b\text{B} + c\text{H}_2\text{O}$$

反应的平衡关系应符合：

$$\Delta G = \sum \gamma_i G_i^0 = -nEF$$

$$E = (\sum \gamma_i G_i^0 / nF) + (RT/nF)\ln[a_B^b]/[a_A^a] - (m/n)(2.303RT/F)\text{pH}$$

因此，在 298K 下，此类反应的平衡条件为

$$E = E^0 + (0.0591/n)\lg[a_A^a]/[a_B^b] - (m/n)0.0591\text{pH} \tag{3.23}$$

现确定Ti-H_2O体系中主要存在的凝聚态物质有（S）Ti、TiO、Ti_2O_3、TiO_2、TiH_2、H_2O。

这些氧化物和对应的氢氧化物的化学势μ（标准生成自由能ΔG^0）之间只相差一个常数项$\mu(H_2O)$，如$Ti(OH)_4 = TiO_2 + H_2O$。TiO_2和$Ti(OH)_4$虽然化学式不一样，是不同的化合物，但是TiO_2只是$Ti(OH)_4$的脱水产物，故在本节的计算中可不予考虑钛氧化物的水合状态和TiH_2，只考虑TiO、Ti_2O_3、TiO_2处于无水状态。

Ti-H_2O体系中主要存在的溶液离子形态的物质（aq）有Ti^{2+}、Ti^{3+}、H^+、OH^-。对于Ti^{4+}自由离子和溶剂合离子，在水溶液中不存在，在酸性溶液中至多存在$(\text{-Ti-O-})^{2+}$链状水合离子。

同理，在Ni-H_2O体系中主要稳定存在的凝聚态物质（S）有Ni、Ni（OH）$_2$、Ni_3O_4、Ni_2O_3、NiO_2、H_2O。

在Ni-H_2O体系中主要稳定存在的溶液离子形态的物质（aq）有Ni^{2+}、OH^-、H^+。以上各种物质的相应热力学数据来源于文献[96-100]，见表 3.1。

表 3.1　体系中主要物质的热力学数据

组分	ΔG_{298}^0 或 $\Delta \overline{G}_{298}^0$ /（J/mol）	组分	G_{298}^0 或 $\overline{G}_{298}^0$ /（J/mol）
Ni	0	Ti	-9137.856
Ni_2O_3	-469920	TiO	-530008.2
Ni_3O_4	-711980	Ti_2O_3	-1544372.976
NiO_2	-198740	TiO_2	-959717.552
$Ni(OH)^2$	-453127.2	Ti^{2+}	-271951.632
Ni^{2+}	-46442.4	Ti^{3+}	-281813.32
OH^-	-158782.8	OH^-	-232890
H^+	0	H^+	6232
H_2O	-237191	H_2O	-306390

298K 下 Ni(Ti)-H_2O体系中主要存在的电化学反应式及计算获得的热力学平衡方程式见表 3.2。

表 3.2　Ni（Ti）-H_2O 体系中的数种化学反应式及其平衡方程式

序号	化学反应式	平衡方程式
1	$2H^+ + 2e^- = H_2(g)$	$E_{298} = -0.0591\text{pH} - 0.02956\lg P_{H_2}$
2	$Ni^{2+} + 2e^- = Ni$	$E_{298} = -0.241 + 0.0296\lg[a_{Ni^{2+}}]$
3	$Ni(OH)_2 + 2H^+ = Ni^{2+} + 2H_2O$	$\text{pH} = 5.932 - 0.5\lg[a_{Ni^{2+}}]$
4	$O_2 + 4H^+ + 4e^- = 2H_2O$	$E_{298} = 1.229 - 0.0591\text{pH} + 0.0148\lg P_{O_2}$
5	$Ni(OH)_2 + 2H^+ + 2e^- = Ni + 2H_2O$	$E_{298} = 0.110 - 0.0591\text{pH}$
6	$Ni_3O_4 + 8H^+ + 2e^- = 3Ni^{2+} + 4H_2O$	$E_{298} = 1.949 - 0.236\text{pH} - 0.0887\lg[a_{Ni^{2+}}]$

续表

序号	化学反应式	平衡方程式
7	$Ni_3O_4+2H_2O+2H^++2e^- = 3Ni(OH)_2$	$E_{298}=0.897-0.0591pH$
8	$NiO_2+4H^++2e = Ni^{2+}+2H_2O$	$E_{298}=1.669-0.118pH-0.0296\lg[a_{Ni^{2+}}]$
9	$2(NiO_2\cdot 2H_2O)+2H^++2e^- = Ni_2O_3\cdot H_2O+4H_2O$	$E_{298}=1.604-0.0591pH$
10	$Ni_2O_3\cdot H_2O+6H^++2e^- = 2Ni^{2+}+4H_2O$	$E_{298}=1.733-0.177pH-0.0591\lg[a_{Ni^{2+}}]$
11	$3Ni_2O_3\cdot H_2O+2H^++2e^- = 2Ni_3O_4+4H_2O$	$E_{298}=1.303-0.0591pH$
12	$Ti^{2+}+2e^- = Ti$	$E_{298}=-1.628+0.0296\lg[a_{Ti^{2+}}]$
13	$Ti^{3+}+e^- = Ti^{2+}$	$E_{298}=-0.3683-0.0591\lg[a_{Ti^{2+}}/a_{Ti^{3+}}]$
14	$TiO+2H^+ = Ti^{2+}+H_2O$	$pH=5.354-0.5\lg[a_{Ti^{2+}}]$
15	$TiO+2H^++2e^- = Ti+H_2O$	$E_{298}=-1.311-0.0591pH$
16	$Ti_2O_3+2H^++2e^- = 2TiO+H_2O$	$E_{298}=-1.122-0.0591pH$
17	$Ti_2O_3+6H^++2e^- = 2Ti^{2+}+3H_2O$	$E_{298}=-0.489-0.177pH-0.0591\lg[a_{Ti^{2+}}]$
18	$TiO_2+4H^++2e^- = Ti^{2+}+2H_2O$	$E_{298}=-0.522-0.118pH-0.0296\lg[a_{Ti^{2+}}]$
19	$TiO_2+4H^++e^- = Ti^{3+}+2H_2O$	$E_{298}=-0.676-0.237pH-0.0591\lg[a_{Ti^{3+}}]$

注：取 $[a_{Ni^{2+}}]=10^{-3}$ mol/L，$[a_{Ti^{2+}}]=10^{-3}$ mol/L，$[a_{Ti^{3+}}]=10^{-3}$ mol/L，$P_{O_2}=1$atm，$P_{H_2}=1$atm。

根据以上化学反应平衡方程式，绘制出温度为 298K 时的 Ni(Ti)-H_2O 系 E-pH 平衡图，见图 3.2。

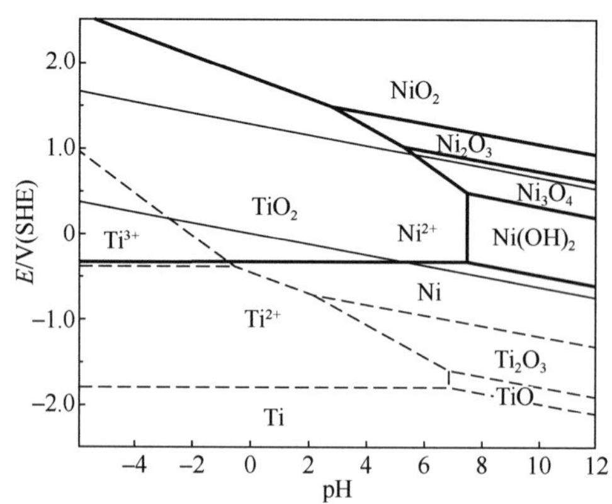

图 3.2　Ni(Ti)-H_2O 系 E-pH 平衡图

（粗实线为 Ni-H_2O 系，虚线为 Ti-H_2O 系，细实线为水线）

分析图 3.2 可知，常温下，在水的稳定区内，钛几乎以氧化物形式存在，即为 TiO_2；在高酸高电位区域，有极小部分和 Ti^{3+}稳定存在区重合。在水的稳定区内，Ni^{2+}的稳定存在区和此区域重合部分较多，说明镍在中低 pH 水溶液环境中的稳定性不高，离子化倾向大。只有在 pH 大于 7 的中高电位区内，镍才会位于稳定钝化区，形成稳定的氢氧化物或氧化物；当 pH 小于 7 时，即使是低电位范围镍都会产生溶解，在溶液中将会以 Ni^{2+}形式稳定存在，而钛在此条件范围内仍以 TiO_2 形式存在。另外，镍在 pH 很大时（pH>12），可以含氧阴离子形态进入溶液，如 $HNiO_2^-$。但是，其所需碱浓度大，采用高碱溶液脱镍不易实现，也不简便。同时，钛也可能会生成 $HTiO_3^-$[100]，不宜采用，因而在图 3.2 中的高 pH 区域内未绘出 $HNiO_2^-$ 的稳定存在区。

以上分析表明，在弱酸性的溶液中，将具有镍出现选择性溶解的热力学倾向，而钛则生成稳定的 TiO_2。这就为 NiTi 记忆合金在水溶液中实现镍的去合金化指明了可行的理论条件，即在弱酸性水溶液中，控制电位在中低范围，使之处于氢电极平衡反应线以上，将不会出现 H_2，避免 TiH_2 的产生，而此时镍出现选择性溶解，生成 Ni^{2+} 而进入溶液；钛则生成 TiO_2 稳定存在，从而通过镍的去合金化，得以在 NiTi 记忆合金表面实现原位脱镍成膜。

3.2　NiTi 形状记忆合金表面去合金化脱镍剂

3.1 节已对 NiTi 记忆合金实现去合金化脱镍的可行性及其热力学条件做了理论计算。在此理论条件下，NiTi 记忆合金的去合金化脱镍将会发生。但是，如何才能实现上述热力学条件呢？研制出具有上述适宜的电位和 pH 范围，同时价廉、易操作，环境协调性好的去合金化脱镍溶液体系及其相关技术是解决实际问题的关键，即研制 NiTi 记忆合金去合金化脱镍剂应本着高效、经济、易实现、环境友好的原则。因此，本节采取常压、低温、弱酸、低电位的处理条件。

本节将对 NiTi 合金去合金化脱镍剂的主要组成、成分选择、脱镍效果进行分析。

3.2.1　氧化剂 *E*-pH 平衡图

从图 3.2 可知，在中低 pH 范围内，利用水溶液中的 H^+ 来氧化镍形成 Ni^{2+} 是困难的，必须增加溶液的氧化性。因此，外加氧化剂是必须的。从经济性和易于工业化的角度出发，选择工业上常用的几种氧化剂：Cl_2、MnO_2、O_2、H_2O_2、$Na_2S_2O_8$、NaClO、$NaClO_3$ 和 $KMnO_4$。为易于实现，使用方便，从中选取 H_2O_2、$KMnO_4$、$NaClO_3$、NaClO 和 $Na_2S_2O_8$ 计算其氧化能力，并同 Ni^{2+}/Ni 平衡线比较，从而研究适宜的氧化剂组成。应用 *E*-pH 平衡图可研究氧化剂有效性的理论条件，确定相对应于一定浓度的氧化剂发生氧化还原反应的平衡电位，高于此电位氧化剂稳定，低于此电位氧化剂被还原。

各种氧化剂化学反应式及其平衡方程式见表 3.3。

表 3.3　各种氧化剂化学反应式及其平衡方程式

序号	化学反应式	平衡方程式
1	$H_2O_2+2H^++2e^- == 2H_2O$	$E_{298}=1.78-0.0591pH+0.0295lg[a_{H_2O_2}]$
2	$MnO_4^-+8H^++5e^- == Mn^{2+}+4H_2O$	$E_{298}=1.742-0.0591pH+0.0118lg[a_{MnO^{4-}}/a_{Mn^{2+}}]$
3	$ClO^-+2H^++2e^- == Cl^-+H_2O$	$E_{298}=1.715-0.0591pH+0.0295lg[a_{ClO^-}/a_{Cl^-}]$
4	$ClO_3^-+6H^++6e^- == Cl^-+3H_2O$	$E_{298}=1.45-0.0591pH+0.00981lg[a_{ClO^{3-}}/a_{Cl^-}]$
5	$S_2O_8^{2-}+2e^- == 2SO_4^{2-}$	$E_{298}=2.080-0.0591lg[a_{SO_4^{2-}}]+0.0295lg[a_{S_2O_8^{2-}}]$
6	$O_2+4H^++4e^- == 2H_2O$	$E_{298}=1.229-0.0591pH+0.0148lg P_{O_2}$

为便于比较，取各种氧化剂的活度为 1 进行计算，绘制出图 3.3。

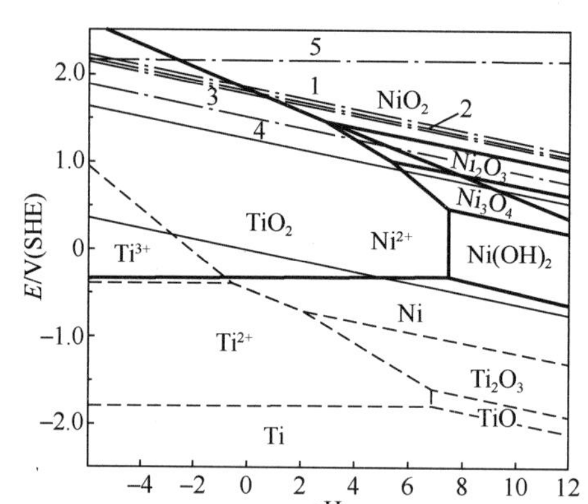

1— H_2O_2；2— MnO_4^-；3— ClO^-；4— ClO_3^-；5— $S_2O_8^{2-}$。

图 3.3　各种氧化剂和 Ni(Ti)-H_2O 系 E-pH 平衡图

（粗实线为 Ni-H_2O 系，虚线为 Ti-H_2O 系，细实线为水线，点画线为各种氧化剂的反应平衡线）

由图 3.3 可见，选择的这几种氧化剂的反应平衡线均在 Ni^{2+}/Ni 平衡线之上，理论上均可将镍氧化为 Ni^{2+}进入溶液。其中采用 O_2 作为氧化剂是最为经济实用的，但由第 2 章中的实验结果可知，在水溶液中通 O_2 与 NiTi 记忆合金反应 367h，合金中镍的溶出速率仅为 0.04μg/mL·h，实际作用略弱，动力学过程太慢，这可能与镍的超电位和 Ni 处于合金化状态有关。要提高溶出率则需高温高压条件，这使制备过程复杂化。其他的 H_2O_2、$KMnO_4$、$NaClO_3$、NaClO 和 $Na_2S_2O_8$ 氧化剂，除 $Na_2S_2O_8$ 电位和 pH 无关外，其余的皆随 pH 的增高而降低，而且相互比较接近，但皆对镍而言具有较强的氧化能力。和其他几种氧化剂相比，H_2O_2 在酸性溶液中是一种强氧化剂，而且不会给反应带来其他杂质元素，使用也较含氯氧化剂方便，环境污染小，是可选氧化剂之一。因此，氧化剂的热力学理论分析表明，在弱酸溶液中，可调节 H_2O_2 至适当活度，控制电位在中低范围，实现 Ni 的选择性溶解。在第 2 章中的实验结果表明，浓度为 29% H_2O_2 与 NiTi 记忆合金反应，合金中镍的溶出速率为 9.23μg/（cm^2/h），溶液中的 Ni/Ti 摩尔比达到 13.8，显示出 H_2O_2 作为 NiTi 记忆合金选择性脱镍氧化剂具有一定的有效性。

3.2.2　配合物的影响

由前面的热力学理论分析可知，降低介质中的 Ni^{2+}活度，使镍电位 E 负移，是实现 NiTi 记忆合金选择性脱镍的途径之一。为此，在溶液中采用能与 Ni^{2+}形成络合物的配位体，Ni^{2+}的活度将会降低。

镍是很好的配位化合物形成体，能形成许多配位化合物，如氰配位化合物、氨配位化合物，且都很稳定，不易被氧化。其中，选择氨作为 NiTi 记忆合金的去合金化脱镍剂的络合剂是有效的、经济的、环保的。

目前已发现镍氨可形成 6 个配位数的氨络离子[95,98,101]，其逐级形成反应在 298K 下的平衡常数对数和偏摩尔 Gibbs 自由能见表 3.4。

表 3.4　镍氨络离子逐级平衡常数对数和偏摩尔 Gibbs 自由能（298K）

配位数	配离子	平衡常数对数	$\overline{G}_{298}^{0}$ /（J/ mol）
1	$Ni(NH_3)^{2+}$	$\lg K_1 = 2.80$	−132600
2	$Ni(NH_3)_2^{2+}$	$\lg K_2 = 2.24$	−259164
3	$Ni(NH_3)_3^{2+}$	$\lg K_3 = 1.73$	−382390
4	$Ni(NH_3)_4^{2+}$	$\lg K_4 = 1.19$	−503040
5	$Ni(NH_3)_5^{2+}$	$\lg K_5 = 0.75$	−620910
6	$Ni(NH_3)_6^{2+}$	$\lg K_6 = 0.03$	−734570

其平衡反应如下：

$$Ni^{2+} + NH_3 = Ni(NH_3)^{2+} \quad pNH_3 = 2.80 + \lg\{[Ni^{2+}]/[Ni(NH_3)^{2+}]\}$$

$$Ni(NH_3)^{2+} + NH_3 = Ni(NH_3)_2^{2+} \quad pNH_3 = 2.24 + \lg\{[Ni(NH_3)^{2+}]/[Ni(NH_3)_2^{2+}]\}$$

$$Ni(NH_3)_2^{2+} + NH_3 = Ni(NH_3)_3^{2+} \quad pNH_3 = 1.93 + \lg\{[Ni(NH_3)_2^{2+}]/[Ni(NH_3)_3^{2+}]\}$$

$$Ni(NH_3)_3^{2+} + NH_3 = Ni(NH_3)_4^{2+} \quad pNH_3 = 1.19 + \lg\{[Ni(NH_3)_3^{2+}]/[Ni(NH_3)_4^{2+}]\}$$

$$Ni(NH_3)_4^{2+} + NH_3 = Ni(NH_3)_5^{2+} \quad pNH_3 = 0.25 + \lg\{[Ni(NH_3)_4^{2+}]/[Ni(NH_3)_5^{2+}]\}$$

$$Ni(NH_3)_5^{2+} + NH_3 = Ni(NH_3)_6^{2+} \quad pNH_3 = 0.03 + \lg\{[Ni(NH_3)_5^{2+}]/[Ni(NH_3)_6^{2+}]\}$$

由表 3.4 可见，配位数为 6 的镍氨络离子的形成倾向较大，因此计算 $Ni(NH_3)_6^{2+}$ 与镍的平衡反应，溶液中的离子以其浓度近似活度：

$$Ni(NH_3)_6^{2+} + 2e^- = Ni + 6NH_3 \qquad E_{298} = E_{298}^{0} + 0.177\,pNH_3 + 0.0295\lg[Ni(NH_3)_6^{2+}]$$

通过前述相关热力学数据计算得

$$E_{298} = -0.549 + 0.177\,pNH_3 + 0.0295\lg[Ni(NH_3)_6^{2+}] \tag{3.24}$$

而

$$NH_3 + H^+ = NH_4^+ \qquad K = 10^{9.27}$$

两边取对数得

$$pNH_3 + pH = 9.27 - \lg[NH_4^+]$$

令 $A = [NH_3] + [NH_4^+]$ 为总氨浓度，所以

$$pNH_3 + pH = 9.27 - \lg A + \lg(1 + 10^{pH-9.27}) \tag{3.25}$$

由于 Ni^{2+}在水溶液中产生沉淀的临界 pH=6.5 左右，因此计算当 pH=7、8、10，A=5 和溶液相镍浓度为 10^{-1} 时式（3.24）的 $Ni(NH_3)_6^{2+}/Ni$ 平衡电位 E，并同 $Ni(OH)_2/Ni$ 的平衡电位比较。

当 pH=7 时，代入式（3.25）计算得 pNH_3=1.573，将其再代入式（3.24）得 $E_{pH7} = -0.30V$。同理，分别计算得到 pH=8、10 时的 $E_{pH8} = -0.47V$、$E_{pH10} = -0.69V$。

而 $Ni(OH)_2/Ni$ 在相同 pH 条件下的平衡电位由表 3.2 中的第 5 式计算，分别为 $E_{pH7} = -0.30V$、$E_{pH8} = -0.36V$、$E_{pH10} = -0.48V$。

由此可见，$Ni(NH_3)_6^{2+}/Ni$ 的平衡电位在中性和碱性条件下均比 $Ni(OH)_2/Ni$ 的平衡电位低，这说明络合剂的加入使 Ni^{2+}形态的稳定区变大，也使镍的电位变为负，这就使

镍在有氧的条件下能被氧化成镍氨络离子而进入溶液，使产生镍的选择性溶解变得更加容易。

因此，NiTi 记忆合金去合金化脱镍溶液体系的基本组成为H_2O_2、氨络合剂及其他少量添加剂。控制调整各组成成分的比例，使溶液 pH=2～6、电位 E=−0.14～+0.55V，即采用氨络氧化法脱镍。

3.3 NiTi 形状记忆合金表面氨络氧化法脱镍动力学过程

本节研究 NiTi 记忆合金在低温（T<100℃）下采用氨络氧化法脱镍的动力学过程。由于本工作的目的仅仅是在 NiTi 记忆合金表面实现脱镍改性，而不是整个块体材料的去合金化，因此需将脱镍的深度控制在表面层，这样既可满足生物相容性的要求，同时也不损害块体材料的基本性能。本节通过动力学过程研究确定氨络氧化法脱镍处理 NiTi 记忆合金的温度、时间等重要制备工艺参数。

3.3.1 NiTi 形状记忆合金中镍的溶出率

在 NiTi 记忆合金氨络氧化法脱镍中，镍的选择性溶解是一个电化学过程，其机理是由于在 NiTi 记忆合金表面具有元素组元造成的电化学不均匀性，从而使其表面在电解质中形成了显微阴极区和阳极区。在阴极区溶液中的氧作为去极剂接受电子与 H^+形成H_2O。同时，合金元素钛被氧化成TiO_2，阳极区的镍被氧化失去电子成为 Ni^{2+}进入溶液或形成镍的易溶化合物在适宜的酸度下发生水解进入溶液，然后被络合形成镍的配合物离子稳定存在于水溶液中，其机理见图 3.4。

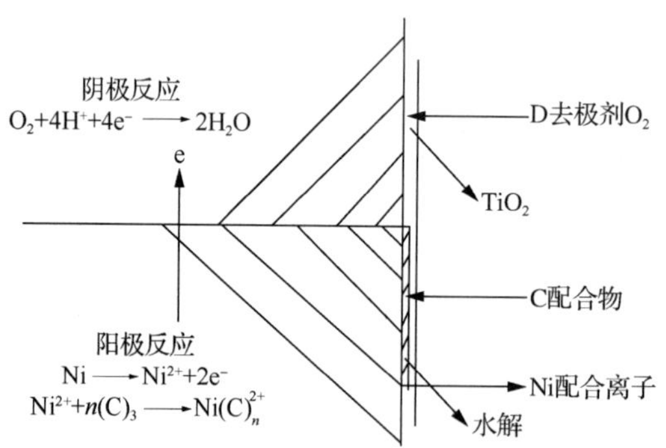

图 3.4 NiTi 记忆合金表面氨络氧化法脱镍电化学机理

对 NiTi 记忆合金氨络氧化法脱镍效果的评定就是要分析合金中镍溶解的程度及其控制因素。由于本工作所采用的 NiTi 记忆合金的 Ni/Ti 摩尔比为 1.03∶1，因此 NiTi 合金中镍的质量为$G_{(Ni)} = 55.8\%G_0$，那么 NiTi 合金在溶液中镍的溶出率为

$$x = \frac{G_{(Ni)} - G}{G_{(Ni)}} = \frac{V\rho_{(Ni)} \times 10^{-6}}{55.8\%G_0} \tag{3.26}$$

式中，x 为镍的溶出率；G_0 为合金试样质量（g）；G 为经脱镍处理后合金中镍的质量（g）；$G_{(Ni)}$ 为试样合金中原始镍的质量（g）；V 为脱镍剂体积（mL）；$\rho_{(Ni)}$ 为处理后脱镍剂中的 Ni^{2+} 浓度（μg/mL）。

采用已配制好的氨络氧化脱镍剂分别在 25℃、45℃、55℃和 75℃下恒温处理 NiTi 记忆合金试样 12h，取不同时间溶液分析镍含量，计算出的镍溶出率见表 3.5。

表 3.5　氨络氧化脱镍剂中 NiTi 记忆合金表面镍溶出率

温度 T/℃	时间 t/h	质量 G_0/g	镍溶出量 $\rho_{(Ni)}$/（μg/mL）	镍溶出率 x
25	1	1.82	0.61	0.15×10^{-4}
	2	2.30	1.56	0.30×10^{-4}
	4	2.18	3.18	0.65×10^{-4}
	6	2.40	5.85	1.09×10^{-4}
	9	2.35	9.97	1.90×10^{-4}
	12	2.22	10.67	2.15×10^{-4}
45	1	2.26	3.33	0.66×10^{-4}
	2	1.75	4.30	1.10×10^{-4}
	4	2.41	10.17	1.89×10^{-4}
	6	2.26	13.22	2.62×10^{-4}
	9	2.35	19.35	3.69×10^{-4}
	12	2.36	21.60	4.10×10^{-4}
55	1	1.75	4.18	1.07×10^{-4}
	2	2.30	10.27	2.00×10^{-4}
	4	1.96	12.91	2.95×10^{-4}
	6	2.13	18.68	3.93×10^{-4}
	9	2.22	25.77	5.20×10^{-4}
	12	1.63	20.59	5.66×10^{-4}
75	1	2.34	9.09	1.74×10^{-4}
	2	2.26	14.77	2.93×10^{-4}
	4	2.24	22.94	4.59×10^{-4}
	6	2.31	32.05	6.40×10^{-4}
	9	1.98	31.83	7.21×10^{-4}
	12	1.58	28.25	8.01×10^{-4}

在不同温度下，镍溶解的动力学曲线见图 3.5。由图 3.5 可见，温度升高，镍的溶出率增大；随着时间的延长，镍的溶出率也增加。25℃、45℃、55℃下，处理 9h 后试样中镍的溶出增量略有平缓；75℃下，处理 6h 后试样中镍的溶出增量开始出现平缓。此实验结果证明，尽管试样处理温度已经是低温，但升高温度仍然不十分利于合金中镍的溶解，这是因为温度升高会使合金表面氧化镍增多。适当升高处理温度只是出于动力学过程的需要。由此可知，采用氨络氧化法在 55℃下处理 6～12h 是适宜的。对镍溶解过程控制步骤的确定，尚需进一步计算镍溶解的表观活化能。

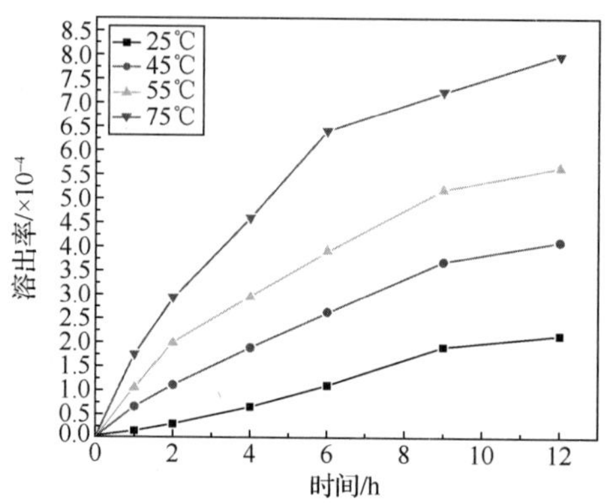

图 3.5　NiTi 记忆合金表面氨络氧化法脱镍动力学曲线

3.3.2　NiTi 形状记忆合金中镍溶解的表观活化能

对溶出过程动力学的实验研究，其目的在于确定过程的速度与一些基本参数的关系，如温度、反应物浓度等。

对于可逆反应，可用下列一般式来表示溶出速度[102]：

$$-\frac{\mathrm{d}G}{\mathrm{d}t}=\vec{k}C_1^{n_1}C_2^{n_2}\cdots C_i^{n_i}\phi(G_0,G/G_0)-\overleftarrow{k\varphi}(G_0,G/G_0) \tag{3.27}$$

式中，G_0 和 G 为在过程开始和反应进行完时固相中溶出的物质量；$C_1,C_2,\cdots,C_i$ 为在时间 t 时溶液中的反应物 1，2，…，i 的浓度；$n_1,n_2,\cdots,n_i$ 为对各种反应物而言的正反应级数；$\phi(G_0,G/G_0)$ 为考虑到表面的大小和由于表面积减小，固相产物层的变厚等因素的函数；$\overleftarrow{k\varphi}(G_0,G/G_0)$ 为逆反应速度；$\vec{k}$ 为正向反应速度常数。

当部分固相反应物转移到溶液中时，在时间 t 时，反应物的浓度可用下式表示：

$$C_1=C_{01}-\tau_1(G_0-G) \tag{3.28}$$

式中，C_{01} 为液相反应物的起始浓度；τ_1 为与溶解一单元质量固相反应物相应的液相反应物浓度的变化。

如果以单位时间内的浸出率 $x=(G_0-G)/G_0$ 的变化来表示，则式（3.27）可以简化为

$$\frac{\mathrm{d}x}{\mathrm{d}t}=\vec{k}(C_{01}-\tau_1G_0x)^{n_1}(C_{02}-\tau_2G_0x)^{n_2}\cdots\phi(x)-\overleftarrow{k\varphi}(x) \tag{3.29}$$

若溶出反应为不可逆，则

$$\frac{\mathrm{d}x}{\mathrm{d}t}=\vec{k}(C_{01}-\tau_1G_0x)^{n_1}(C_{02}-\tau_2G_0x)^{n_2}\cdots\phi(x) \tag{3.30}$$

在动力学的实验研究中，先要确定溶出率与其持续时间的关系，然后在某一时间 t 时，在曲线上作相应点的切线，其斜率值就是在 t 时以单位质量反应物计的溶出速度。溶出速度与温度的关系以表观活化能表示，而与反应物浓度的关系通过反应级数表示。

通过实验测定化学反应表观活化能的方法是将温度以外的其他参数均保持为常数，对于可逆溶解反应，在两个不同温度下的溶出速度之比可表示为

$$\left(\frac{\mathrm{d}x}{\mathrm{d}t}\right)_{T_1,X_1}\Bigg/\left(\frac{\mathrm{d}x}{\mathrm{d}t}\right)_{T_2,X_1}$$
$$=\frac{\vec{k}(T_1)(c_{01}-v_1G_0x_1)^{n_1}(c_{02}-v_2G_0x_1)^{n_2}\cdots\phi(x_1)}{\vec{k}(T_2)(c_{01}-v_1G_0x_1)^{n_1}(c_{02}-v_2G_0x_1)^{n_2}\cdots\phi(x_1)}$$
$$=\vec{k}(T_1)\Big/\vec{k}(T_2) \tag{3.31}$$

当反应物为可逆时，由于反应产物对溶出速度有影响，只能在 $x=0$ 或 $t=0$ 时，才能得到上面的方程式。

对于不可逆反应，溶出速度间的比例关系也可用达到相同溶出率时所需时间的比例来代替。设它们在达到相同溶出率时所需的相应时间为 t' 与 t''，把 x_1 的值分为 m 个相等的间隔：

$$\Delta x_1=\Delta x_2=\mathrm{L}\ =\Delta x_m=\Delta x$$

在每一个范围内，溶出速度可认为是一个常量。为增加 Δx_1 的溶出率，在温度为 T_1 和 T_2 时，需要 $\Delta t'$ 与 $\Delta t''$，则有

$$\Delta t'=\Delta x\Bigg/\left(\frac{\mathrm{d}x}{\mathrm{d}t}\right)_{T_{1,1}} \tag{3.32}$$

$$\Delta t''=\Delta x\Bigg/\left(\frac{\mathrm{d}x}{\mathrm{d}t}\right)_{T_{2,1}} \tag{3.33}$$

将式（3.32）和式（3.33）代入式（3.31）得

$$\Delta t_1''=\Delta t_1'\left[k(T_1)/k(T_2)\right]$$

为达到溶出率 x_1，所必需的时间为

$$t'=\sum_1^m\Delta t_1'$$

$$t''=\sum^m t_1''=\left[k(T_1)/k(T_2)\right]\sum_1^m\Delta t_1'$$

所以，由 Arrhenius 方程得 $t'/t''=k(T_2)/k(T_1)$

$$\ln\frac{k(T_2)}{k(T_1)}=\frac{E}{R}\left(\frac{1}{T_1}-\frac{1}{T_2}\right)=\ln\frac{t(T_1,x_1)}{t(T_2,x_1)}$$

即

$$\Delta\ln t(x_1)=\frac{E}{R}\Delta\left(\frac{1}{T}\right) \tag{3.34}$$

将式（3.29）以 $\ln t\sim 1/T$ 为坐标作图所得曲线为一次线性相关，其斜率为

$$k'=\frac{E}{R}$$

于是所求表观活化能为

$$E=Rk'=8.314k' \tag{3.35}$$

以 $\ln\mathrm{d}x/\mathrm{d}t\sim 1/T$ 和 $\ln t\sim 1/T$ 为坐标作图所得曲线均为一直线，其相应的斜率为 $-E/R$ 和 E/R。在温度升高时，如果控制步骤发生变化，则直线的斜率也会发生相应的变化[102]。

在 25℃、45℃、55℃和 75℃不同溶出温度下，镍达到相同溶出率时所需时间的对数见表 3.6。

表 3.6　镍溶出温度倒数及溶出时间对数

$1/T$ / ($\times10^{-3}$ / K^{-1})	3.36	3.14	3.05	2.87
$\ln t$	6.29	5.57	4.72	4.16

由此作 Arrhenius 曲线，见图 3.6。

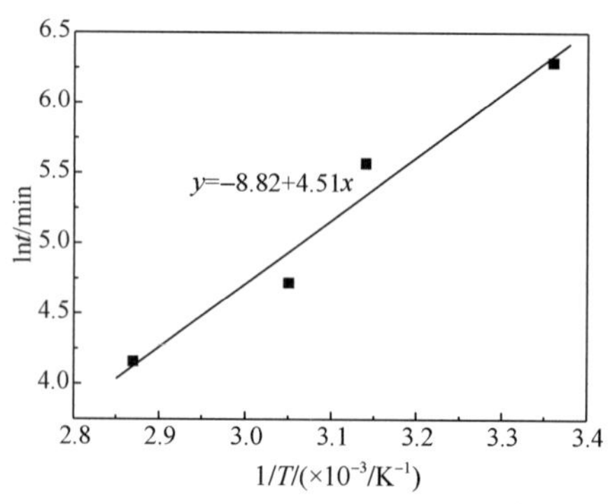

图 3.6　氨络氧化法脱出 NiTi 记忆合金中镍的 Arrhenius 曲线

根据 Arrhenius 曲线，计算得到镍溶解的表观活化能 $E_A = 37.50\,\text{kJ/mol}$。由此可见，氨络氧化法处理 NiTi 记忆合金时，镍溶解过程由化学反应与外扩散混合控制。反应需要的活化能不仅要保持扩散质点在运动中不断落入和跳出溶剂质点的力场范围，同时也用于断裂和形成化学键。计算其相应的反应速度常数的温度系数为

$$\log\frac{K_t+10}{K_t}=\frac{1}{(273+t)(273+t+10)}\times\frac{10E_A}{4.573}$$

$$K_{35}/K_{25}=2.817$$

从反应的表观活化能和反应速度常数的温度系数综合分析，NiTi 记忆合金在氨络氧化法脱镍过程中动力学区域内的反应是最主要的，最慢的环节还是化学反应，外扩散略占次要地位。这是因为在此反应时间内，脱镍仅仅发生在合金的表层，受内层镍原子扩散出来参与化学反应的影响小。

这一结果说明了温度、强化溶液对流对合金中镍的溶出速度皆有一定的影响，适当升高温度比强化溶液对流对合金中表层镍的溶出动力学过程影响更大；同时也说明了图 3.1 中所示的 NiTi 记忆合金选择性脱镍可能存在的两种反应步骤，二者以不同的程度混合存在，其中占主导地位的是第二种反应步骤。

3.4　去合金化对 NiTi 形状记忆合金表面性质的影响

医用 NiTi 记忆合金表面改性的目的是改善材料的生物学性质，一切材料学性质的

改变都将服从于生物学性质的提高。本节对采用氨络氧化法在 55℃下，13h 处理后 NiTi 记忆合金的表面性质进行分析表征。

3.4.1　表面形貌分析

NiTi 记忆合金在 55℃下，经 4h、6h、9h 和 13h 去合金化处理后的表面 SEM 形貌见图 3.7。由图 3.7 可见，NiTi 记忆合金在去合金化处理 4h 后，表面开始逐渐形成多孔结构，最后在合金表面获得了一种多孔的纳米网架结构。这是去合金化后产生的一种典型特征，是合金组元中的某一元素发生选择性溶解后，剩下未溶解元素及其化合物所构成的网架结构。已有研究证明[103-104]，这种纳米表面结构对于提高医用金属材料的生物相容性是有利的，纳米化的表面能明显促进成骨细胞的早期黏附，具有纳米生物学的优点；多孔结构也有利于骨传导进入孔隙中附着，提高植入体与骨组织的结合，减少假体由于骨-植入体界面结合不佳而导致的植入失败；纳米化使钛合金的弹性模量明显下降，使其与骨组织更接近，从而减少由于应力遮挡导致的骨质疏松；骨组织本身也是纳米结构，皮质骨中的矿化颗粒直径在 20～50nm。另外，这种纳米多孔网架结构还有利于预先在其表面固定或吸附生物药物分子，为吸附固定生物分子提供了良好的载体，如制备出纳米二氧化钛-生物蛋白复合膜、纳米二氧化钛-肝素复合膜等，实现多种用途。经去合金化处理后在 200℃、400℃和 500℃晶化 1h 的表面仍然保持这种多孔的纳米网架结构，但随着晶化温度的提高，网架组织略有聚合、塌陷，见图 3.8。这是由于高温强化了原子扩散，晶粒长大、聚合所致。

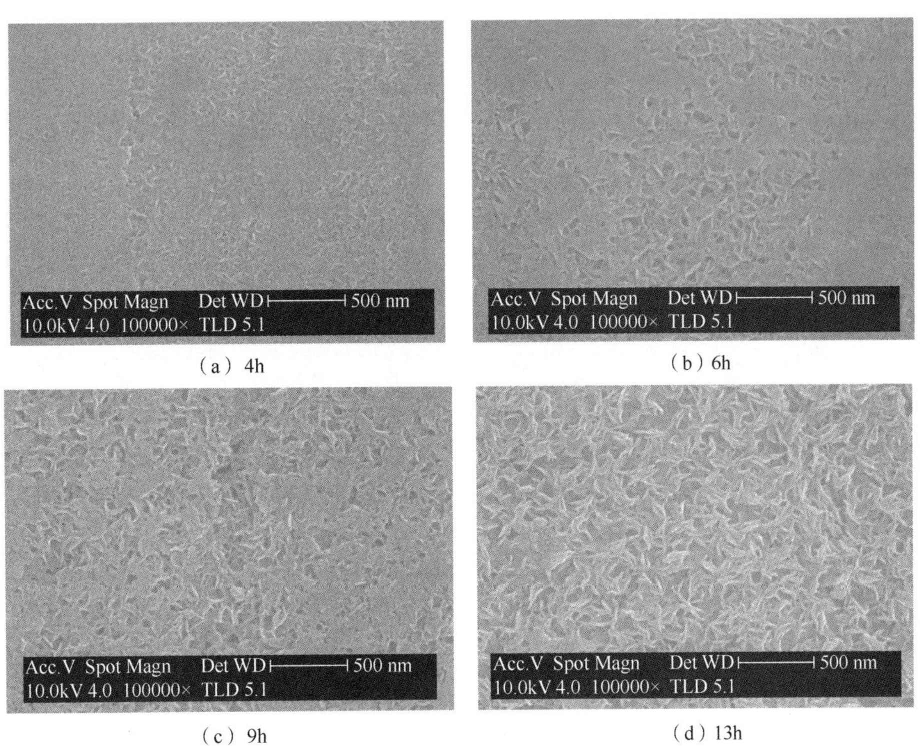

（a）4h　（b）6h　（c）9h　（d）13h

图 3.7　NiTi 记忆合金去合金化脱镍处理不同时间的表面 SEM 形貌

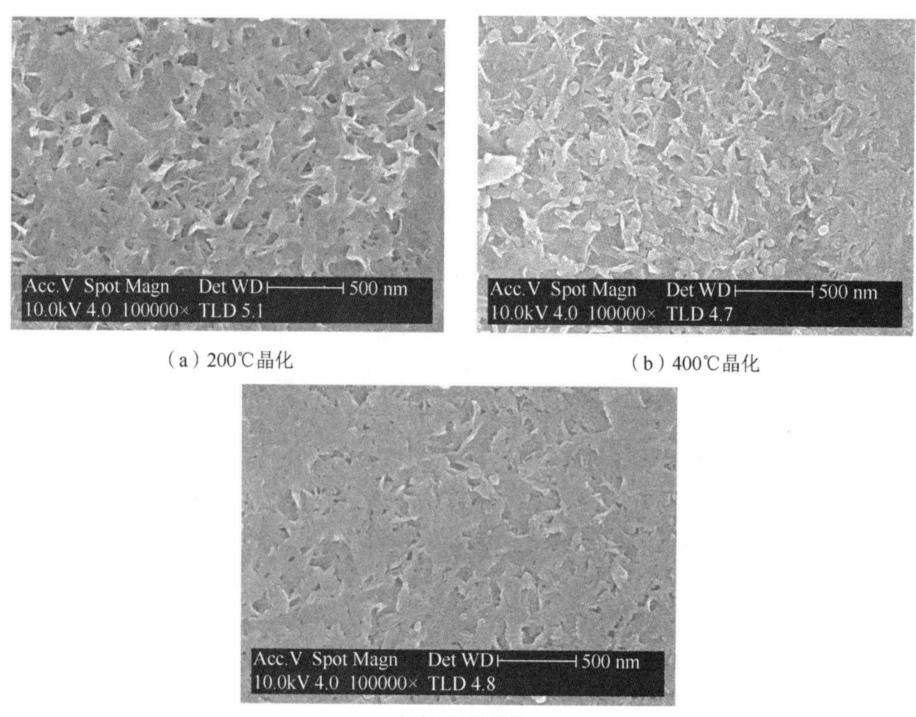

（a）200℃晶化　（b）400℃晶化

（c）500℃晶化

图 3.8　NiTi 记忆合金去合金化处理后在 200℃、400℃和 500℃晶化 1h 的表面 SEM 形貌

3.4.2　表面物相分析

图 3.9 为 NiTi 记忆合金表面去合金化处理前后的 XRD。由于去合金化表面处理形成的膜较薄，合金基体物相的衍射峰仍然占主导地位，但处理后基体 B2 及 B19'的衍射峰强度较未处理样品的已明显减弱；同时，已有微弱的锐钛矿相和金红石相二氧化钛衍射峰出现，但结晶度较低，说明处理后获得的氧化钛为大量非晶态。Shih 等的研究证明，在体液含 Cl^- 环境内，非晶态的氧化钛比多晶氧化钛具有更好的耐点蚀性能[105]。

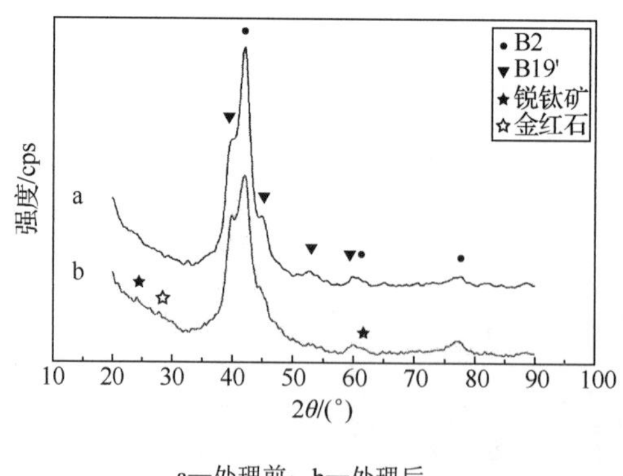

a—处理前；b—处理后。

图 3.9　NiTi 记忆合金表面去合金化处理前后的 XRD

将去合金化处理后的 NiTi 记忆合金分别在 200℃、300℃、400℃和 500℃晶化 1h 后的 XRD 见图 3.10。比较各衍射峰可见，提高晶化温度使 NiTi 基体奥氏体 B2 相的峰变得更加突出和尖锐，马氏体 B19'相逐渐消失，至 500℃合金已基本转变为 B2 相，同时出现明显的锐钛矿相 TiO_2。

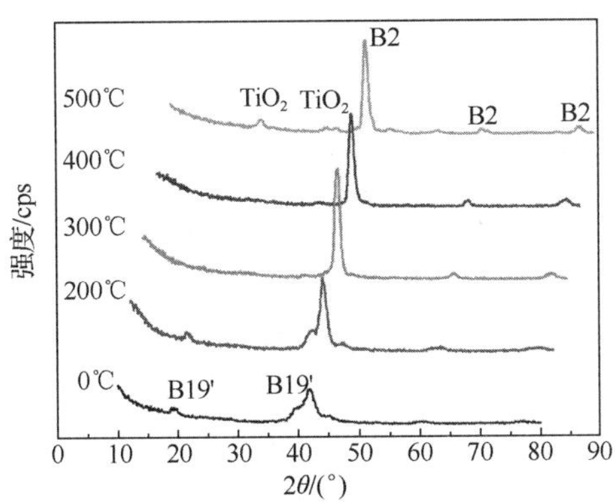

图 3.10　NiTi 记忆合金去合金化处理后在不同温度下晶化 1h 后的 XRD

3.4.3　XPS 表面深度元素分析

脱镍剂中的干扰元素使化学分析无法测试 NiTi 记忆合金表面去合金化脱镍的程度，因此采用 XPS 分析。XPS 不仅能检测合金表面的元素含量，配合 Ar^+溅射剥蚀，可获得元素沿深度方向的分部；同时能分析元素的化学价态，从而推断其形成的化合物种类。

图 3.11 是 NiTi 记忆合金表面去合金化处理后的 XPS 深度分析。从元素由表及里在深度方向上的分布可知，碳是外来污染元素，仅在表面存在。随着 Ar^+枪逐渐剥离表面，碳元素迅速减少，而氧元素和钛元素则迅速升高，约在 100nm 深度内保持原子比(O/Ti=2∶1) 恒定，接近 TiO_2 的化合计量比；在剥离到约 130nm 后，镍元素才开始出现（含量约 0.5at%）。这说明 NiTi 记忆合金经去合金化处理后表面约在 130nm 深度内镍被完全选择性地去除，形成了一个由 TiO_2 组成的具有纳米结构的非晶层。

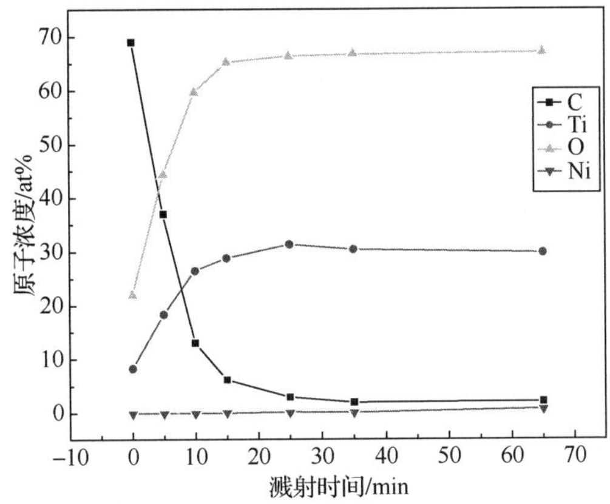

图 3.11　NiTi 记忆合金表面去合金化处理后的 XPS 深度分析

为进一步确定由表及里膜层元素组成的变化，图 3.12 显示了去合金化处理后 NiTi 记忆合金表面用 Ar^+逐渐轰击剥离合金表面的XPS全谱，可见随距样品表面距离的增加，元素组成也在变化。由此可知，随着由表及里的溅射剥离，C_{1s} 峰逐渐减弱，系为表面外来污染物；Ti_{2p} 峰开始逐渐增加，10min 后保持恒定；O_{1s} 峰也是先增加，10min 后稳定；而 Ni_{2p} 峰在剥离到 130nm 深度时才出现。说明在 130nm 深度内，膜层由单一的氧化钛组成，且均匀，未见有其他杂质峰出现，去合金化处理介质中的元素没有参与成膜，保证了氧化钛膜层的纯净度。

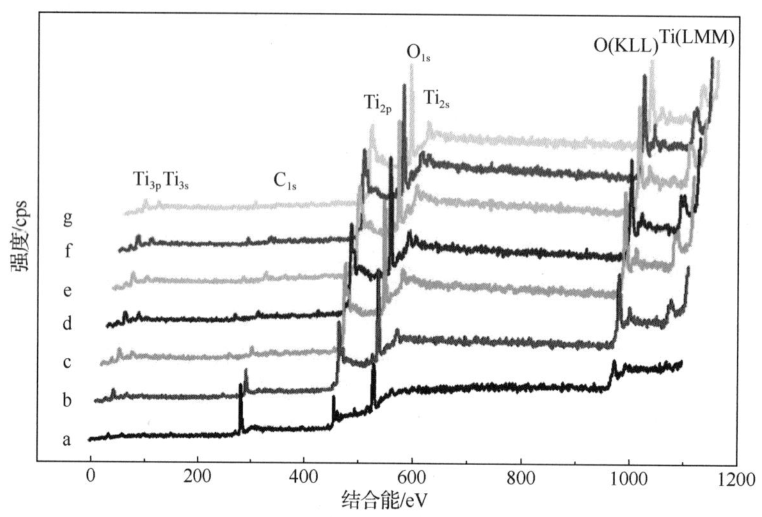

a—0min；b—5min；c—10min；d—15min；e—25min；f—35min；g—65min。

图 3.12 去合金化处理后 NiTi 记忆合金表面用 Ar^+逐渐轰击剥离合金表面的 XPS 全谱

图 3.13 是 Ni_{2p} 高分辨的 XPS 光谱，可知在 130nm 深度处出现的镍呈 Ni^{2+}状态（结合能 854.7eV），没有发现单质 Ni（$Ni^0_{2p_{3/2}}$ 的结合能为 852.7eV）。这说明在处理过程中合金中的镍溶解步骤主要是先形成了 NiO，然后分解进入溶液，这和前面关于合金中镍溶解动力学过程的推断是一致的。另外，由图 3.14 可知，在表面钛呈 Ti^{4+}状态（结合能分别为 $Ti_{2p_{3/2}}$：459.05eV；$Ti_{2p_{1/2}}$：464.85eV），此结果结合图 3.10 说明了在合金表面形成的氧化钛是非晶的 TiO_2。图 3.15 显示了样品表面 O_{1s} 高分辨 XPS 光谱，可知结合能在 530.4eV 的峰为 O^{2-}，是由 TiO_2 中的晶格氧产生的；而在 532.0eV 处的峰则归因于表面 TiO_2 结合 OH^-（531.5eV）及化学吸附 H_2O（533.0eV）产生的[106]。由此说明，NiTi 记忆合金经去合金化处理后在表面形成的是水合 TiO_2。

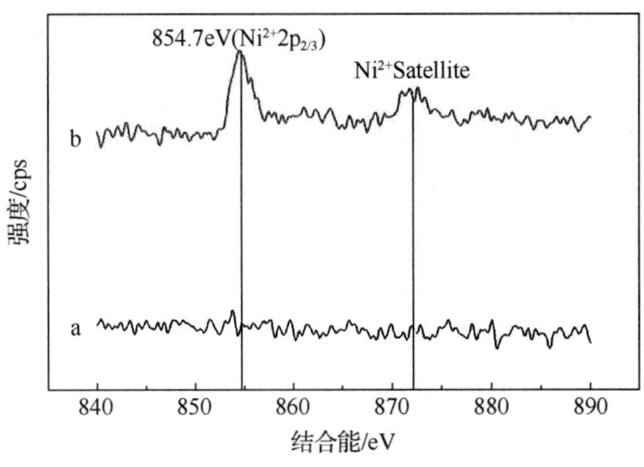

a—外表面；b—表层下 130nm 深处。

图 3.13　去合金化处理后 NiTi 合金外表面和深层的 Ni_{2p} 高分辨 XPS 光谱

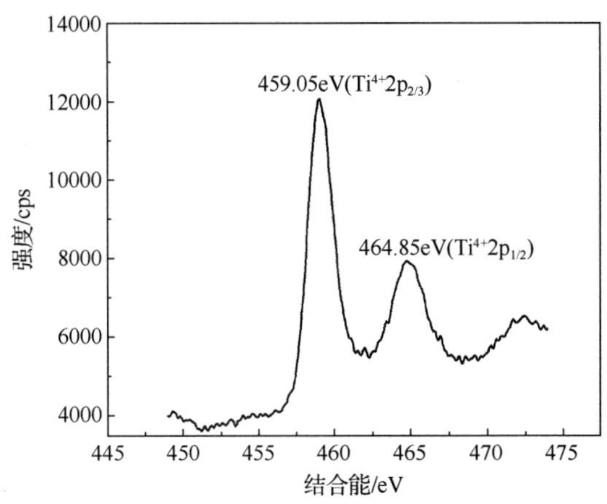

图 3.14　去合金化处理后 NiTi 记忆合金表面 Ti_{2p} 高分辨 XPS 光谱

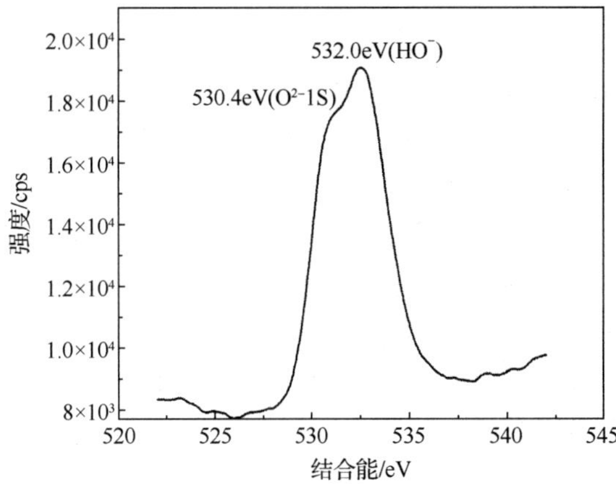

图 3.15　去合金化处理后 NiTi 记忆合金表面 O_{1s} 高分辨 XPS 光谱

3.4.4　表面元素 AES 深度分析

为进一步研究 NiTi 记忆合金去合金化处理后表面镍的脱除程度及表面成膜情况，采用俄歇电子能谱仪（Auger Electron Spectroscopy，AES）测量了合金表面元素及其含量；同时利用 Ar^+离子束对合金进行溅射，逐渐刻蚀表面，得到元素在深度方向上的分部变化，见图 3.16。

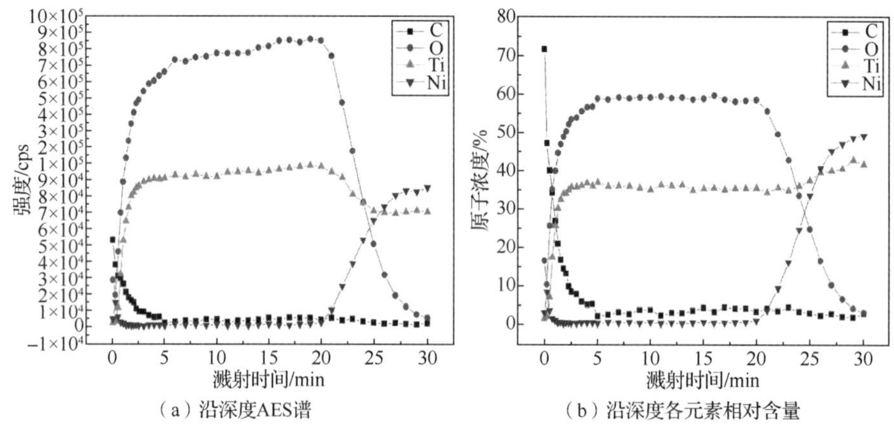

（a）沿深度AES谱　　（b）沿深度各元素相对含量

图 3.16　NiTi 记忆合金去合金化处理后深度元素 AES 分析

由图 3.16 可知，合金表面含有的元素为 C（外来污染物）、O、Ti，Ni 几乎为零。在溅射时间 20min 内，C、O、Ti、Ni 相对含量没有明显变化。随着溅射时间的增加，C 含量迅速下降，O、Ti 含量迅速升高，Ni 含量仍然接近于零；溅射 20min 后 Ti 含量缓缓上升，O 开始突降，Ni 的含量开始出现突升；30min 后接近基体的 Ni 含量 50.7%，O 含量接近于零。定量分析可知，O 的原子百分数约为 60%，Ti 的原子百分数约为 35%，其余 5%为 C，O 的原子百分数几乎为 Ti1.71 倍。这也说明，由于 Ti 的活性强，在去合金化处理过程中，Ti 生成了 O 缺位的 TiO_2；溅射 20min 后此层氧化膜由于 O 不足而不能形成。除此之外，未检测到其他杂质元素。试样采用的溅射数率为 20nm/min（标样为 SiO_2），估算表面无镍氧化钛层的厚度小于 400nm，这与 XPS 测试的无镍氧化钛层的厚度 130nm 有一定差异，这可能是由于试样预处理抛光不够均匀造成的。

3.4.5　傅里叶变换红外光谱分析

红外光谱是分子能选择性吸收某些波长的红外线引起分子中振动能级和转动能级跃迁，检测红外线被吸收的情况可得到物质的吸收红外光谱。通过红外光谱所显示的特征峰位和强度信息，可以进行物质的组成、结构和含量分析。NiTi 记忆合金采用氨络氧化法去合金化脱镍处理后，合金表面是否被赋予与生物陶瓷相同的骨结合性，取决于表面是否结合有羟基基团（OH^-）。图 3.17 是 NiTi 记忆合金去合金化脱镍处理后经不同晶化温度处理的表面傅里叶变换红外光谱。由图 3.17 可见，在 $3300cm^{-1}$ 附近有一个宽而强的 O-H 伸缩振动峰，说明在处理后的合金表面存在含羟基化合物；$1500cm^{-1}$ 附近的峰为水峰。

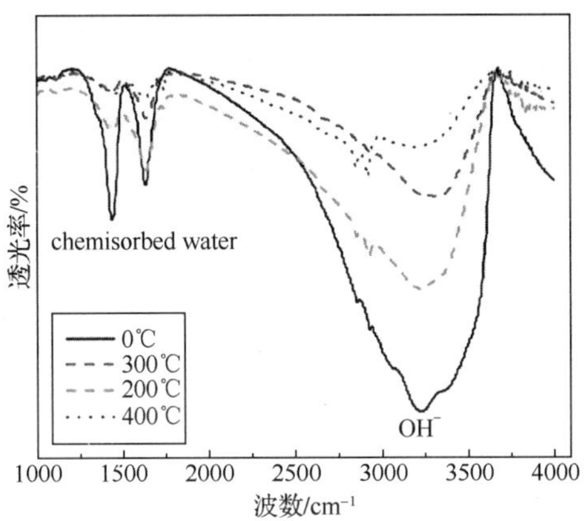

图 3.17 NiTi 记忆合金去合金化脱镍处理后经不同晶化温度处理的表面傅里叶变换红外光谱

傅里叶红外光谱同 O_{1s} 高分辨 XPS 光谱测试结果相印证，说明去合金化处理的样品表面确实结合有羟基基团。

这是由于氨络氧化脱镍剂中的 H_2O_2 被还原产生了 OH^-：

$$H_2O_2 + 2e^- = 2OH^- \qquad E^0_{298} = +1.356\,V(SHE)$$

TiO_2 的等电点为 6[107]，有利于羟基吸附。另外，随着晶化温度的提高，羟基的振动峰减弱，同时水峰也同样减弱。这是由于高温使合金表面脱水，造成羟基损失。

3.4.6 表面纳米力学性能测试

由于通过去合金化脱镍处理在 NiTi 记忆合金表面获得的是一层无镍的氧化钛纳米级薄膜，因此采用纳米压痕测量技术检测分析合金材料微纳米表层的力学性质。

在纳米压入测量技术中，最常用的力学性质是弹性模量（E）和硬度（H）。用纳米压入连续刚度法进行测试，可获得薄膜的弹性模量和硬度的连续变化曲线，从而分析评价薄膜的抗磨损、耐腐蚀性能及其和基体的结合情况等[108-109]。因此，本节采用 Nano Indenter DCM 系统对去合金化脱镍处理后 NiTi 记忆合金表面亚微米尺度上的力学性能进行测试分析，见图 3.18。测试采用金字塔压头，最大压入深度 500nm，最大载荷 500mN，位移和载荷精度分别为 0.01nm 和 50nN。卸载后位于 70%最大载荷处保持 60s 进行热漂移修正。H 和 E 用 Oliver 和 Pharr 方法计算[110]。

由图 3.18（a）可见，合金表面出现了低弹性模量，120nm 深度前膜的弹性模量较低，50nm 深度前的弹性模量低于 20GPa，这几乎和人体皮质骨的弹性模量一样，因此这层低弹性模量的薄膜将有利于减弱合金对骨组织生长过程中的应力遮挡作用；120nm 深度后的弹性模量达到最高 71GPa，后基本保持恒定，说明已达到基体 NiTi 奥氏体母相的弹性模量值。

试样表层的纳米硬度-位移曲线见图 3.18（b），可见合金的纳米硬度由表及里逐步增加，没有出现突变部分，约 300nm 深度后开始出现缓平，最大值为 4.7GPa。从硬度值由外及里的缓慢连续增加可知，膜层同基体间是梯度过渡，应力较小，结合良好。

载荷-位移曲线见图 3.18（c），加载与卸载曲线均为非线性，压头最大位移包括弹性和塑性变形两部分，卸载时产生弹性回复，弹性回复达到 44.4%，残余位移主要由弹性变形决定。

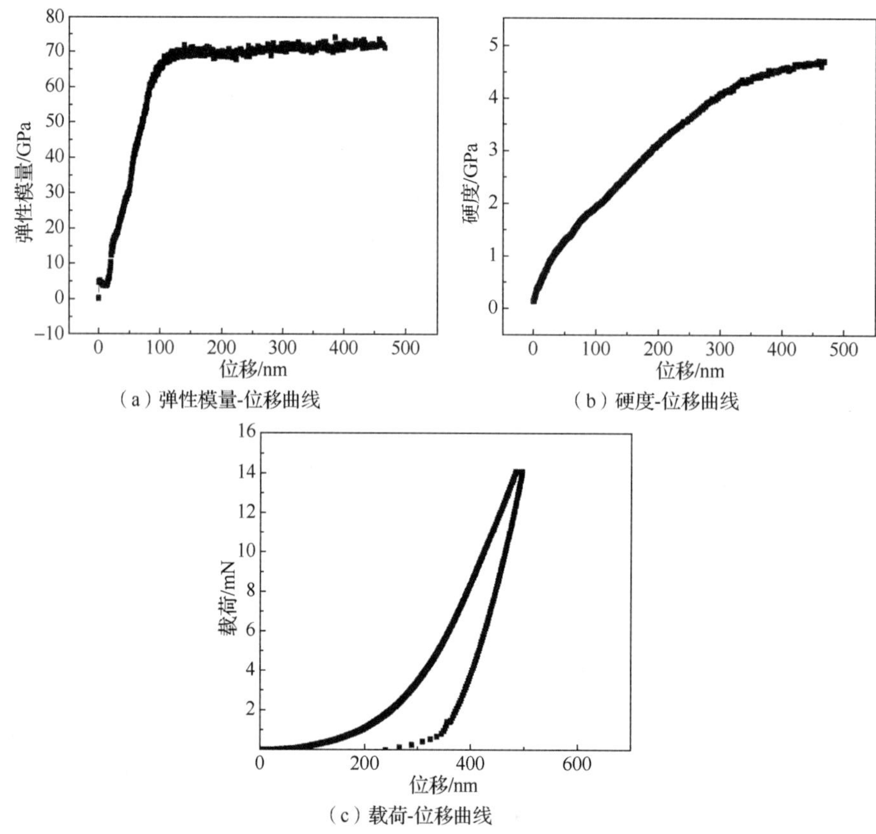

（a）弹性模量-位移曲线　（b）硬度-位移曲线

（c）载荷-位移曲线

图 3.18　NiTi 记忆合金表面去合金化处理后表面纳米压痕测试

3.4.7　在模拟生理液中耐蚀性能测试

在 Hank's 模拟体液（pH=7.45）和 Fusayama 模拟唾液（pH=6.13）中对经表面去合金化脱镍处理后并在 500℃晶化 1h 的试样和未经处理的试样进行电化学动电位极化测试，以研究去合金化脱镍处理后合金在生理环境中的耐蚀性。

测试结果见图 3.19，可见在 Hank's 模拟体液（pH=7.45）中，与未作表面处理的 NiTi 记忆合金相比，去合金化脱镍处理后试样的自腐蚀电位得到较大的提高。尤其是再经过晶化处理后的自腐蚀电位提高幅度较大，比未作表面处理试样的自腐蚀电位提高近 1V（SCE），比未晶化处理试样提高约 0.8V（SCE）。未作表面处理试样的自腐蚀电位最低，同时经表面处理试样无论晶化与否都比未作表面处理试样的阳极电流密度低。这说明在 Hank's 模拟体液（pH=7.45）中，去合金化脱镍处理提高了合金的耐腐蚀性能。

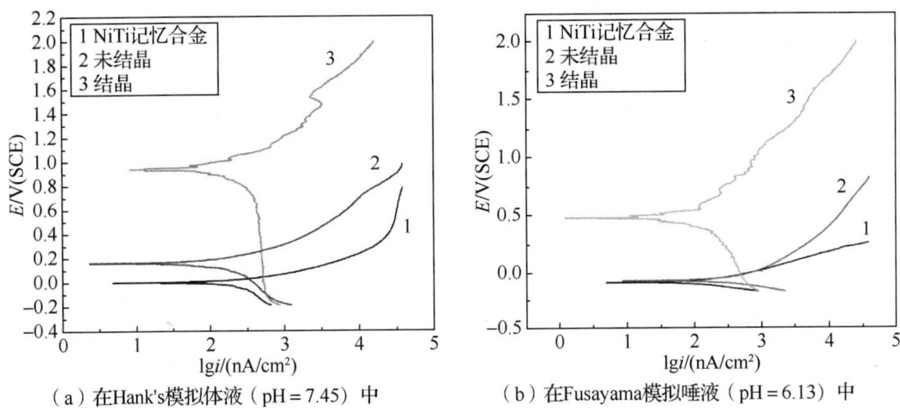

图 3.19　NiTi 记忆合金表面去合金化脱镍处理后未晶化和晶化处理试样的动电位阳极极化曲线

在 Fusayama 模拟唾液（pH=6.13）中，经去合金化脱镍处理并再经过晶化处理的试样同样具有最高的自腐蚀电位[约 0.5V（SCE）]和最小的阳极电流密度。去合金化脱镍后未再经过晶化处理试样的自腐蚀电位比未作表面处理试样的自腐蚀电位提高不显著，但是阳极电流比其小，钝化趋势比其明显。其原因可能是去合金化后表面的水合氧化钛在此种环境中由于乳酸、硫氰酸根的存在而使其稳定性下降。

由此可知，NiTi 记忆合金在 Fusayama 模拟唾液（pH=6.13）中的稳定性低于在 Hank's 模拟体液（pH=7.45）中，这是由于唾液具有较高的酸度以及有乳酸、硫氰酸根等的存在，使氧化钛的受蚀倾向加大。由图 3.8 可知，500℃晶化处理使纳米多孔的膜层脱水并致密化，提高了 TiO_2 膜层的完整性与稳定性，从而显示出良好的耐蚀性能。

3.4.8　表面生物活性实验

在生物材料的表面结合上某些反应基，如能诱导磷灰石的形核，则可能在材料表面形成磷灰石。实际上，在含有与血清相同的无机离子的模拟体液中可以再现磷灰石的形成；同时，宏观孔结构和材料的表面微孔结构对于骨诱导是必须的，因为合金材料的骨诱导与表面处理状态和多孔的形态有关。如能在 NiTi 记忆合金表面上形成羟基基团，则可赋予金属合金与陶瓷相同的骨结合性。图 3.20 为 NiTi 记忆合金表面去合金化脱镍处理试样在 SBF 溶液中浸泡 14d 后的表面 SEM 形貌，图中可清楚地观察到在试样表面出现了一层直径 2～5μm 的团球状沉积物，将单个团球放大发现其具有纳米片状结构。EDX 分析表明，除少量的 NaCl 外主要是 Ca、P，Ca/P 摩尔比为 1.55，接近羟基磷灰石（HA）中的 Ca/P 摩尔比 1.67。由此可知，经去合金化处理后的 NiTi 合金表面在体液中具有一定的诱导 Ca/P 沉积的能力。已有研究证明[57]，具有生物活性的 Ca 和 P 基团要形核长大，最终形成羟基磷灰石，合金表面必须分散有特殊的负电荷和具备一个至少纳米级的生长空间。这说明在合金表面制备出带负电的纳米级疏松表面，有利于在体液中诱导含磷基团和钙离子的形核长大，进而促进表面形成 HA。

（a）试样表面SEM形貌

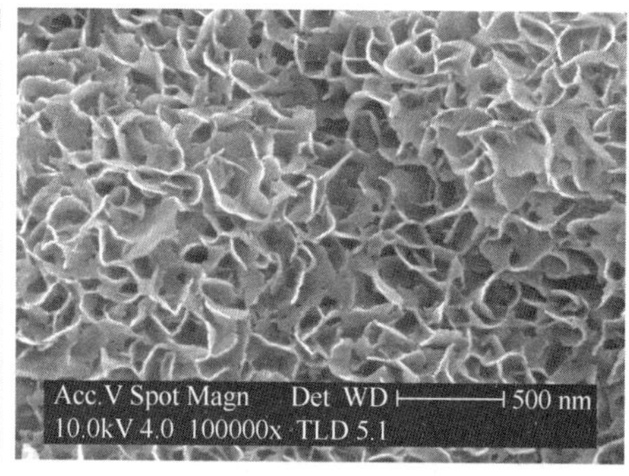

（b）图（a）的局部放大像

图 3.20　NiTi 记忆合金表面去合金化脱镍处理试样在 SBF 溶液中浸泡 14d 后的表面 SEM 形貌

由前面的测试分析可知，经去合金化脱镍处理后的 NiTi 合金在其表面形成了一种由 TiO_2 水合物组成的无镍纳米网架结构，并且结合了大量带负电荷的羟基基团。这样 Ca^{2+} 会最先被吸附在 Ti-OH^- 基团上，并作为形核位置不断地吸引溶液中的负离子 PO_4^{3-} 和 OH^-。这将使合金表面附近的溶液 pH 升高，造成钙离子和含磷基团在表面附近溶液中的过饱和度增加，从而引发在具有纳米网架结构且富含带有羟基基团的 TiO_2 水合物表面上形核，生长为表面钙磷层。

在 SBF 溶液中，含磷基团存在着多重离子平衡，在一定温度下，只有一种固相是热力学稳定的。由于存在形核与长大动力学及表面局部显微状态不均匀性的影响，在高 pH 环境中可能会有其他如 HPO_4^{2-} 和 PO_4^{3-} 的存在。由于室温下 HA 的溶度积远远小于其他磷酸盐（HA 为 1.6×10^{-58}，磷酸钙为 2.0×10^{-29}）[111]，因此 HA 的过饱和度大于其他磷酸盐，表面沉积出 HA 的倾向较大，但也可能会有少量 $Ca_8(HPO_4)_2(PO_4)_6$ 和 $Ca_3(PO_4)_2$ 生成。

已有研究证明[112]，在 NiTi 记忆合金表面沉积钙磷（Ca/P）层后，再将其植入日本大耳兔的股骨中考察其生物相容性，可发现经表面 Ca/P 沉积后的试样和骨组织结合良好，并能传导新生骨的形成。这表明经 Ca/P 沉积后的试样表面与骨组织有良好的生物相容性；而未经沉积的试样，在实验范围内没有观察到成骨细胞的存在及新生骨的形成。这从动物活体实验上进一步证明了在 NiTi 记忆合金表面沉积 Ca/P 层将有利于骨重塑。

3.5　NiTi 形状记忆合金表面去合金化脱镍机理分析

在 3.1 节的 Ni（Ti）-H_2O 系 E-pH 平衡图中就已对预测 NiTi 记忆合金的去合金化脱镍倾向及对镍的成分选择性溶解机理给予了热力学上的解释。在图 3.4 中也分析了 NiTi 记忆合金氨络氧化法脱镍的电化学机理。本节将对其在原子尺度上的镍选择性溶解机理作讨论分析。

在 NiTi 记忆合金去合金化脱镍的过程中，在适宜的阳极电位下，合金中的镍将会从晶体表面的台阶和棱角位置开始出现阳极溶解。当在表面几个原子层的镍被溶出之后就初步形成了一个脱合金层，内层的镍原子必须从合金内部向外扩散穿过脱合金层到达液/固界面以参加反应。但是在低温下，内层原子移动扩散的阻力是很大的。由于镍溶解导致表面空位的形成，靠这些表面空位进入合金内，在液/固界面附近发展了大量的过饱和空位，使扩散系数除了其热扩散值以外再增大。这样，在低温下才有可能使合金表面被通过体积扩散到达的镍原子所重新填满。而钛则在此过程中则被溶液介质所氧化。由 XPS 和 AES 的元素深度分析可知，在脱镍层内钛的原子百分比约为 35at%，并基本保持恒定，略低于合金基体的含钛量 49.3at%。，没有出现类似 Cu-10Au 合金脱铜那样金含量由里向外连续增高的现象。目前该现象被普遍认为是合金选择性溶解较贱金属元素的机理之一，即存在两合金组元的互扩散区[113]。同时，AES 的元素深度分布表明，氧含量在脱镍层内同样保持恒定于 60at%左右，然后向内逐渐连续下降。这说明氨络氧化法脱镍不存在钛和镍的互扩散区，合金内层的钛没有通过扩散出来参与反应，而是以氧的内扩散为主。由于 TiO_2 的生成焓（−956kJ/mol）大约是 NiO（−241kJ/mol）的 4 倍[111]，因此钛与氧首先结合生成氧缺位的非化学计量的 TiO_2 水合物，该过程中可能存在着钛在表面的扩散，使 TiO_2 聚集长大。由于钛是原位同扩散进来的氧结合，镍则从 Ni-Ti 键中分离，被氧化成 Ni^{2+}进入溶液脱离合金，使这种聚集生长造成了剩余位置的空缺，从而形成了大量的纳米空隙。由于 Ni^{2+}在溶液中被络合，不存在溶液中 Ni^{2+}的局部积累，造成溶解电位 $E_{Ni/Ni^{2+}}$ 升高，因此保证了镍溶解的正常进行。已有研究证明，在空气中 400℃下，NiTi 记忆合金表面氧化膜的生长以氧向内扩散为主；高温 600℃下，以金属原子向外扩散为主[114]。

关于在特定的溶液介质中合金材料中的贱金属元素出现选择性溶解的机理问题，到目前为止尚无统一的理论解释。近年来由于包含着错综复杂情况的实验现象不断出现以及实验手段的局限性[113]，而且不同的体系遵从不同的选择性溶解机理也是可能的，这些使对其的认识也存在相当大的分歧，有待于进一步探索。

本 章 小 结

本章研讨了 NiTi 记忆合金表面化学法去合金化脱镍，可以得到以下主要结论：

1）通过计算 NiTi 记忆合金去合金化脱镍的热力学条件，证明该合金在适宜的溶液 pH 和电位下可以实现去合金化脱镍，并提出该合金实现去合金化脱镍的技术路线。同时，研讨了不同温度、氧化剂和络合剂对该合金去合金化脱镍的作用。最后确定了该合金选择性脱镍溶液体系适宜的理论电位和 pH 范围为 $E = -0.14 \sim +0.55\text{V}$ 和 pH=2～6。

2）提出一种 NiTi 记忆合金去合金化脱镍的方法——氨络氧化法。在低温 55℃下，控制时间 13h，实现了 NiTi 记忆合金表面的选择性脱镍。在合金表面 130nm 深度内完全除去了合金中的镍，原位制备出无镍的、完整均匀的、具有纳米网架结构的水合氧化钛膜。该膜经 500℃热处理 1h 转变为锐钛矿 TiO_2，且与基体结合良好，使合金在模拟体液中的耐腐蚀能力提高。另外，经处理后的合金表面富含羟基基团（OH^-），具有一定的生物活性。

3）研讨 NiTi 记忆合金氨络氧化法脱镍的动力学过程，计算得出该合金中镍溶解的表观活化能为 $E_A = 37.50 kJ/mol$ ，反应速度常数的温度系数为 2.817。阐明合金中镍溶解的过程是由化学反应与外扩散混合控制，其中化学反应控制步骤占主导地位。

4）阐明 NiTi 记忆合金表面氨络氧化法脱镍主要为合金中镍的阳极氧化溶解机制。镍先被氧化成 NiO，然后酸性溶解成 Ni^{2+}进入溶液，并形成镍氨络离子。合金中的钛则被氧化成氧化钛，稳定存在于合金表面，从而形成了纯净的氧化钛膜。氨络氧化法脱镍过程中不存在钛和镍的互扩散区，合金内层的钛没有通过扩散出来参与反应，而主要是以氧的内扩散为主；镍则通过空位扩散到液/固界面附近进行化学反应。

第 4 章　NiTi 形状记忆合金电化学处理及表面性质

NiTi 记忆合金在人体环境中可以发生钝化，但仍然存在着少量 Ni^{2+}的腐蚀溶出。与纯钛相比，NiTi 记忆合金自发形成厚而完整致密氧化层的趋势相对较弱[115-116]，这势必影响其耐蚀性和生物相容性，故可对其进行原位强氧化或外加氧化钛膜层，以促进其表面形成完整、致密的氧化钛膜。目前已有众多学者采用热氧化、硝酸化学钝化、激光表面重熔、水热合成、Sol-Gel 法、离子束合成和电化学阳极氧化或阴极电解合成等方法在 NiTi 记忆合金表面制备厚而完整致密的氧化钛膜。总之，是采用各种方法最大程度地增加合金表面的 Ti/Ni 比值，以提高合金耐蚀性和生物相容性[99]。

其中电化学加工以其特有的优点引起了极大的重视[27,117-118]，目前已在不锈钢和 CoCr 合金医学制品中获得了广泛成功的应用。然而 NiTi 记忆合金的电化学抛光、钝化的技术条件比不锈钢要求更加苛刻，出于商业竞争和知识产权保护的需要，国外有关 NiTi 记忆合金电化学加工的具体工艺技术及其电化学机制方面的研究处于保密状态。Cheng 等[67]在 NiTi 记忆合金（Ni:50.8at%）表面通过阳极氧化法在含 $NaNO_3$ 的甲醇溶液中制备出 $NiTiO_{3-x}$ 氧化膜。Trigwell 等[119]证实采用电解抛光可降低合金表层镍含量，明显改善 NiTi 记忆合金的耐蚀性。但这些结果均未针对 NiTi 记忆合金表面阳极氧化脱镍进行研究，只是在阳极氧化处理后才发现合金表面镍含量有所降低，而且也并未完全消除，镍在合金表面仍然存在。另外，中国台湾中兴大学 2006 年报道了在纯钛表面采用阴极电解法在一种充气的 $TiCl_4$ 醇解液中制备出氧化钛膜，相比纯钛自然形成的氧化膜厚且缺陷少，相比热生长的氧化膜又具有更好的生物活性和耐蚀性[120]。关于 NiTi 记忆合金表面电化学去合金化（electrochemical dealloying）脱镍并生成氧化钛保护膜的研究目前很少。

本章介绍电化学方法处理 NiTi 记忆合金，主要内容有以下 3 个方面：一是通过阳极氧化在合金表面获得平整光滑、致密完整的氧化膜；二是在第 3 章的基础上，拓展论述 NiTi 记忆合金表面去合金化脱镍的电化学处理新途径，进一步介绍该合金表面电化学去合金化的新方法；三是介绍采用阴极沉积法在合金表面制备出一层纯净的氧化钛膜。

4.1　NiTi 形状记忆合金阳极氧化制备氧化膜及其性质

图 4.1 为纯钛、纯镍在钼酸盐溶液体系（pH=5.33）中的阳极极化曲线，可见在此种电解质溶液中，纯钛、纯镍的阳极电流密度都在随着电位的升高而增大，并分别在 0.5～1.1V、0.4～0.6V 出现了钝化区，纯钛的钝化范围明显宽于纯镍，随后电流密度逐渐增大，而且从 0.06V 开始，纯镍的阳极电流密度就一直大于纯钛。这说明镍在此种溶液中

的溶出量会大于纯钛，但由于两者阳极电流密度差值不大，因此对 NiTi 记忆合金中镍的选择性溶解程度较小。因此，可推断合金在钼酸盐溶液中进行阳极氧化处理，在适宜的电位下，钛、镍的溶出量差别不会很大，可能获得平整光滑的表面。

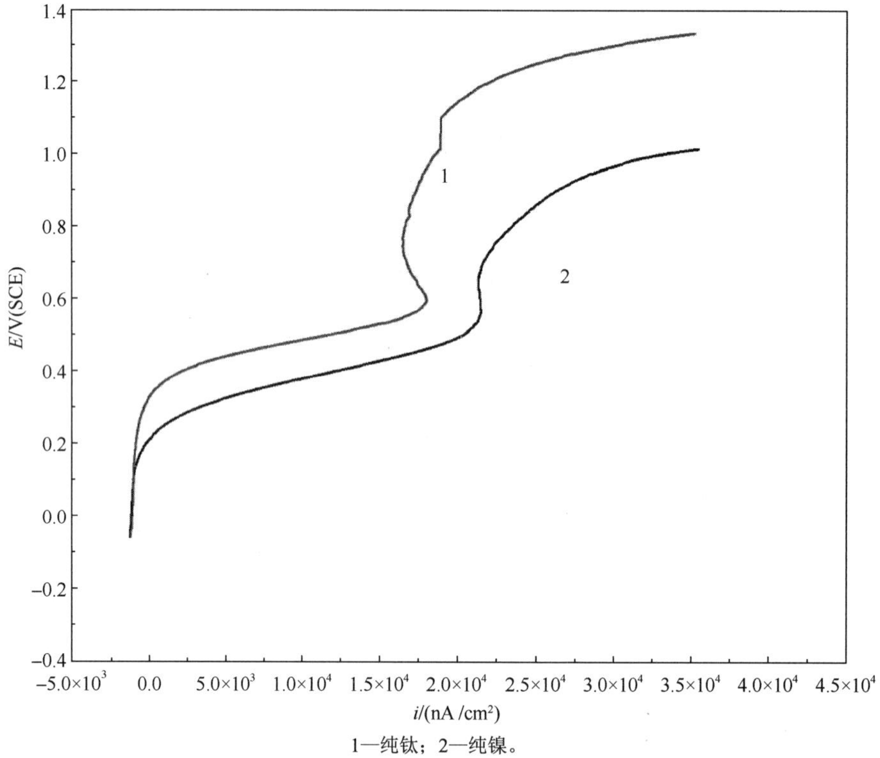

1—纯钛；2—纯镍。

图 4.1 纯钛、纯镍在钼酸盐溶液体系中的阳极极化曲线（pH=5.33）

4.1.1 NiTi 形状记忆合金阳极氧化成膜动力学过程

图 4.2 所示为 NiTi 记忆合金在钼酸盐溶液体系中不同电位下阳极电流密度达到稳定值时的电位 E 与电流密度 i 的关系曲线。

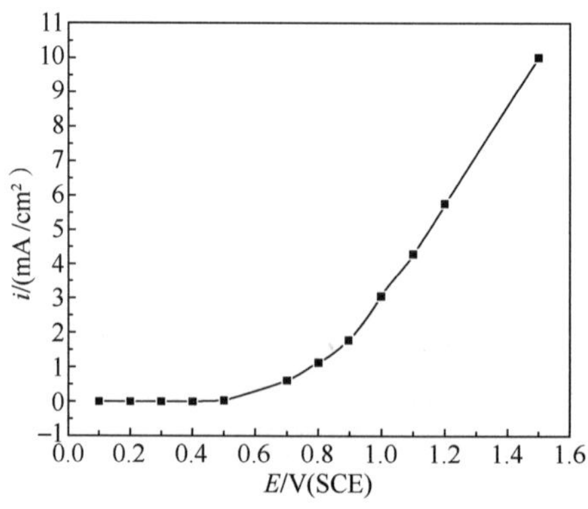

图 4.2 NiTi 合金在钼酸盐溶液体系 E 与 i 关系曲线（pH=5.33）

从图 4.2 中可看到，在 0.5V 以前阳极稳态电流密度变化很小；从 0.5V 以后，稳态电流密度迅速增加。由于氧化膜的生长速度与电流密度成正比[121]，合金表面膜的厚度在开始时生长稍快，然后随时间的延长，生长速度缓慢，最后直至停止，此时电流密度不再发生变化。这可能是因为阳极氧化膜的生长是由 O^{2-} 的迁移扩散（Ti^{4+}、Ni^{2+}、O^{2-}）引起的，随着氧化膜厚度的增加，离子的迁移扩散更加困难，当氧化膜达到一定厚度时，离子扩散迁移受阻，此时基本只存在氧化膜的生长和溶解，并且两者速率相等，达到一个动态平衡，从而表现出电流密度变化很小，达到稳态，即氧化膜厚度不再变化。在氧化膜较薄时，膜中存在很大的电位梯度 E，使离子迁移的势垒下降。根据 Mott 理论[122]，离子电流 i_{ion} 为

$$i_{\text{ion}} = A\exp[(Z\alpha eE)/(2kT)] \tag{4.1}$$

式中，A 为比例系数；Z 为离子的价数；α 为势垒的谷间距。

氧化膜生长速度与 i_{ion} 成正比，且电位梯度 E，与氧化膜厚度 δ 成反比，$E = V/\delta$，氧化膜生长速度可表示为

$$\mathrm{d}\delta/\mathrm{d}t = A\exp(\delta_0/\delta) \tag{4.2}$$

式中，$\delta_0 = Z\alpha eV/2kT$。

电场的影响随氧化膜增厚呈指数减弱，当氧化膜达到一定厚度时，离子的迁移停止，氧化膜不再生长。将式（4.2）积分，可得

$$1/\delta = A - B\lg t \tag{4.3}$$

即氧化膜厚度倒数与氧化时间的对数呈线性关系[123]。

因此，根据式（4.3）并结合图 4.2 可知，0.5V 以前氧化膜的生长厚度基本相等，处于同一厚度生长期，只是在不同的电位下达到相同 δ 的时间不同；0.8V 以后氧化膜的生长厚度呈线性增加。这说明 0.5V 以前，不同电位下得到的停止生长时的氧化膜厚度基本不变；0.8V 后，不同电位下得到的氧化膜厚度呈线性增加。

根据图 4.2 做曲线的回归分析，如图 4.3 所示。回归分析得

$$\begin{cases} i_t = 2.94847\varphi^{3.07965} \\ R^2 = 0.98912 \end{cases} \tag{4.4}$$

式（4.4）近似地描述了电位和阳极氧化膜生长速度的幂函数关系。

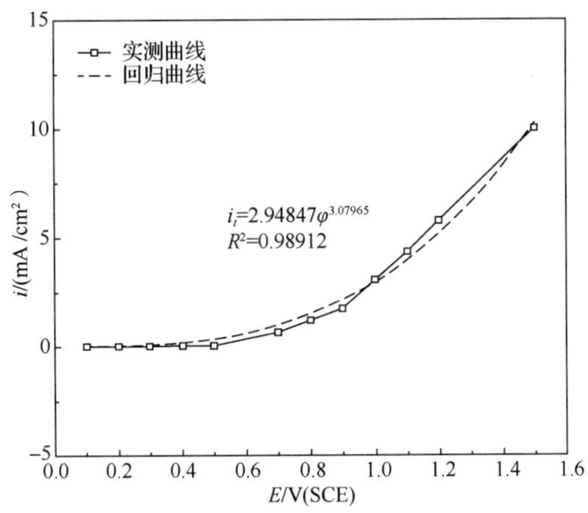

图 4.3　图 4.2 的回归分析中电位与稳态电流密度关系曲线

选取镍、钛阳极电流密度差最小的电位 0.06V（SCE）进行阳极氧化处理，作出在此恒电位下氧化膜生长的动力学曲线，如图 4.4 所示。由此可见，在 0.06V 恒电位下，合金的阳极电流密度随时间慢慢下降，并且降低速率越来越小，直到基本不变。这表明合金表面氧化膜的厚度在开始时成膜迅速，然后呈负加速度生长，最后缓慢至稳定，此时电流密度变化很小。按式（4.4）式计算出此时的电流密度为 i=0.509μA/cm^2，这与图 4.4 的实验结果基本吻合。

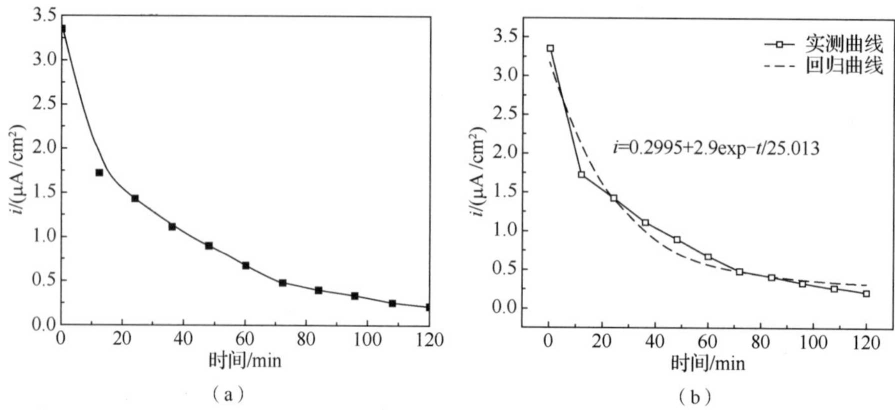

图 4.4 NiTi 合金在钼酸盐溶液（pH=5.33）中 0.06V 恒电位下氧化膜生长动力学曲线及回归分析

对图 4.4 中的实测曲线进行回归分析得

$$i = 2.9\exp(-t / 25.013) + 0.2995 \tag{4.5}$$

式（4.5）轨迹与实验实测曲线基本相符，因此可用此式近似描述恒定电位 0.06V 下，NiTi 记忆合金在 pH=5.33 钼酸盐溶液中的阳极氧化膜生长动力学过程。

4.1.2 NiTi 形状记忆合金阳极氧化膜的表征

图 4.5（a）显示出在 0.06V 恒电位下，在钼酸盐溶液中处理 90min 后的 NiTi 记忆合金表面 SEM 形貌。

由图 4.5 可见，处理后得到的表面除制样过程中造成的划痕外，表面平整光滑，没有裂纹。图 4.5（b）显示出如此制备的膜层完整致密，与基体之间结合良好，无分层、开裂、剥落。断面的 EPMA 线扫描发现镍、钛元素由外及里的浓度呈梯度分布，趋势基本相同，在约 3μm 深度内的钛含量略高，3μm 深度处的 EDX 结果显示 Ti/Ni 摩尔比为 2.5∶1，之后在 7～8μm 深度内钛浓度分布曲线有所下降；而镍在此深度范围的分布曲线无变化，这说明此处可能会存在一个较薄的富镍层。该结果和 Brien[54]、杨金贤等[124]的研究结果相似，他们认为在 NiTi 记忆合金表面富钛氧化膜之下存在一层富镍层。Tietze 等[125]认为这是由于表面存在大量的 TiO_2，其晶胞体积较大，钛被氧化成 TiO_2 后使表面体积增大，造成钛容易向表面迁移，从而形成下层富镍贫钛。约 10μm 之后镍、钛均呈梯度增加，约在 15μm 后均达到稳定。氧的浓度分布由外及里呈现出从高到低的连续梯度分布，表面氧浓度最高，说明合金氧化膜形成时主要以氧的向内扩散为主，这是低温时 NiTi 记忆合金氧化膜生长的特点[114]。已有研究证明[55]，钛合金中氧浓度这种从外向里连续梯度降低并穿过基体的分布态势是典型的氧化钛层，这是因为氧在钛中具有较高的溶解度。同时，这种元素浓度呈梯度分布的态势将会减低膜层应力，使之与基体的结合力强。

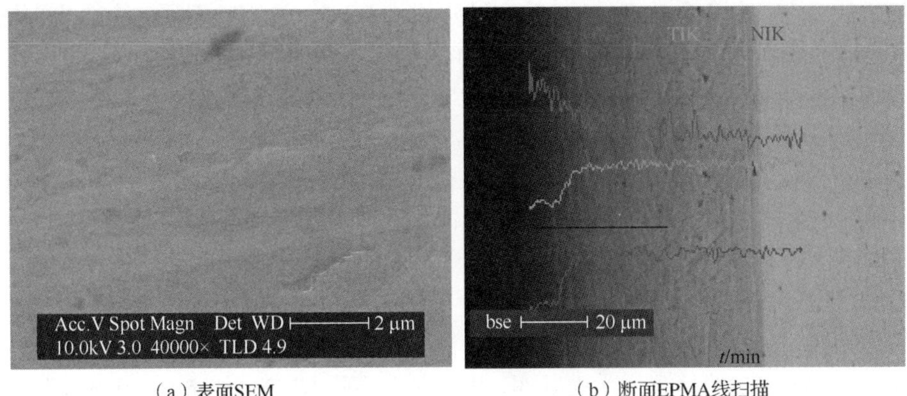

（a）表面SEM　（b）断面EPMA线扫描

图 4.5　NiTi 记忆合金在钼酸盐溶液中阳极氧化处理后的表面 SEM 形貌和断面 EPMA 线扫描

由于 EPMA 线扫描的步长为 840nm，因此合金外表面纳米级深度内的信息将采用 XPS 进行分析，见图 4.6。

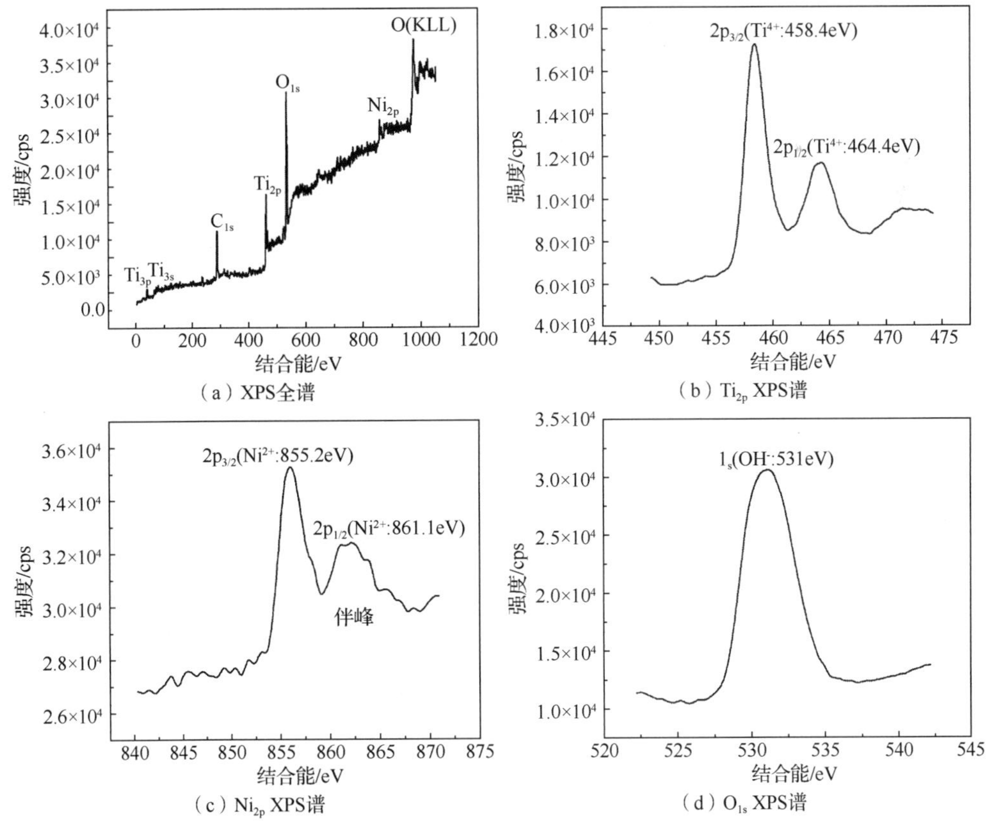

（a）XPS全谱　（b）Ti_{2p} XPS谱

（c）Ni_{2p} XPS谱　（d）O_{1s} XPS谱

图 4.6　NiTi 记忆合金在钼酸盐溶液中阳极氧化处理后表面 XPS 谱

由图 4.6（a）可见，经在钼酸盐溶液中阳极氧化处理后的 NiTi 记忆合金表面主要由氧、钛、碳（碳是常见的外来污染物）和镍组成，没有其他元素出现，表明电解质溶液中的化学元素没有参与合金表面成膜。在组成元素中镍的峰最弱，由钛和镍的峰强度及其灵敏度因子计算出合金外表面的 Ti/Ni 摩尔比为 9∶1，说明处理后的合金表面镍含量有所降低。

从图 4.6(b)可知，Ti_{2p} 高分辨 XPS 谱主要存在两个主峰，分别为 458.4eV 处的 $Ti^{4+}_{2p_{3/2}}$ 和 464.4eV 处的 $Ti^{4+}_{2p_{1/2}}$。图 4.6（c）为 Ni_{2p} 高分辨 XPS 谱，可见主要有三个峰，分别为 855.2eV 处的 $Ni^{2+}_{2p_{3/2}}$、861.1eV 处的 $Ni^{2+}_{2p_{1/2}}$ 和在 862.5eV 处的卫星峰。为进一步探明 Ni^{2+} 的化合状态，图 4.6（d）为 O_{1s} 高分辨 XPS 谱，图中显示出在 531eV 处存在一主峰，已有研究证明该结合能是氧同氢结合为 OH^-[106]。由此可知，合金表面的镍在阳极氧化后形成了 $Ni(OH)_2$。

图 4.7 为 NiTi 记忆合金在钼酸盐溶液中阳极氧化处理前后表面 XRD。由图 4.7 可见，处理后 NiTi 基体 B2 的峰强度大大减弱，并出现较弱的 $Ni_2Ti_4O_x$ 峰，但是没有发现 TiO_2 和 $Ni(OH)_2$，说明处理后 NiTi 记忆合金表面形成 $Ni_2Ti_4O_x$；这也说明在阳极过程中，氧从外向基体内扩散。在最外层由于镍含量降低，Ti/Ni=9∶1，可能会有部分水合氧化钛存在。综上分析，合金最外层几个纳米表面内是水合氧化钛，即 $Ti(OH)_4$ 并带有少量的 $Ni(OH)_2$，然后在氧扩散区是 $Ni_2Ti_4O_x$，表面组成改变最显著的膜厚度约在 15μm。

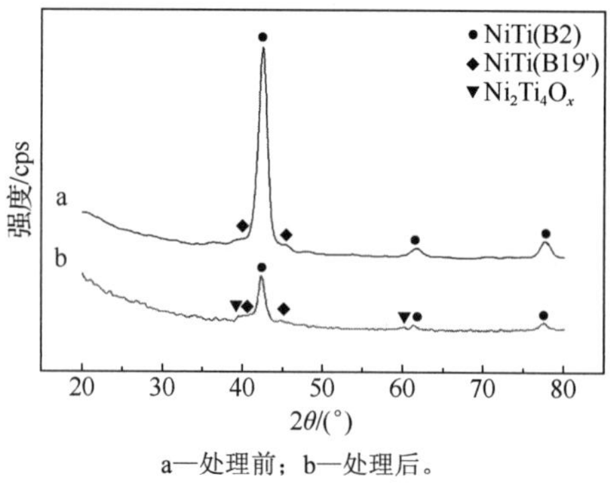

a—处理前；b—处理后。

图 4.7　NiTi 记忆合金在钼酸盐溶液中阳极氧化处理前后表面 XRD

因此，分析在钼酸盐溶液中阳极氧化处理 NiTi 记忆合金的电化学反应机理，为阴极反应

$$O_2 + 2H_2O + 4e^- \longrightarrow 4HO^- \tag{4.6}$$

阳极反应

$$Ti + 4H_2O - 4e^- \longrightarrow Ti(OH)_4 + 4H^+ \tag{4.7}$$

$$Ni + 2H_2O - 2e^- \longrightarrow Ni(OH)_2 + 2H^+ \tag{4.8}$$

$$Ni - 2e^- \longrightarrow Ni^{2+}(液) \tag{4.9}$$

$$2O^{2-} - 4e^- \longrightarrow O_2(气) \tag{4.10}$$

4.1.3　模拟生理环境中合金的腐蚀电位测试

图 4.8（a）是 NiTi 记忆合金在钼酸盐溶液中阳极氧化处理前后在 pH=7.45 的 Hank's 模拟体液中的自腐蚀电位随时间变化曲线，时间记录至稳态。从图 4.8（a）可见，阳极氧化处理后的合金自腐蚀电位从一开始就很正，并且一直稳定在 0.2V 不变，说明氧化处理后合金的氧化膜随时间的变化没有产生腐蚀溶解，在 pH=7.45 的 Hank's 模拟体液中具有较好的热力学稳定性。而未经过阳极氧化处理的合金开始腐蚀电位很低，约−0.3V；5min 后达到稳定，稳态自腐蚀电位在−0.2V，与处理后的合金相比相差约 0.4V。

图 4.8（b）是 NiTi 记忆合金在钼酸盐溶液中阳极氧化处理前后在 pH=6.13 的 Fusayama 模拟唾液中的自腐蚀电位随时间变化曲线，同样记录至稳态。由图 4.8（b）可见，阳极氧化处理后的合金有着较大变化幅度，腐蚀电位一开始就出现下降，15min 后才开始上升，直到最后稳定在−0.03V 左右。由前面的分析结果可知，这是由于合金最外表层的水合氧化钛在硫氰酸根离子和乳酸存在的情况下极不稳定，易产生溶解，随着水合氧化钛的消失，$Ni_2Ti_4O_x$ 氧化层逐渐显露，提高了合金的稳定性，使合金腐蚀电位提高到−0.05V。而未经阳极氧化处理的合金腐蚀电位一开始腐蚀电位很低，约−0.30V，10min 后才稳定在−0.15V 左右。阳极氧化处理后合金的稳态自腐蚀电位比处理前提高约 0.1V。

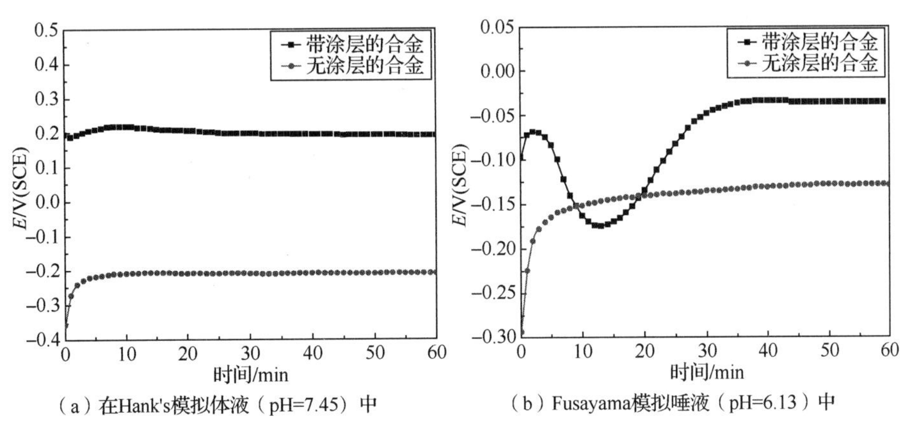

（a）在Hank's模拟体液（pH=7.45）中　（b）Fusayama模拟唾液（pH=6.13）中

图 4.8　NiTi 记忆合金在钼酸盐溶液中阳极氧化处理前后在模拟生理液中的自腐蚀电位随时间变化曲线

由此可见，经钼酸盐溶液中阳极氧化处理后的合金在模拟体液中的腐蚀电位得到较大的提高，耐腐蚀性增强。

4.2　NiTi 形状记忆合金电化学去合金化脱镍研究

2006 年 Fathy M. Bayoumi 等报道了在 1mol/LNaOH 电解质溶液中，在一临界阳极电位下实现了 Ti-Alat8%合金的去合金化脱铝，获得了有序的氧化钛纳米结构[87]。

4.2.1 NiTi 形状记忆合金表面电化学去合金化脱镍

在第 3 章中关于 NiTi 记忆合金去合金化脱镍的热力学条件分析中已指出，实现去合金化的关键在于需要特定的溶液体系、匹配的电位 E 和 pH 条件。因此，氧化剂是必须的，氧化剂的离子或分子并不直接参与合金表面氧化膜的生成，它是通过影响体系的金属电位来实现氧化膜的形成。在特定的溶液体系中，氧化剂的存在可使合金中不同的合金元素建立起不同的电位，造成合金中各合金元素间的溶出差别，从而实现某一合金元素的选择性溶出。所以，合金中不同合金元素的溶出速度以及未溶出合金元素在合金表面氧化成膜的能力大小皆由电位值所决定，而与实现该电位值的方式无关。这里氧化剂的作用类似于外加阳极电位的作用。

基于这个原理，选择有效的溶液体系和确定与之相匹配的阳极氧化电位是电化学去合金化脱镍的核心问题。

前述研究结果已知，NiTi 记忆合金在盐酸中的化学稳定性较差，镍的溶出量大，出现一定程度的镍选择性溶解，但选择性较弱，溶出的 Ti/Ni 摩尔比尚未能超过 10。盐酸为非氧化性酸，缺乏氧化能力，如把之同适宜的阳极氧化电位匹配，将可能会大大提高镍溶出的选择性。图 4.9 为纯钛和纯镍在 25℃下 4%盐酸及一定量添加剂的溶液体系中的动电位阳极极化曲线，可见纯钛在 0.02～0.2V 的电位范围出现明显的钝化区，而纯镍则没有出现明显的钝化，且纯镍溶解的阳极电流密度远大于纯钛，自腐蚀电位也远低于纯钛。这说明在 4%盐酸溶液及少量添加剂的溶液体系中，对镍外加阳极电位时，其溶出量将会大大超过纯钛，为进一步探索在此种溶液中适宜的脱镍阳极电位，根据图 4.9 的结果，有针对性地选取从 0.15～0.30V 范围作 NiTi 记忆合金和纯钛的阳极极化曲线，为能观察到细微变化，电位增加速度减缓为 10mV/min，结果见图 4.10。由图 4.10 可见，从 0.15～0.19V 间，NiTi 记忆合金和纯钛的阳极电流密度均随电位增加；在 0.20～0.23V 范围内，纯钛的阳极电流密度不再增加，出现平缓段；0.23V 后开始下降。而 NiTi 记忆合金在 0.20V 时阳极电流密度上升开始出现拐点，呈现缓慢增加。这就说明 0.20V 为临界电位 E_c，合金在此之前的阳极电流密度 i 由镍和钛的分电流密度组成，即 $i = i_{Ni} + i_{Ti}$；在此之后，合金极化曲线所表现的阳极行为主要是镍溶解的阳极分电流 i_{Ni}，而钛此时的行为开始转变为在 TiO_2 上的阳极析氧 $(i_{O_2})_{TiO_2}$ 特性。

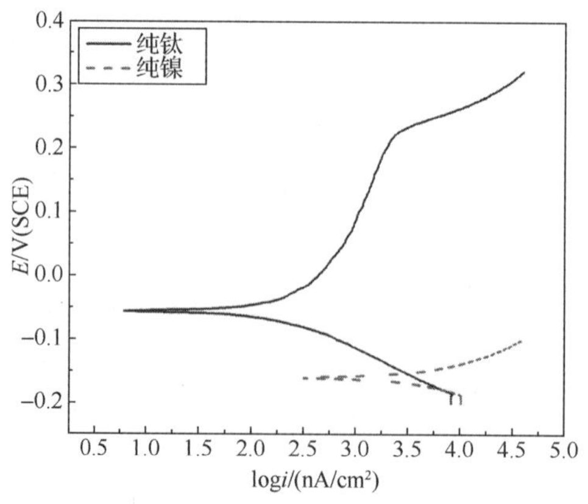

图 4.9　纯钛和纯镍在 25℃下 4%盐酸及一定量添加剂的溶液体系中的动电位阳极极化曲线

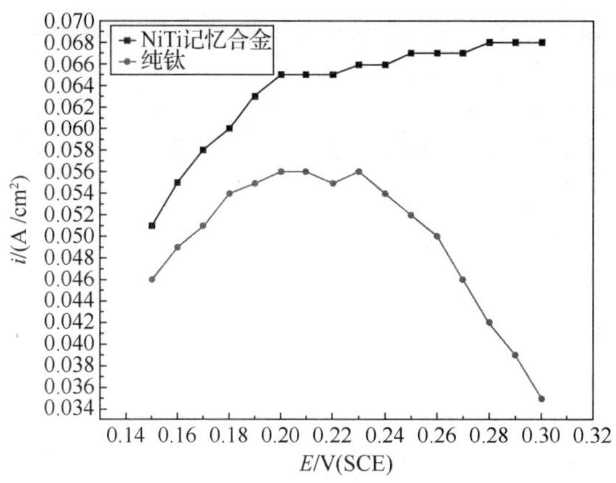

图 4.10　NiTi 记忆合金和纯钛在 25℃下 4%盐酸中的阳极极化曲线

4.2.2　电化学去合金化脱镍对 NiTi 形状记忆合金表面性质的影响

1．表面 SEM 形貌分析

在 4%盐酸溶液及一定量添加剂的溶液体系中，在 $E_c = 0.20\text{V}$ 时的电流密度为 0.056A/cm^2。在此电流密度下，阳极恒电流处理 NiTi 记忆合金 1～10min。

观察表面膜的生成情况，发现随着处理时间的延长，表面生成一层浓厚的暗灰色氧化膜，最后确定成膜质量以 5min 为宜，此时表面形成一层半透明的胶质样薄膜，其表面形貌见图 4.11。图 4.11（a）中可见表面呈区域性微米级沟条状，宽度为 0.5～2μm，且区域与区域间沟条取向不同；图 4.11（b）进一步放大，观察到在微米级的沟条中又形成纳米级排列规整的小沟条，宽度约在 100nm。由此可见，NiTi 记忆合金在此溶液体系中，在此电流密度下，阳极氧化处理后得到一种微米沟槽中又分布着纳米沟条的微纳嵌合的结构。

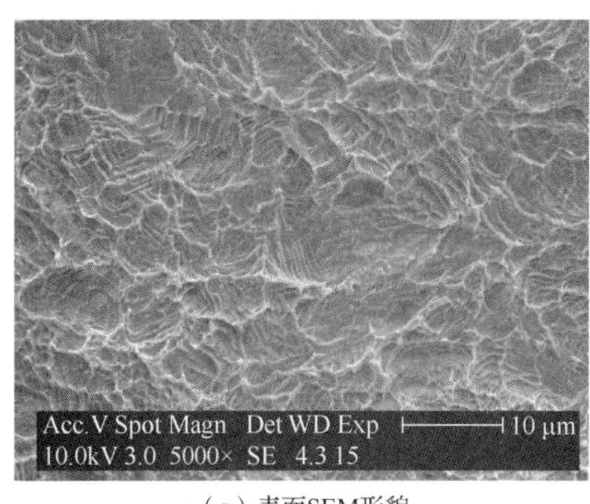

（a）表面SEM形貌

Acc.V Spot Magn Det WD Exp 2 μm
10.0kV 3.0 40000× SE 4.3 15

（b）图（a）表面局部放大

图 4.11　NiTi 记忆合金表面电化学去合金化脱镍后的表面 SEM 形貌

2．表面 XRD 物相分析

由图 4.12 可见，NiTi 记忆合金在电化学去合金化处理前后的表面 XRD 谱差别不大，处理后合金的马氏体 B19'相衍射峰相对减弱，基体奥氏体 B2 相衍射峰增强，这可能是由于阳极电流产生的焦耳热使合金的残余马氏体转变完全所致，除此之外没有明显出现其他氧化物的峰。这说明处理后在合金表面形成的是非晶态的氧化膜层。

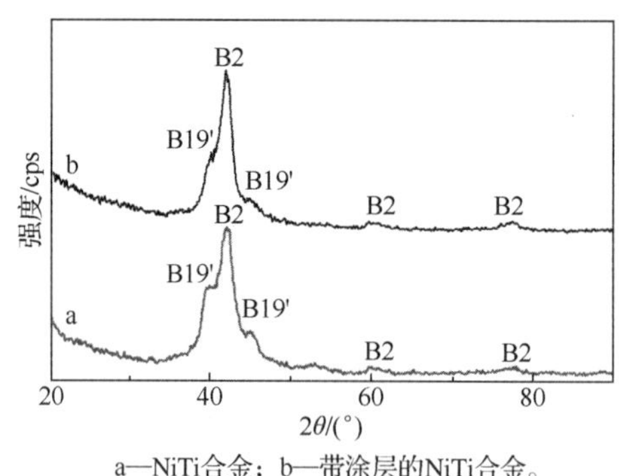

a—NiTi合金；b—带涂层的NiTi合金。

图 4.12　NiTi 记忆合金在电化学去合金化脱镍前后的表面 XRD 谱

3．XPS 表面深度元素分析

为确定合金表面镍是否被脱去，图 4.13 显示了电化学去合金化处理后 NiTi 记忆合金用 Ar^+逐渐轰击剥离合金表面的 XPS 全谱，得到元素由表及里在深度方向上的分布。由图 4.13 可见，C_{1s} 峰逐渐减弱，系为表面外来污染物；Ti_{2p} 峰由表及里逐渐增加；O_{1s} 峰也是如此，但由于 Ar^+的轰击，在表面存在的吸附氧被除掉之后，大量的晶格氧出现；而 Ni_{2p} 峰在剥离到 30nm 深度时才出现，说明在 30nm 深度内，膜层由单一的氧化钛组成，且均匀，未见有其他杂质峰出现，电解质溶液中的元素没有参与成膜，表面为纯净的氧化钛膜。

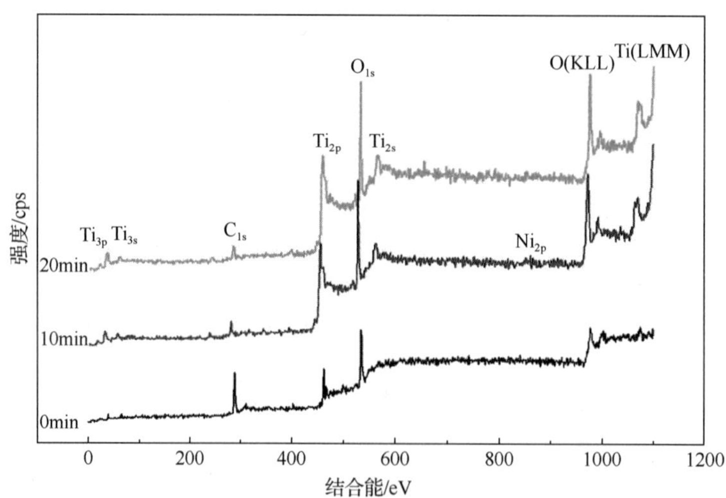

图 4.13　NiTi 记忆合金电化学去合金化脱镍后表面用 Ar^+溅射不同时间的 XPS 全谱

图 4.14 是 Ni_{2p} 高分辨的 XPS 光谱，可知表面没有镍存在，在剥离到距表面 30nm 深度处才开始出现镍的峰，且镍呈 Ni^{2+}状态（结合能 853.1eV），说明在处理过程中合金

中的镍先形成了 NiO，在酸性条件下 NiO 溶解进入溶液。

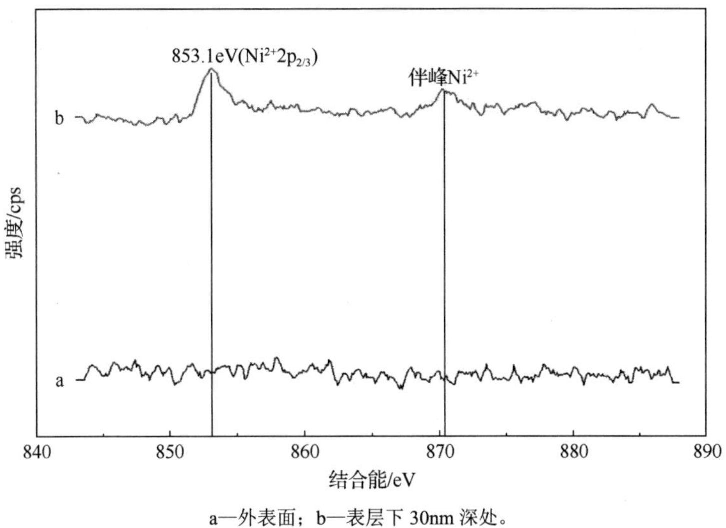

a—外表面；b—表层下 30nm 深处。

图 4.14　NiTi 记忆合金电化学去合金化脱镍后表面和深层的 Ni_{2p} 高分辨 XPS 光谱

另外，由图 4.15（a）样品表面 Ti_{2p} 高分辨 XPS 光谱可知，处理后在表面的钛呈 Ti^{4+} 状态（结合能分别为 $Ti_{2p_{3/2}}$:458.8eV， $Ti_{2p_{1/2}}$:464.75eV），结合能在 458.8eV 处出现的峰是典型的 TiO_2；图 4.15（b）显示了样品表面 O_{1s} 高分辨 XPS 光谱，可知结合能在 531.6eV 的峰为 O^{2-}，是由 TiO_2 中的晶格氧产生。同时，可见氧的峰较宽，半高宽大于 2.5eV，应该可以分峰，只是峰的位置难以确定。可以推断，在此处氧可能还存在的化合态是 OH^-，但这需要进一步采用傅里叶变换红外光谱分析说明。以上结果并结合图 4.13 说明了在合金表面 30nm 深度内镍被完全去除，形成了一层无镍的微纳嵌合沟条状的非晶态 TiO_2 层。

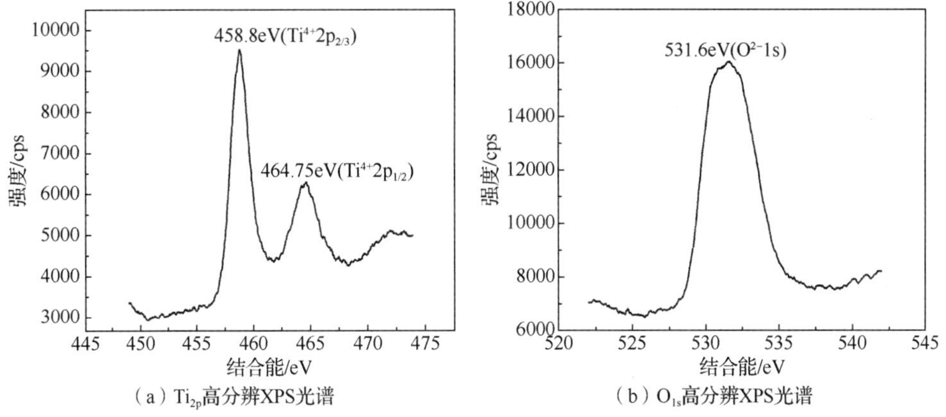

（a）Ti_{2p}高分辨XPS光谱　（b）O_{1s}高分辨XPS光谱

图 4.15　NiTi 记忆合金电化学去合金化脱镍后表面

4. 傅里叶变换红外光谱

由前述研究结果可知，NiTi 记忆合金在稀盐酸中采用电化学去合金化脱镍处理后，合金表面在体液环境中是否具有诱导 HA 沉积的能力取决于表面是否结合有羟基基团。图 4.16 是 NiTi 记忆合金电化学去合金化脱镍后表面傅里叶变换红外光谱，可见在 $3300cm^{-1}$ 附近有一个宽而强的吸收峰，$1500cm^{-1}$ 附近的峰为化学吸附水峰。傅里叶红外光谱同 O_{1s} 高分辨 XPS 光谱测试结果相结合，证明去合金化处理的样品表面确实结合有羟基基团，从而预示这种表面将具有一定的骨结合性，在体液中具有诱导钙磷沉积的能力。

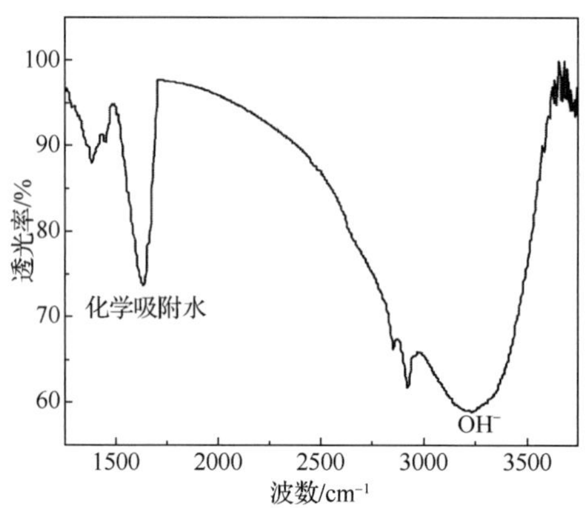

图 4.16　NiTi 记忆合金电化学去合金化脱镍后表面傅里叶变换红外光谱

5. 表面纳米力学性能测试

由图 4.17（a）可见，合金约在表面 30nm 深度内出现了低弹性模量，30nm 深度内的弹性模量接近 50GPa，这接近人体牙釉质的弹性模量，因此这层低弹性模量的薄膜将有利于减弱合金对骨组织生长过程中的应力遮挡作用；30nm 深度后达到最高 58GPa，并基本保持恒定，说明已基本达到基体 NiTi 的弹性模量值。同时，合金的纳米硬度由表及里约在 40nm 深度后开始出现缓平，最大值为 3.3GPa。从硬度值由外及里的缓慢连续增加可知膜层同基体间是梯度过渡，应力较小，结合良好。

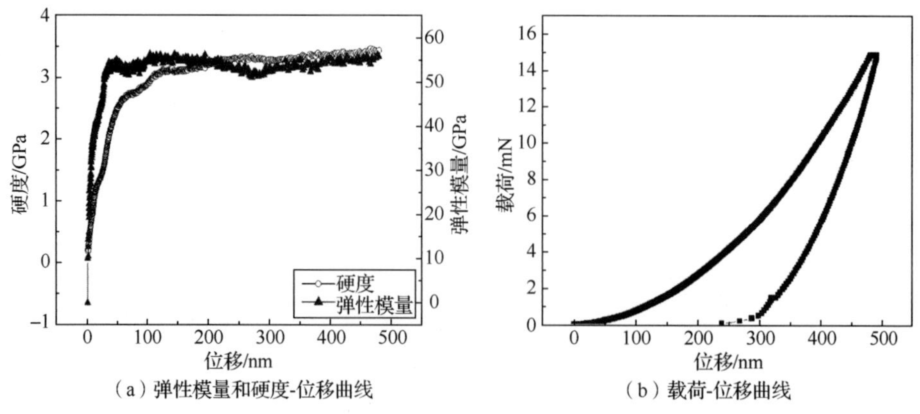

（a）弹性模量和硬度-位移曲线　　（b）载荷-位移曲线

图 4.17　NiTi 记忆合金电化学去合金化脱镍后表面纳米力学性能测试

载荷-位移曲线如图 4.17（b）所示，加载与卸载曲线均为非线性，压头最大位移包括弹性和塑性变形两部分，卸载时产生弹性回复，弹性回复达到 51.2%，残余位移主要由弹性变形决定。同化学法去合金化脱镍制备的膜层相比，电化学法去合金化脱镍制备的膜层弹性模量和硬度均较低，同等载荷下的位移大，弹性变形能力强。

6. 表面润湿角测定

北京大学口腔医学院研究证明[126]，日本 Tomy 公司 L&H Titan 镍钛矫正丝表面具有一种有规律的微纳相间的沟槽形结构，这种表面微观结构是其他公司所生产的 NiTi 记忆合金丝所不具有的。同时发现，Tomy L&H Titan 镍钛矫正丝表面呈现很强的疏水特性，接触角达到 95°～135°，最大接触角可达 137°。其他公司生产的镍钛丝不一样，Ortho Form III 和 Damon Cuniti 矫正丝其表面都呈现弱的亲水特性，接触角在 50°～85°。在临床观察中发现，在同样的治疗周期内，Tomy L&H Titan 镍钛矫正丝较其他镍钛丝更有利于保持其在口腔环境中的洁净和防腐蚀，这必将引起人们对进一步在 NiTi 记忆合金表面构筑纳米表面的重视。

有趣的是，本节采用电化学去合金化脱镍处理后的 NiTi 记忆合金具有类似的微纳相间的沟槽形结构，图 4.18 为电化学去合金化脱镍处理后的 NiTi 记忆合金微观结构、表面与生理盐水的润湿情况。

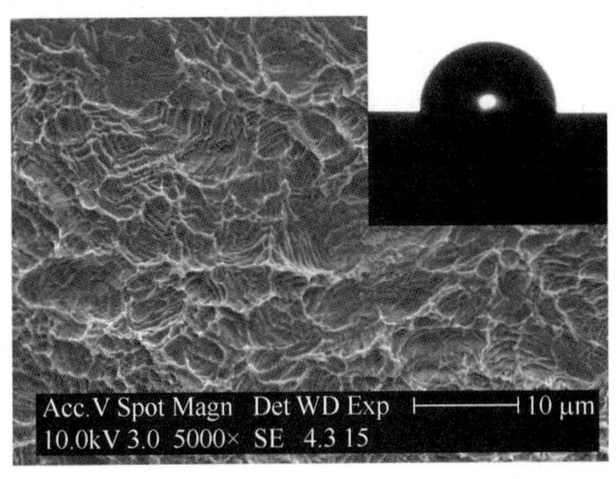

图 4.18　电化学去合金化脱镍后 NiTi 记忆合金表面润湿角测定

由图 4.18 可见，本节采用的电化学去合金化脱镍处理后的合金表面也具有此种微观形貌，接触角测定为 100°～120°，表面性质与之相近，且在表面 30nm 深度内完全无镍；同时，在 Fusayama 模拟唾液（pH=6.13）中测试其耐蚀性，自腐蚀电位较未处理试样提高了 0.6V，可见材料表面的微观结构和组成对其润湿性、耐蚀性起着决定性的作用。Jiang 等[127]的研究已表明，微纳相间的表面结构可以导致超疏水表面的出现。目前我国口腔用 NiTi 记忆合金正畸矫形丝部分依赖进口，本节的工作为进一步自主创新，跟踪研究世界发达国家先进核心技术奠定了一定的工作基础。

4.2.3　NiTi 形状记忆合金表面电化学去合金化脱镍机理

由前面的测试分析可知，在低酸度条件下，稀盐酸和一定添加剂组成的溶液中电化学去合金化脱镍反应可能的机理如下。

阴极上水合氢离子（H_3O^+）放电：

$$H_3O^+ + e^- = H_2(\uparrow) + H_2O$$

还可能存在：

$$2[O] + 2H^+ + 4e^- \longrightarrow 2HO^-$$

阳极上：

$$Ti + 4H_2O - 4e^- \longrightarrow Ti(OH)_4 + 4H^+$$

$$Ni - 2e^- \longrightarrow Ni^{2+}$$

$$2O^{2-} - 4e^- \longrightarrow O_2(\uparrow)$$

在镍失去 $2e^-$ 成为 Ni^{2+} 的反应中，存在中间过渡反应 $Ni + H_2O - 2e^- \longrightarrow NiO + 2H^+$，即镍先被氧化成 NiO，然后 NiO 在酸性溶解成 Ni^{2+} 进入溶液，或镍直接被氧化成 Ni^{2+} 进入溶液，两种反应混合存在。但是无论对于哪一种可能的机理，其镍溶出的驱动力，即电动势是相同的。

对于处理后合金表面沟条状的形成机理可认为，在稀盐酸中的反应开始初期，镍原子从合金表面的半晶态位置，即表面晶体缺陷的台阶纽结位置上脱出而进入溶液，半晶态位置就被钛原子所占据。这样镍的选择性溶出就使合金产生了一个无序的表面，该表面以吸附钛原子或镍脱出造成的高浓度空位为特征。之后的镍原子的溶出就只有靠沿着晶面的原子扩散使半晶态位置再被镍原子所占据，或是露出新的镍占据晶格结点的表面。这样的表面扩散和进一步的溶解的结果使阶梯状的晶面平台变窄和加深，而形成了富钛的原子片，即发生扩散有序重组，此过程不断进行就形成了沟坎和沟槽组织。同时，由于沟坎上的钛同氧结合为水合氧化钛，成核生长为氧化钛沟坎，钛原子不断通过扩散聚集到沟坎，使得表面由于把新鲜的合金暴露于溶液中，让镍溶解的电化学反应得以继续进行，这样又导致表面的更加无序化，使钛的扩散聚集、沟坎的生长、沟槽的加深持续进行，便形成了这种纳米级的沟条组织结构。

4.3　NiTi 形状记忆合金表面电化学阴极沉积氧化钛

目前制备 TiO_2 薄膜的方法很多[128-129]，采用电化学合成法制备 TiO_2 膜主要有 4 种技术，即阴极沉积法、阳极沉积法、交流电沉积法和电泳法[130-134]。针对生物医学应用，国内外以 NiTi 记忆合金为基体在其上低温电化学沉积 TiO_2 膜的研究较少。$TiOSO_4$、$Ti(SO_4)_2$ 系工业生产钛白粉的中间产品，廉价、易获取，二者作为阴极沉积氧化钛电解质溶液的差异仅在于水解聚缩速率不同。$Ti(SO_4)_2$ 的相对水解速率较慢，易于获得均匀、致密、光滑的沉积层。本实验采用 $Ti(SO_4)_2$ 水溶液作为电解液，在 NiTi 合金上实现 TiO_2 膜的阴极电沉积。此方法方便、成本低、易于实现。

4.3.1 氧化钛的阴极电沉积原理

在含有硝酸盐的 $Ti(SO_4)_2$ 溶液电解液（pH=1～3）中，控制一定的电位，可实现氧化钛的阴极电沉积。这是由于在阴极试样表面，NO_3^- 和 H_2O 得到电子被还原产生 OH^-，致使电极表面周围 pH 升高，而钛（Ⅳ）又极易水解，便在 NiTi 记忆合金表面沉积上一层水合氧化钛膜。控制好酸度是非常重要的，若 pH 过低，则阴极反应在开始的一段时间内以 H^+ 还原为 H_2 的反应为主，所以要将溶液的 pH 调整到比钛（Ⅳ）的水解临界 pH 略小为宜。其阴极电化学反应机理如下：

$$2H^+ + 2e^- \longrightarrow H_2(\uparrow) \tag{4.11}$$

$$NO_3^- + 6H_2O + 8e^- \longrightarrow NH_3 + 9OH^- \tag{4.12}$$

$$Ti^{4+} + 4OH^- \longrightarrow Ti(OH)_4(\text{在阴极沉积}) \tag{4.13}$$

反应生成的 $Ti(OH)_4$ 胶体沉积于试样表面，热处理后脱水而成 TiO_2。

4.3.2 阴极电流密度对表面膜层形成的影响

图 4.19 显示了氧化钛不同阴极电流密度下电沉积 4min 得到膜层表面形貌。由图 4.19 可见，在 $40mA/cm^2$ 和 $30mA/cm^2$ 阴极电流密度下制备的膜层表面不致密、完整，裂纹较多，呈龟裂状；在 $20mA/cm^2$ 下制备的膜层致密度和完整性增加，但仍有较大裂纹；在 $5mA/cm^2$ 下制备的膜层均匀致密，裂纹最小；$2mA/cm^2$ 下样品表面沉积物很少，明显见到基体。这说明在阴极电流密度为 $5mA/cm^2$ 下 4min 制备的膜层最佳。这是因为在电流密度较大时，阴极反应动力学过程较快，使阴极区 pH 快速上升，短时间内膜层在合金表面迅速形成并生长，此时产生的 H_2 气泡析出量大而造成膜层表面沉积不均匀，在加上此时生成的膜很厚，在干燥过程中由于缩水造成内应力，致使形成很多裂纹。随着阴极电流密度的降低，电极动力学过程变缓，膜厚度逐渐变薄，沉积速度也缓慢，从而形成的颗粒度也变得细小，膜层表面更加均匀，裂纹相应减少。但当阴极电流密度减小到一定程度时，电极反应过于缓慢，在短时间内的沉积物过少，不足以在合金表面成膜，这是符合 Faraday 定律的。同时，沉积时间也是重要的影响因素之一。

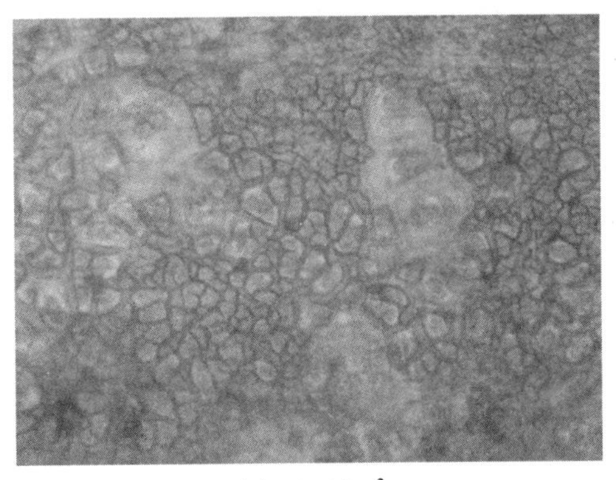

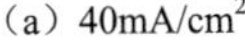

（a）$40mA/cm^2$

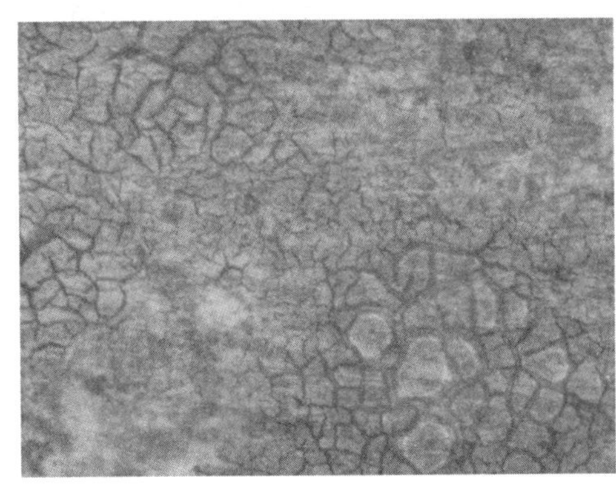

（b）$30mA/cm^2$

图 4.19 不同阴极电流密度下电沉积 4min 得到的膜层表面形貌（1000×）

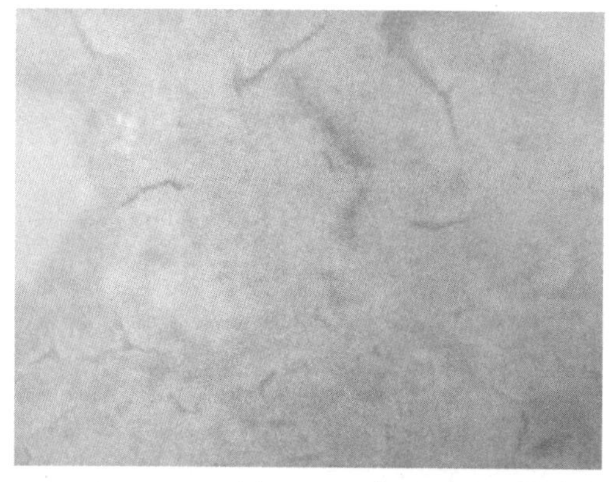

（c）20mA/cm²

（d）5mA/cm²

（e）2mA/cm²

图 4.19（续）

4.3.3 阴极电沉积时间参数的优化

在电流密度为 5mA/cm² 下，通过观察不同时间合金表面膜沉积的情况发现，沉积 1min 后试样表面沉积物大面积形成，但不均匀，存在未沉积或沉积很薄的地方，尚未形成完整的膜层。沉积 2min 后的试样表面沉积物量增多，形成了完整的膜层，且很均匀，致密地附着于基体表面。沉积 3min 的试样表面膜增厚，且膜呈小块片状均匀分布，块片间界面处出现许多很细小的空洞。沉积 4min 的试样表面可见小块片相互结合长大，使界面减少，表面缺陷也相应减少，表面膜厚度有所增加。沉积 5～8min 的试样表面膜不断增厚，表面裂纹变大，膜层由于大裂纹被割裂为多块状附着于试样表面。随沉积时间的增加，试样表面大块片状沉积膜逐渐向小块片状转变，块片间界面增多，空隙增加。沉积 30min 后试样表面沉积膜已转变为呈很小的颗粒状均匀分布在基体表面，但颗粒之间的空隙相对较大。沉积膜表面形貌随沉积时间的变化是一个“均匀形核生长—长大增厚—分裂成多块状—分裂成细小片状”的过程。其中，5mA/cm² 下沉积 4min 的试样表面成膜均匀程度和厚度为最佳，见图 4.20。

图 4.20　NiTi 记忆合金表面在 $5mA/cm^2$ 阴极电流密度下沉积 4min 后的氧化钛膜（1000×）

这是因为在沉积开始时，沉积物在试样表面迅速均匀形核并生长，厚度逐渐增加。但沉积物在合金表面生长的过程中，由于阴极大量析出 H_2，随着时间的增加，沉积物在不断地形成，也在部分脱落，但此时沉积占主导地位。一定时间后，由于溶液中 Ti^{4+} 浓度降低，沉积量减少，转变为脱落占主导地位，且表面沉积疏松部位优先脱落，致密附着好的部位保留，加上长时间析 H_2 冲刷表面，从而使表面沉积膜变得平整、光滑、细小，但脱落也在不均匀部位造成大量的大小深浅不等的空隙。

4.3.4　溶液 pH 和 NO_3^- 浓度对阴极电沉积的作用

表 4.1 是电解质溶液不同 pH 和不同 NO_3^- 浓度下阴极电沉积技术参数及相对应的沉积效果。图 4.21 是表 4.1 对应沉积参数下所获得的样品表面。由此可见，在相同电流密度下，低 NO_3^- 浓度，且高酸度 pH=0.71 时，试样表面仅有少量的沉积物出现，但不能成膜。从图 4.21（b）可见，相同电流密度和 NO_3^- 浓度下，升高溶液 pH 后，试样表面有明显的小块状沉积物生成，大面积成膜。从图 4.21（d）可见，在没有 NO_3^- 存在时，试样表面没有明显的沉积物生成，但是在图 4.21（c）中却有很少量的沉积物出现。在没有 NO_3^- 存在的情况下，出现少量沉积物，这可能是因为在低酸度情况下，虽然没有 NO_3^- 被还原产生 OH^-，但在大电流密度驱动下，溶液中的 H_2O 可能被还原而产生 OH^-，即发生如下反应：

$$2H_2O + 2e^- \longrightarrow H_2 + 2OH^-$$

表 4.1　溶液 pH 和 NO_3^- 浓度对阴极电沉积膜的作用

图 4.21 分图序号	pH	NO_3^-/ mol	i/（mA/cm^2）	t/min	结果
（a）	0.71	0.02	20	4	未成膜
（b）	1.2	0.02	20	4	厚膜
（c）	1.2	0	20	4	未成膜
（d）	1.2	0	5	4	未成膜
（e）	1.2	0.02	5	4	薄膜
（f）	1.2	0.2	5	4	薄膜

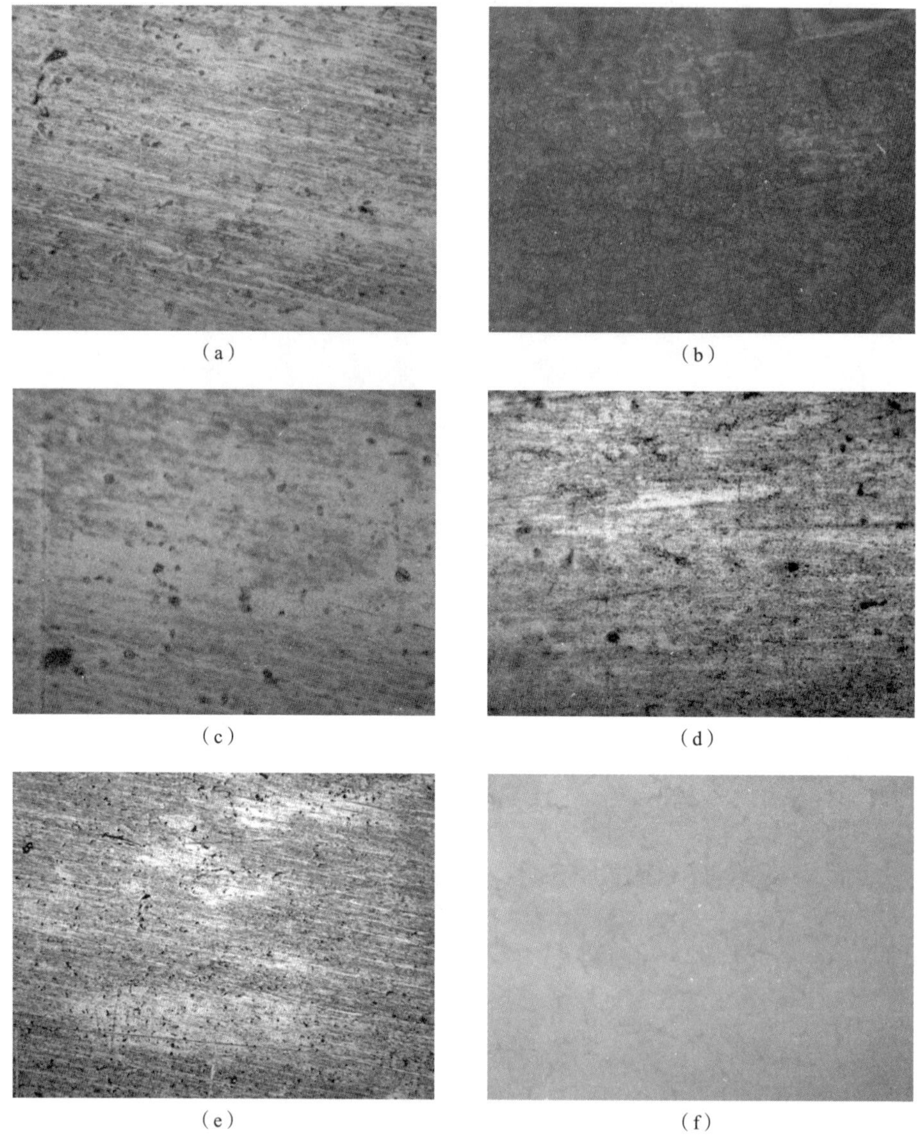

（a）　（b）

（c）　（d）

（e）　（f）

图 4.21　溶液 pH 和 NO_3^- 浓度对阴极电沉积膜的作用（1000×）

这也能引起少量的钛（Ⅳ）水解沉淀，但是在小电流密度下，动力学过程会很缓慢，在短时间内引起电极周围 pH 升高很小，尚不能使钛（Ⅳ）产生水解。从图 4.21（e）～（f）可见，在其他条件都相同的情况下，NO_3^- 浓度较高时，能在小电流密度下在较短的时间内在试样表面形成均匀致密的沉积物膜。1mol NO_3^- 将产生 9mol 的 OH^-，使电极周围 pH 迅速升高，溶液中的钛（Ⅳ）产生水解沉积。

以上实验结果证明了电解质溶液的 pH 和 NO_3^- 浓度在阴极电沉积氧化钛过程中的重要作用。

从氢电极反应的平衡式 $E_{H^+/H_{2(298K)}}=-0.0591pH$ 也可知，当 pH=0.71 时，计算

$E_{H^+/H_{2(298K)}}=-0.0419V$；当 pH=1.2 时，计算 $E_{H^+/H_{2(298K)}}=-0.0709V$。可见溶液 pH 升高，析氢电位负移，将不利于阴极析氢反应。此时配合升高 NO_3^- 浓度，将会使反应式（4.12）占优势，反应产生大量的 OH^-，1mol NO_3^- 将产生 9mol 的 OH^-，使电极周围 pH 迅速升高，溶液中的钛（Ⅳ）产生水解沉积。

由上述实验结果及理论分析均可见，电解质溶液的 pH 和 NO_3^- 浓度在 NiTi 记忆合金表面阴极电沉积氧化钛过程中起着至关重要的作用。

4.3.5 NiTi 形状记忆合金阴极沉积氧化钛膜层的表面特性

将 NiTi 记忆合金在 pH=1.2，NO_3^- 浓度 0.2mol、电流密度 $5mA/cm^2$ 下阴极电沉积 4min 取出，去离子水清洗，烘干后进行表面分析，研究膜层的各种性质。

图 4.22 是 NiTi 记忆合金阴极沉积氧化钛前后在不同温度热处理 1h 的 XRD。由图 4.22 可见，阴极沉积氧化钛膜后的试样在 300℃晶化处理后除了基体的 B2 相峰外，没有发现 TiO_2 的存在。但在 450℃晶化处理后，图中有明显的 TiO_2 峰出现。由于 NiTi 记忆合金中也有钛元素存在，为了考察此时 TiO_2 的出现是否是由 NiTi 记忆合金自身在热氧化过程中形成的，所以也对未处理的 NiTi 记忆合金样做了同样热处理参数下的 XRD，但从结果中未发现在 450℃晶化处理后有明显的 TiO_2 峰出现，这同 Gu 等[135]的研究结果一致。他们在 300℃、400℃空气中热氧化 NiTi 记忆合金 1h，XRD 分析也没有发现有 TiO_2 出现；到 600℃时才开始出现 TiO_2 峰。这说明在此种电解质溶液中，电化学阴极沉积所得到的沉积物确实是非晶态的氧化钛，其成分形式主要以 $Ti(OH)_4$ 水合物状态存在，加热脱水后形成 TiO_2，如反应式 $Ti(OH)_4 \longrightarrow TiO_2 + 2H_2O$ 所示。

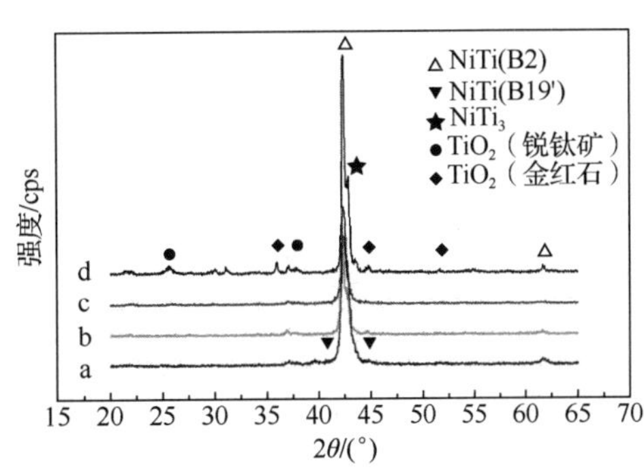

a—NiTi 合金 300℃热处理；b—NiTi 合金 450℃热处理；c—阴极沉积后 NiTi 合金 300℃热处理；d—阴极沉积后 NiTi 合金 450℃热处理。

图 4.22　NiTi 记忆合金表面阴极沉积氧化钛在不同晶化温度处理后的 XRD

图 4.23 和图 4.24 是不同倍数下 NiTi 记忆合金电化学阴极沉积后的表面 SEM 形貌。由图可见，在此沉积参数下得到的沉积膜均匀、完整、致密、平整，厚约 2.9μm，与基体结合良好。高倍放大发现，膜层由很多细小的颗粒紧密聚集而成，颗粒大小为 10～30nm。在 450℃晶化 1h 后，沉积膜的颗粒有所聚集长大，表面粗糙度有所增加，但组成颗粒的大小仍然在 50～100nm。由前可知，这种致密的纳米级颗粒的紧密结合有助于提高 NiTi 记忆合金的生物相容性，并阻止基体中镍的溶出。

（a）表面SEM形貌

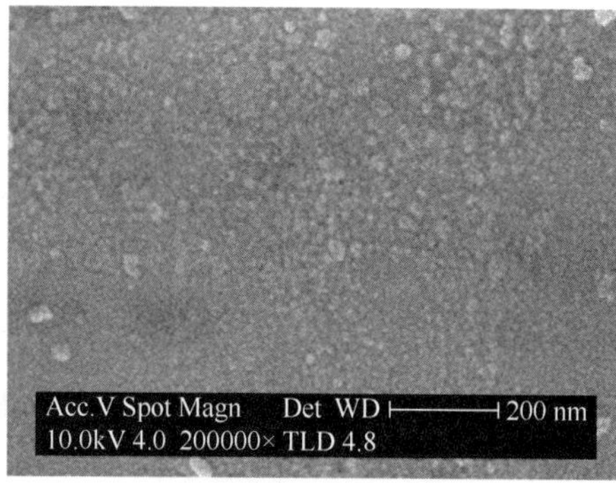

（b）图（a）的局部放大

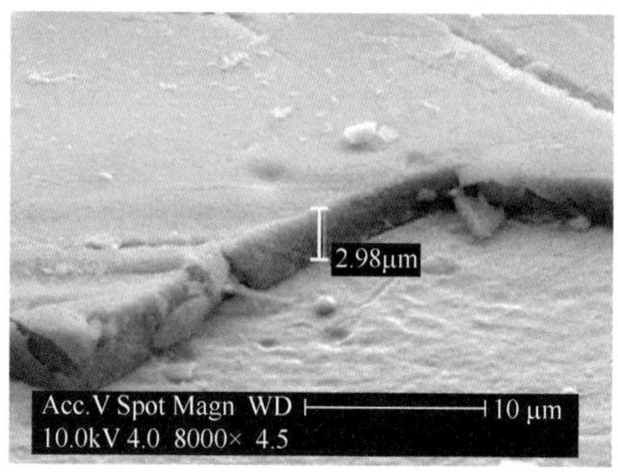

（c）横断面

图 4.23　NiTi 记忆合金表面阴极沉积氧化钛后未晶化表面 SEM 形貌

（a）表面SEM形貌

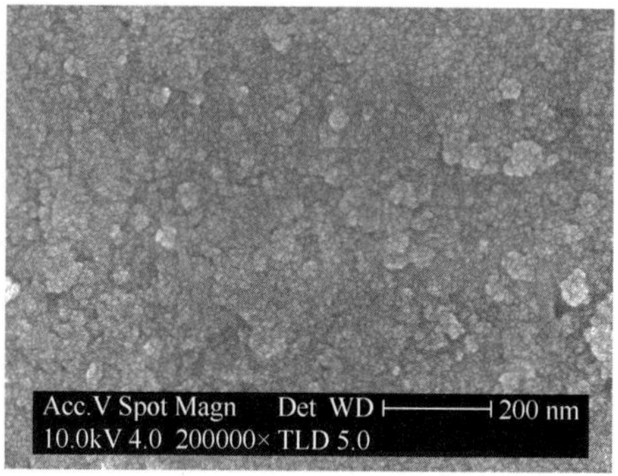

（b）图（a）的局部放大像

图 4.24　NiTi 记忆合金表面阴极沉积氧化钛后 450℃晶化 1h 的表面 SEM 形貌

图 4.25 是 NiTi 记忆合金表面阴极沉积氧化钛后的表面 XPS 谱。由图 4.25（a）可见，沉积的膜层中除了碳元素（外来污染物）外，主要含有氧元素和钛元素，没有检测到镍元素的存在，说明沉积物是钛的氧化物。图 4.25（b）是进一步作 Ti_{2p} 高分辨率 XPS 的分析结果，可知在 458.2eV 和 464.6eV 处有两个峰，分别为 Ti^{4+} 在 $2p_{3/2}$ 和 $2p_{1/2}$ 绕旋状态的结合能。图 4.25(c)是 O_{1s} 高分辨率 XPS 谱，可见 O_{1s} 也有两个峰存在，一个在 530.4eV 处，为晶格 O^{2-} 的峰；另一个在 532.4eV 处，这可能是表面结合有 OH^- 基团的峰[100]。因此，NiTi 记忆合金电化学阴极沉积得到的膜层应该以 TiO_2 或 $Ti(OH)_4$ 水合物形式存在。

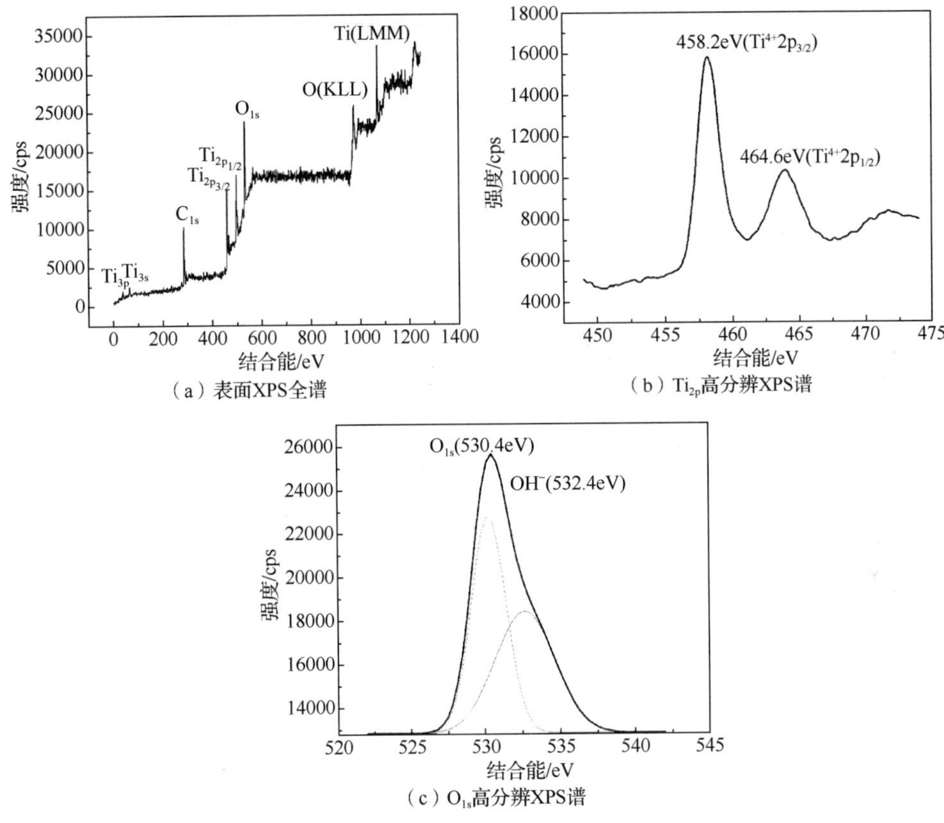

（a）表面XPS全谱

（b）Ti_{2p}高分辨XPS谱

（c）O_{1s}高分辨XPS谱

图 4.25 NiTi 记忆合金表面阴极沉积氧化钛后的表面 XPS 谱

图 4.26 是 NiTi 记忆合金表面阴极沉积氧化钛后热处理晶化和未晶化表面傅里叶变换红外光谱。由图 4.26 可见，在 3300cm^{-1} 附近有一个宽而强的吸收峰，1500cm^{-1} 附近的峰为化学吸附水峰。傅立叶红外光谱同 O_{1s} 高分辨 XPS 光谱测试结果相结合，证明电化学阴极沉积氧化钛后的样品表面确实结合有羟基基团。因此，这种表面将具有一定的骨结合性，在体液中具有诱导钙磷沉积的能力。

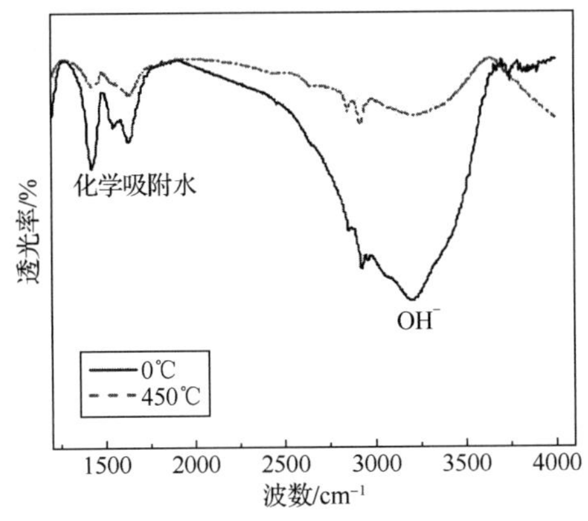

图 4.26 NiTi 记忆合金表面阴极沉积氧化钛后晶化处理前后的表面傅里叶变换红外光谱

4.3.6　NiTi 形状记忆合金阴极沉积氧化钛膜层在模拟体液中的耐蚀性

图 4.27(a)是电流密度在 $5mA/cm^2$ 下阴极沉积后试样 450℃晶化处理前后在 pH=7.45 的 Hank's 模拟体液中的腐蚀电位-时间曲线。由图 4.27（a）可见，晶化前试样在 5min 时腐蚀电位基本达到稳态，稳态自腐蚀电位约为−0.1V；而晶化后试样的稳态自腐蚀电位约为−0.19V，表现出较负的自腐蚀电位。这说明在 pH=7.45 的 Hank's 模拟体液中，试样晶化前具有较好的热力学稳定性。

图 4.27（b）是电流密度在 $5mA/cm^2$ 下阴极沉积试样 450℃晶化处理前后在 pH=6.13 的 Fusayama 模拟唾液中的腐蚀电位-时间曲线。由图 4.27（b）可见，晶化前试样稳定腐蚀电位较正，稳态自腐蚀电位约为−0.12V；而晶化后试样的稳态自腐蚀电位约为−0.2V。这说明晶化前试样在 pH=6.13 的 Fusayama 溶液中同样具有较好的热力学稳定性。

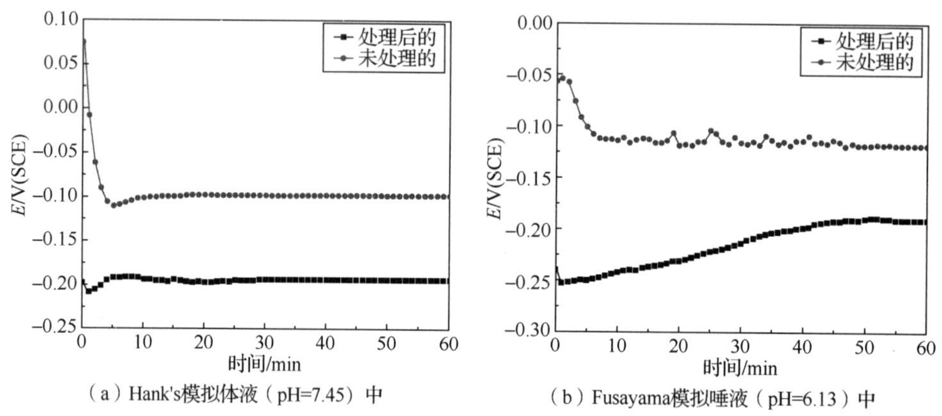

图 4.27　NiTi 记忆合金电化学阴极沉积试样晶化处理前后在模拟生理液中的腐蚀电位-时间曲线

这说明经电化学阴极沉积获得的这层氧化钛膜非晶态的耐蚀性高于晶态。Shih 等[105]的研究证明，在体液含 Cl^- 环境内，非晶态的氧化钛比多晶氧化钛具有更好的耐点蚀性能。同时，试样在 Fusayama 模拟唾液中的耐蚀性比在 Hank's 模拟体液中的低，其原因在前两章中已做过分析。

4.3.7　NiTi 形状记忆合金阴极沉积氧化钛膜的生物活性实验

图 4.28 为阴极沉积氧化钛 NiTi 记忆合金在 SBF 溶液中浸泡 14d 后的表面 SEM 形貌，图中可清楚地观察到在试样表面出现了一层直径 1～4μm 的团球状沉积物。将单个团球放大发现，其具有纳米片状结构，单片厚约 10nm，宽约 200nm。EDX 分析表明，除少量的 NaCl、MgCl 和 KCl 外，其主要成分是 Ca、P，Ca/P 摩尔比为 1.60，接近羟基磷灰石（HA）中的 Ca/P 摩尔比 1.67。由此可知，经去合金化处理后的 NiTi 记忆合金表面在体液中具有一定的诱导 Ca/P 沉积的能力。同时，还出现氧、钛元素峰，这可能来自 Ca/P 层下阴极沉积的氧化钛。

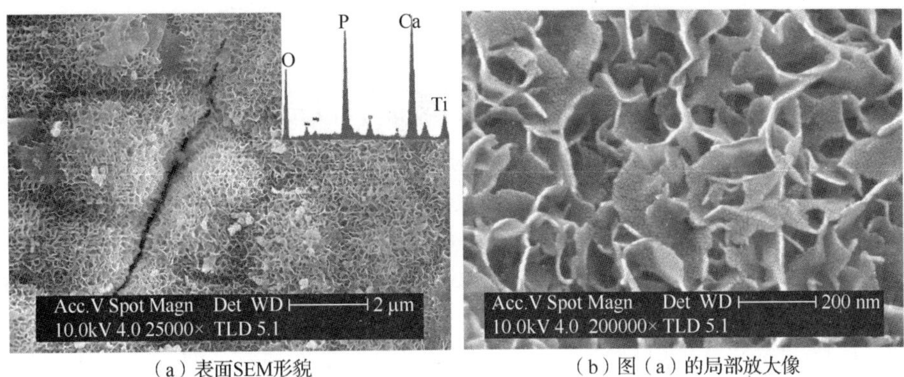

（a）表面SEM形貌　（b）图（a）的局部放大像

图 4.28　阴极沉积氧化钛 NiTi 记忆合金在 SBF 溶液中浸泡 14d 后的表面 SEM 形貌

本 章 小 结

本章介绍了采用电化学方法可在 NiTi 记忆合金表面制备出良好的氧化钛膜，主要总结如下：

1）在 10%～20%钼酸盐溶液中 0.06V 电位下，通过阳极氧化可在 NiTi 记忆合金表面制备出完整致密、平整光滑的氧化膜，膜表面的 Ti/Ni 摩尔比提高到 9∶1。该膜最外层几个纳米表面内是水合氧化钛，即 $Ti(OH)_4$ 带有少量的 $Ni(OH)_2$，下层是 $Ni_2Ti_4O_x$，两层的膜厚度约在 15μm。膜生长的动力学方程为 $i = 2.900\exp(-t/25.013) + 0.2995$。该氧化膜提高了 NiTi 记忆合金在模拟生理液中的耐腐蚀能力。

2）通过对纯钛、NiTi 记忆合金在 4%盐酸和一定量添加剂组成的溶液中动电位阳极极化特性的分析，明确了该合金在此种介质中电化学去合金化脱镍的临界电位约为 0.20V。在此电位下处理 NiTi 记忆合金 5min，在合金表层 30nm 深度内完全去除了镍，并结合羟基基团，制备出的合金表面具有一定生物活性、疏水性和纳米沟槽结构，且耐腐蚀。

3）在室温大气条件下，在以含硝酸盐的硫酸钛为电解质溶液中，可在 NiTi 记忆合金表面实现阴极沉积纳米 TiO_2 膜，膜层致密完整、平整均匀，无裂纹。电流密度、时间、pH 和 NO_3^- 浓度对氧化钛的沉积均有重要影响。pH=1.2、NO_3^- 浓度 0.2mol/L、电流密度 5mA/cm^2 下阴极电沉积 4min 为优化的电化学制备参数。由此制备的氧化钛膜富含羟基基团，在 SBF 溶液中能快速诱导钙磷沉积。

第 5 章　NiTi 形状记忆合金表面层层静电自组装法改性

如前所述，对 NiTi 记忆合金表面进行改性，主要应解决两方面的实际应用问题：一是努力提高合金的抗腐蚀性能，使其植入体内后在体液、血液服役环境中释放的 Ni^{2+} 量尽可能少，达到人体可耐受的安全范围；二是针对 NiTi 记忆合金不同的医学应用领域，合金材料表面改性涂层材料设计应能满足不同的生物相容性要求。为此，本章介绍层层静电自组装方法在 NiTi 记忆合金表面制备的两种多层药物负载薄膜——PEI/肝素钠薄膜和壳聚糖/肝素钠薄膜，所制备的改性膜层主要针对血管支架的应用环境，目的是提高材料的血液相容性。这两种抗凝血改性涂层为 PEI/肝素钠（2 号样品）和壳聚糖/肝素钠（3 号样品），对比样为 NiTi 记忆合金基体（1 号样品）。

5.1　PEI/肝素钠和壳聚糖/肝素钠基本性质

肝素钠（Heparin）是一种天然高效抗凝血药物，在治疗心血管疾病方面有其独特之处，具有净血脂、防止血栓形成的功效，并对若干肿瘤细胞有抑制和防止转移的作用。该产品为白色或类白色的粉末，无毒无味，有吸湿性，易溶于水，其结构式见图 5.1。

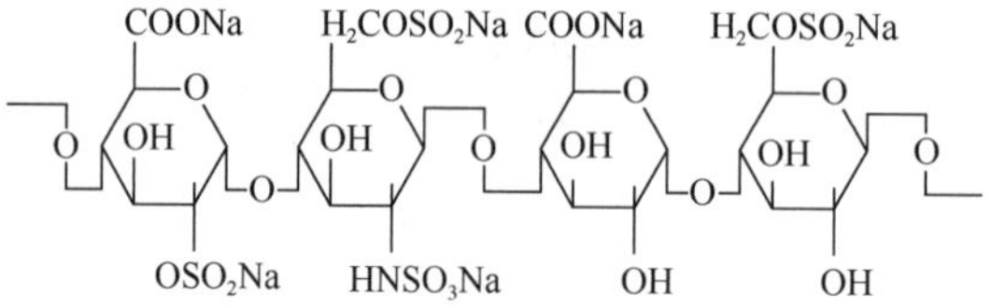

图 5.1　肝素钠结构式

在正常生理状态下，血液在血管内不发生凝集，也不激活炎性物质导致不良反应，其最主要的原因就是血管内皮表面存在的肝素样分子可防止局部血栓形成。已有研究表明，在医用材料表面固定肝素样分子对于防止血栓形成和提高组织相容性具有重要意义[98-100]。

聚乙烯亚胺（PEI）的分子式为$(C_6H_{21}N_5)_n$，结构式如图 5.2 所示。

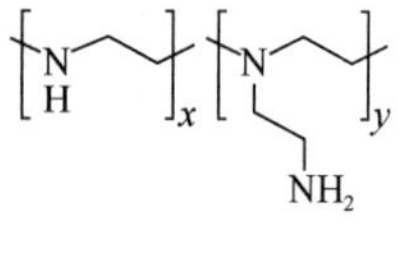

图 5.2　PEI 结构式

PEI 是一种水溶性高分子聚合物，通常为无色或淡黄色黏稠状液体，有吸湿性，溶于水、乙醇，不溶于苯。它有较高的反应活力，能与纤维素中的羟基反应并交联聚合。有研究证实其对传代细胞系的基因递送功能强大，也有研究发现其可用于体内基因递送。与此同时，由于它的细胞毒性低，因此已经作为基因转染载体而被广泛研究[101-104]。

壳聚糖（Chitosan）的分子式为$(C_6H_{11}NO_4)_n$，结构式如图 5.3 所示。

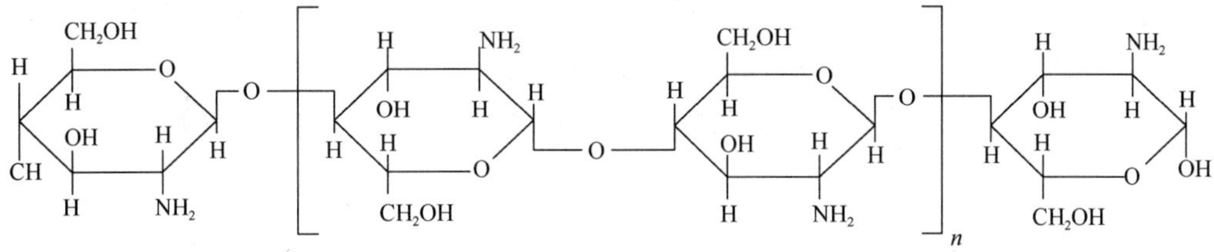

图 5.3　壳聚糖结构式

壳聚糖是甲壳质经脱乙酰反应后的产品，随着脱乙酰基程度（D.D）不同会导致其结构、性质和性能上有一定的变化。一般来说，它具有无毒、无抗原性、抗菌性和生物相容性，除了可在体内降解、吸收外，还有促进伤口愈合和减少疤痕以及抗炎作用[105]，在生物医学及制药等方面的应用极其广泛。它可用作烧伤敷料及伤口愈合剂，包扎纱布用壳聚糖处理后，伤口愈合速度可提高 75%。用壳聚糖制成的可吸收性手术缝线，机械强度高，可长期储存，能用常规方法消毒，可染色，可掺入药剂，能被组织降解吸收，免除患者拆线的痛苦。

本章目标是选用 PEI/肝素钠、壳聚糖等临床使用广泛的药物对 NiTi 记忆合金进行表面改性。肝素钠溶液呈现负电性，而 PEI 和壳聚糖溶液呈现正电性。利用层层静电自组装方法，可以得到两种药物负载多层膜——PEI/肝素钠和壳聚糖/肝素钠薄膜。图 5.4 给出了 PEI/肝素钠的紫外-可见吸收光谱，可知肝素钠的特征吸收峰在 195nm 处附近。图 5.5 给出了 PEI/肝素钠多层膜随成膜层数增加的紫外-可见吸收光谱，其中的小图为 195nm 处肝素钠的吸光度随成膜层数的变化。

从图 5.5 中可以看到，以 PEI/肝素钠双层为周期，其吸收光谱与层数基本成正比关系，结果表明样品的吸光度与层数之间线性关系良好，且层数不同的复合膜最大吸收峰位置位移较少，这些都表明该复合膜在一定厚度范围内具有较好的纵向周期性和均匀性。本章所采用的多层膜的成膜层数为 10 层。

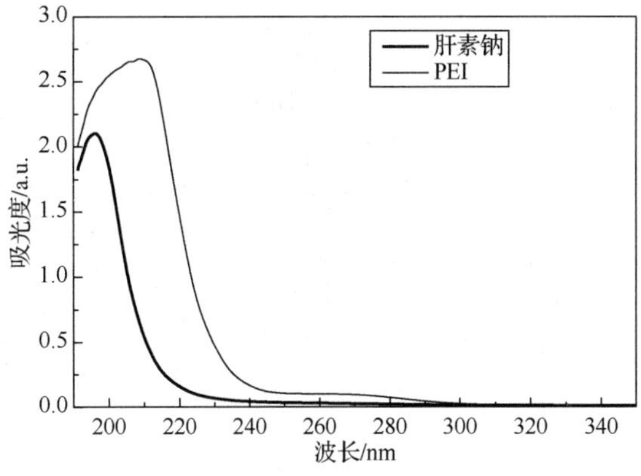

图 5.4　PEI/肝素钠的紫外-可见吸收光谱

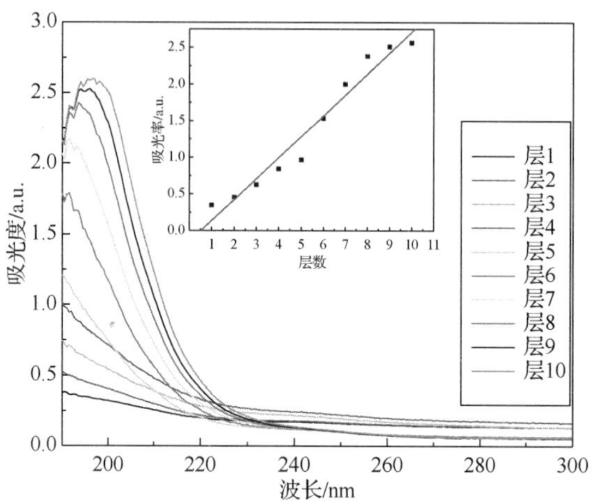

图 5.5　PEI/肝素钠随层数的紫外-可见光谱

5.2　多层膜的表面形貌

样品的表面形貌由扫描电子显微镜（scanning electron microscope，SEM）给出，见图 5.6～图 5.8。

由图 5.6～图 5.8 可见，NiTi 记忆合金经过机械抛光后，其表面比较光滑，只有细微的划痕。PEI/肝素钠多层膜的表面均匀、平整，放大倍数为 25000 倍时可见有高分子团簇；而壳聚糖/肝素钠多层膜表面比 PEI/肝素钠表面粗糙，形貌呈现葵花状，放大倍数为 25000 倍时可见高分子层状分布。由表面形貌可定性判断出多层膜负载样品表面较为均匀，其表面粗糙度由大到小的顺序为壳聚糖/肝素钠（3 号样品）>PEI/肝素钠（2 号样品）≈NiTi 记忆合金（1 号样品）。

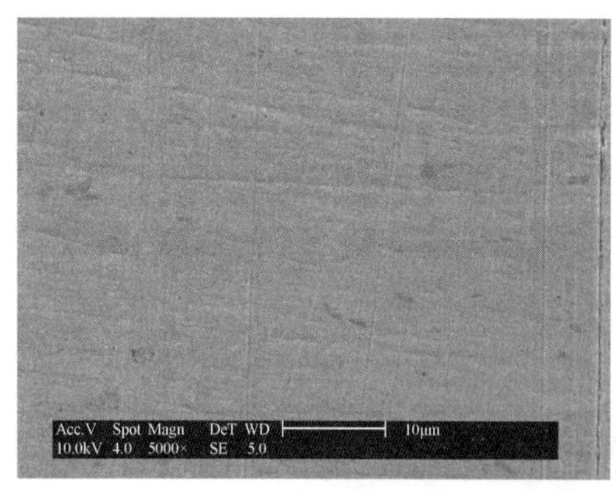

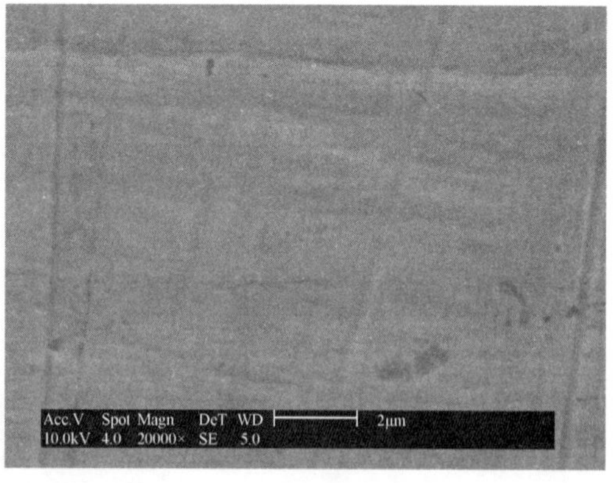

图 5.6　NiTi 记忆合金的 SEM 形貌（左图为 5000×，右图为 20000×）

图 5.7　PEI/肝素钠的 SEM 形貌（左图为 5000×，右图为 25000×）

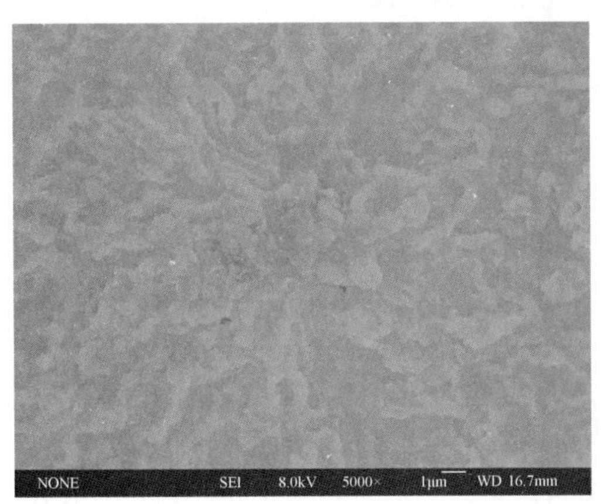

图 5.8　壳聚糖/肝素钠的 SEM 形貌（左图为 5000×，右图为 25000×）

5.3　多层膜的结构特征

5.3.1　红外光谱

本实验以 NiTi 记忆合金为基线，利用表面衰减全反射红外测试，试图了解在多层膜样品中每种组分的成分状态及其相互作用。

对测试曲线进行归一化后，所得肝素钠的红外光谱如图 5.9 中曲线 a 所示，在指纹区中，796cm^{-1} 对应着 C—O—S 键的伸缩振动，1050cm^{-1} 处较强的峰显示有 C—O—C（糖环）的伸缩振动，在特征官能团区，1223cm^{-1} 处的强吸收证明有 —OSO_3^- 基团的 S—O 键伸缩振动[106]，这些峰位在所制备的多层膜样品（曲线 c）中均有明显体现，说明这些基团基本没有变化。在 1620cm^{-1} 处是 C—O 羰基的特征峰位置，在肝素钠样品中可以观测到，但多层膜样品的峰位移动变为 1603cm^{-1}。同时，PEI（曲线 b）中 1575cm^{-1} 的强吸收对应的 —NH_2 的伸缩振动特征峰在多层膜样品中没有观测到，说明 PEI 中的

—NH_2 和肝素钠中的羰基有一定的相互作用，使得在多层膜中观测到 1603cm^{-1} 处对应的—NH_2 弯曲振动。

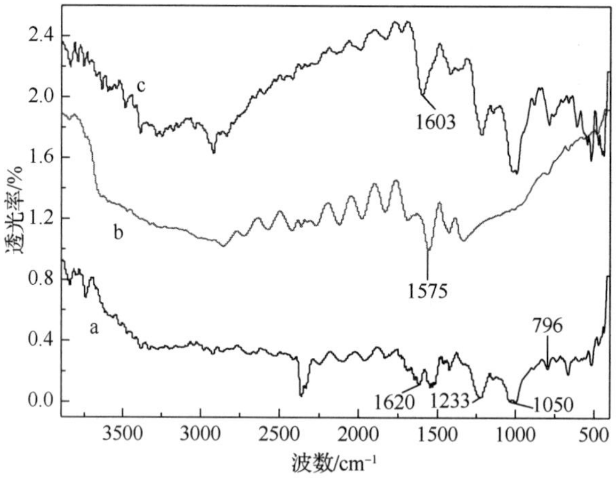

a—肝素钠；b—PEI；c—PEI/肝素钠多层膜。

图 5.9　红外光谱

图 5.10 中曲线 a 给出肝素钠的红外光谱，其中 796cm^{-1} 对应着 C—O—S 键的伸缩振动，1050cm^{-1} 处较强的峰显示有 C—O—C（糖环）的伸缩振动，在特征官能团区，1223cm^{-1} 处的强吸收证明有—OSO_3^- 基团的 S＝O 键伸缩振动，1620cm^{-1} 处是 C＝O 羰基的特征峰位置。曲线 b 给出壳聚糖的红外光谱，1691cm^{-1} 和 1562cm^{-1} 的强吸收峰为 N—H 面内弯曲振动，663cm^{-1} 处的弱峰为面外摇摆振动吸收峰[107]，1082cm^{-1} 处有糖类的特征 C—O 伸缩振动，1344cm^{-1} 处对应着 O—H 弯曲振动吸收峰[108]。在曲线 a 中和曲线 b 中出现的这些特征峰在多层膜样品（曲线 c）中均可以观测到，而且基本没有发生变化，说明所制备的壳聚糖/肝素钠多层膜的两种高分子聚电解质之间没有官能团之间的化学作用，而只有静电吸引作用。

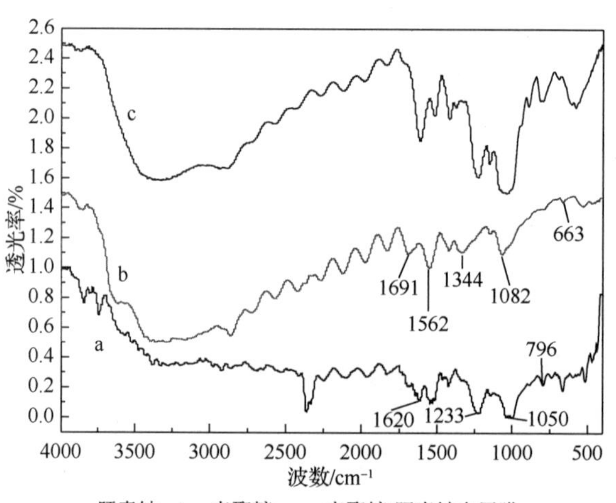

a—肝素钠；b—壳聚糖；c—壳聚糖/肝素钠多层膜。

图 5.10　肝素钠红外光谱

5.3.2　拉曼光谱

用 532nm 的激光照射样品表面，经过归一化后得到两种多层膜的拉曼光谱，见图 5.11。

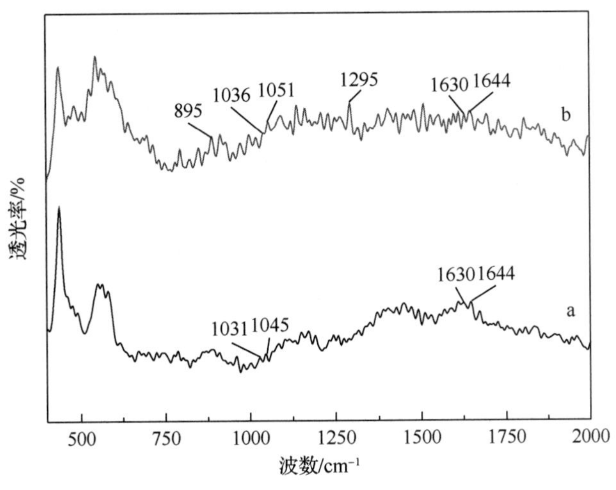

a—PEI/肝素钠多层膜；b—壳聚糖/肝素钠多层膜。

图 5.11　拉曼光谱

PEI/肝素钠、壳聚糖/肝素钠均为有机高分子化合物，其拉曼振动较为复杂。通过文献可知，肝素钠的拉曼特征振动峰主要集中在 750～1150cm^{-1}，其中，1039cm^{-1} 和 1055cm^{-1} 处的双峰可确认为 S—O 特征振动峰，它随着测试条件和样品条件的不同，峰位会略有变化，但其相对位置和强度可确认肝素钠的存在。由图 5.11 可见，在两种多层膜的拉曼光谱中，均可见肝素钠双峰的谱图。其中，在 PEI/肝素钠（曲线 a）中，双峰位置在 1031cm^{-1} 和 1045cm^{-1} 处；在壳聚糖/肝素钠（曲线 b）中，双峰位置在 1036cm^{-1} 和 1051cm^{-1} 处。虽然比标准谱图中的峰位略有移动，但可确定多层膜中肝素钠的存在。PEI 的拉曼峰主要有：对应着 C—N—C 伸缩和弯曲振动的 455cm^{-1}、549cm^{-1}、792cm^{-1}、879cm^{-1}、1107cm^{-1}，对应着 C—N 振动的 1079cm^{-1}，对应着 —CH_2 振动的 1306cm^{-1}、1456cm^{-1}，对应着—NH 的有 1630cm^{-1}，对应着 —NH_2 的有 1644cm^{-1} 等。这些特征峰在曲线 a 中均有体现，但在 1630cm^{-1} 附近出现较大的包峰，说明 PEI 中的亚胺基团的振动可能发生了一定的变化，这与红外光谱的结果一致。壳聚糖的拉曼峰主要分布在 895cm^{-1}、1091cm^{-1}、1115cm^{-1}、1261cm^{-1}、1377cm^{-1}、1415cm^{-1}、1460cm^{-1}、1647cm^{-1} 等处，这些峰在曲线 b 中均有体现，特别是 895cm^{-1}、1295cm^{-1} 两处壳聚糖的特征峰说明多层膜中确实存在壳聚糖。曲线 b 中 1630cm^{-1} 和 1644cm^{-1} 两处峰位基本没有发生变化，说明壳聚糖中的 —NH_2 基团的振动变化很小，与红外光谱的结果一致。

5.4　多层膜的表面硬度

通过纳米压痕仪的测量，可以表征样品表面的显微硬度。样品表面的硬度量 $H=\dfrac{P}{A}$，

其中 P 为在任意压痕深度的实时载荷，A 为在 P 作用下接触表面的投影面积。在实际测量中，每个样品随机选取 4 个不同的点加载载荷，得到 4 次测量的数据后，由仪器算出样品的平均硬度。图 5.12～图 5.14 给出一次测量的加载、卸载曲线。仪器计算结果如下：NiTi 记忆合金的表面硬度为 3.53GPa±0.21GPa，PEI/肝素钠多层膜的表面硬度为 0.60GPa±0.06GPa，壳聚糖/肝素钠多层膜的表面硬度为 0.29GPa±0.04GPa。由于所制备的纳米多层膜由高分子材料组装而成，质地比记忆合金材料及传统陶瓷材料柔软，实验证实它的负载确实显著降低了样品的表面硬度。这使得材料与生物体接触时，记忆合金的硬度可以满足作为植入材料的要求，而膜层的表面硬度与活体的软组织接近，可以达到血管支架的要求。

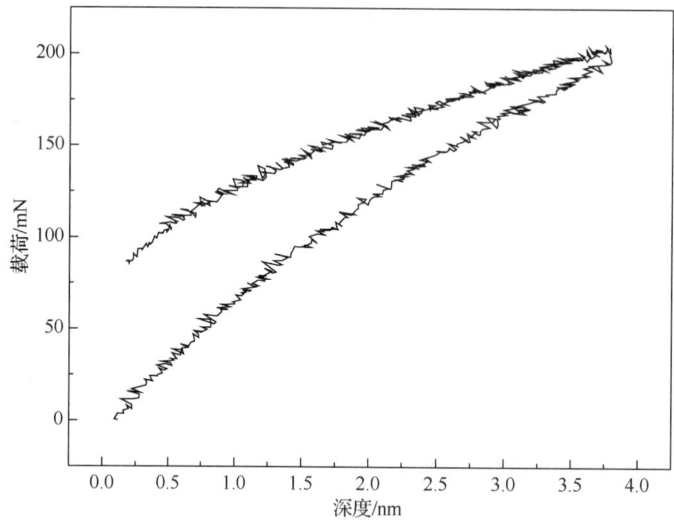

图 5.12　NiTi 记忆合金的纳米压痕仪数据

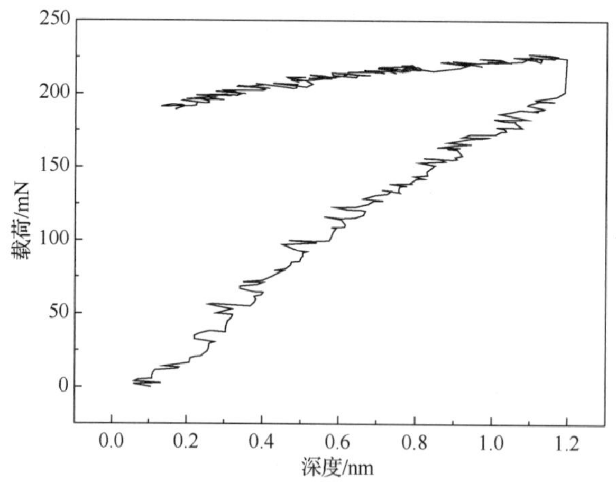

图 5.13　PEI/肝素钠多层膜的纳米压痕仪数据

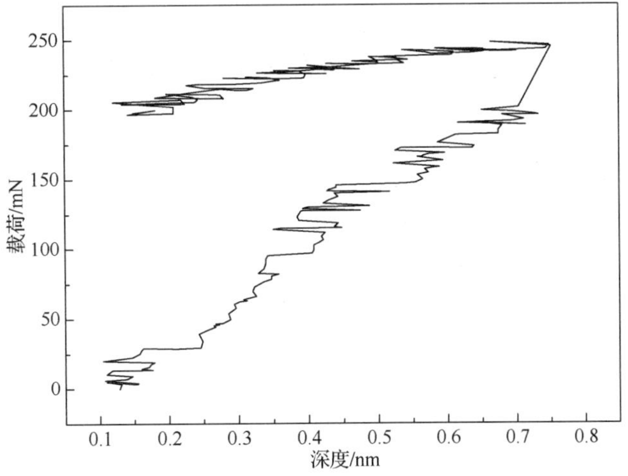

图 5.14　壳聚糖/肝素钠多层膜的纳米压痕仪数据

5.5　多层膜的浸润特性

为了分析样品表面的亲疏水特性，用去离子水进行接触角实验，每个样品在不同的位置测试 3 次，最终结果取平均值给出。

利用表面粗糙度改变表面的亲疏水特性，影响流体与表面的接触行为，称为粗糙效应（roughness effect）。关于表面粗糙效应，Wenzel 于 1836 年提出：表面粗糙度可加强表面原本的亲疏水效果，即表面粗糙度使亲水表面愈亲水，斥水表面愈斥水。肝素钠表面属于亲水表面，多层膜的表面粗糙度比记忆合金略大，因此多层膜的亲水性更好。图 5.15 给出了测试图片，用量高法计算试样表面接触角的大小结果如下：NiTi 记忆合金的接触角为 80.7°，PEI/肝素钠多层膜的接触角为 31.5°，壳聚糖/肝素钠多层膜的接触角为 66.4°。接触角的大小可以反映样品表面的亲疏水特性，接触角越小，说明样品表面越亲水，则越有可能成为血液相容性良好的表面。从实验数据可以看出，多层膜的接触角均小于 NiTi 记忆合金接触角，说明表面粗糙度略大的肝素钠表面使得材料的亲水性更好，实验结果符合理论预期。

（a）NiTi 记忆合金

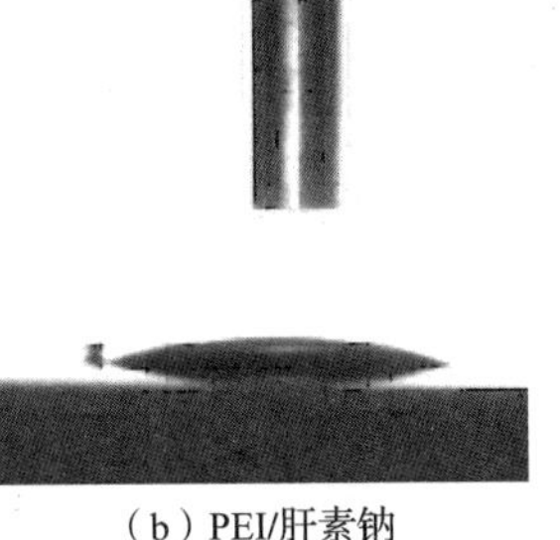

（b）PEI/肝素钠

（c）壳聚糖/肝素钠

图 5.15　接触角

5.6 多层膜的抗腐蚀性能

通过运用石墨炉型原子吸收光谱法来测试样品的抗腐蚀性能。将 NiTi 记忆合金、PEI/肝素钠多层膜样品和壳聚糖/肝素钠多层膜样品分别放入 Hank's 模拟体液中浸泡，所用 Hank's 模拟体液的配方[109]见表 5.1，其与人体血浆中含有的离子浓度比较见表 5.2。待浸泡时间为 5d、10d、15d、20d、30d 和 40d 后取相应的 Hank's 模拟体液进行测试，实验结果如图 5.16 所示。

表 5.1 Hank's 模拟体液配方

名称	质量
NaCl	8g
KCl	0.4g
$CaCl_2$	0.14g
$MgSO_4 \cdot 7H_2O$	0.2g
$Na_2HPO_4 \cdot H_2O$	0.06g
KH_2PO_4	0.06g
$NaHCO_3$	0.35g
葡萄糖	1.0g
酚红	0.02g
三蒸水	1000mL

表 5.2 Hank's 模拟体液与人体血浆的离子浓度比较

对比项目	浓度/（mol/L）							
	Na^+	K^+	Mg^+	Ca^+	Cl^+	HCO^{3-}	HPO_4^{2-}	SO_4^{2-}
Hank's	142.0	5.0	1.5	2.5	148.8	4.2	1.0	0.5
人体血浆	142.0	5.0	1.5	2.5	103.0	27.0	1.0	0.5

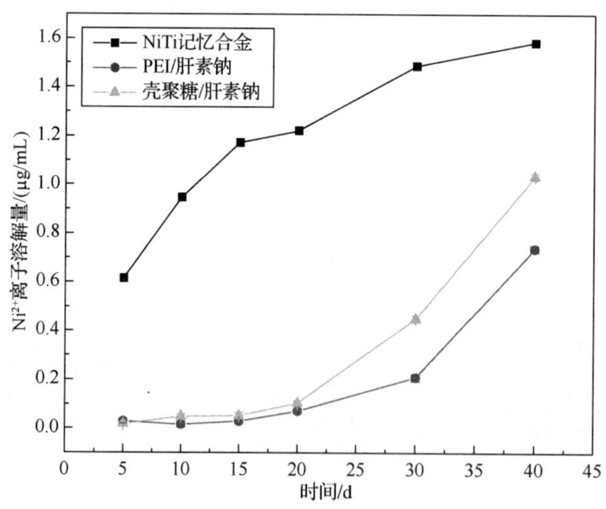

图 5.16 NiTi 记忆合金和膜层的原子吸收光谱

通过原子吸收光谱法的测试，可以得到样品在 Hank's 模拟体液中的 Ni^{2+}溶出量。由图 5.16 可见，总体来说，多层膜在 6 个时间点的 Ni^{2+}溶出量都少于 NiTi 记忆合金材料。在样品浸入 Hank's 模拟体液的 20d 内，表面改性膜层的 Ni^{2+}释放量明显低于 NiTi 记忆合金材料，说明改性膜层可以在一定时间内减缓 Ni^{2+}的溶出；在 20～40d，多层膜负载样品的 Ni^{2+}溶出率逐渐升高，这可能与表面膜层的溶解损耗有关；到第 40 天时，多层膜负载样品的 Ni^{2+}溶出量基本上是未改性 NiTi 记忆合金溶出量的一半，说明改性膜层能够抑制 Ni^{2+}的溶出。对于两种改性膜层来说，在开始的 20d 内，Ni^{2+}溶出量都非常微小且两者基本持平，说明开始时两种膜层的效果相当；在 20～40d，壳聚糖/肝素钠改性膜层样品的 Ni^{2+}溶出量明显增多，且多于 PEI/肝素钠样品，说明 PEI/肝素钠样品在抑制 Ni^{2+}溶出方面的持久度较好。由红外光谱和拉曼光谱可知，PEI/肝素钠样品中 PEI 与肝素钠间除了静电吸引作用外，还有官能团的相互作用，因而膜层之间的结合力较强，可以相对持久地抑制 Ni^{2+}的溶出。

本 章 小 结

本章介绍了层层静电自组装方法在 NiTi 记忆合金表面制备的两种多层药物负载薄膜——PEI/肝素钠薄膜和壳聚糖/肝素钠薄膜。通过 SEM、接触角、纳米压痕仪、红外光谱、拉曼光谱、原子吸收光谱等理化测试手段，分析测试了两种多层膜样品在表面形貌、表面亲疏水特性、表面硬度、膜层相互作用及膜层的抗腐蚀性等方面的特点，并与 NiTi 记忆合金进行比较，可以得知定性判断样品表面粗糙度由大到小的顺序为壳聚糖/肝素钠（3 号样品）>PEI/肝素钠（2 号样品）≈NiTi 记忆合金（1 号样品）；同时，负载了多层膜的样品表面硬度有显著下降，其中 PEI/肝素钠薄膜比 NiTi 记忆合金减少了 83.00%，壳聚糖/肝素钠薄膜比 NiTi 记忆合金减少了 91.78%。

两种多层膜的接触角均小于 NiTi 记忆合金材料，其中 PEI/肝素钠薄膜比 NiTi 记忆合金减小了 60.97%，壳聚糖/肝素钠薄膜比 NiTi 记忆合金减小了 17.72%，说明两组多层膜的表面亲水性均好于 NiTi 记忆合金材料，且 PEI/肝素钠薄膜更好。

PEI/肝素钠薄膜浸入模拟体液 40d 后的 Ni^{2+}溶出总量比 NiTi 记忆合金减少了 84.47%，而壳聚糖/肝素钠薄膜仅减少了 75.73%。这主要因为肝素钠的羧基基团与 PEI 的氨基基团发生相互影响，而壳聚糖与肝素钠之间只有静电吸引力，这导致了两种膜层在抗腐蚀性能方面的表现不同。两种多层膜在浸入模拟体液 20d 后，Ni^{2+}溶出量均出现了大幅增长。PEI/肝素钠薄膜在 20～40d 的 Ni^{2+}溶出量为总溶出量的 62.55%，而壳聚糖/肝素钠薄膜为 54.57%，说明在模拟体液中浸泡一段时间后，两种多层膜均有溶解损耗的趋势。

第 6 章　NiTi 形状记忆合金表面溶胶凝胶法与热氧化法改性

第 5 章介绍了用层层静电自组装法在 NiTi 记忆合金表面制备的两种药物负载多层膜及其理化特性，这两种膜层的亲水性和抗腐蚀性能较 NiTi 记忆合金材料均有较大的提高，但在样品浸入模拟体液 20d 后，其膜层有一定的溶解损耗，从而导致膜层在后期的抗腐蚀性能有所下降。这可以引发更进一步的思考，即如何采用适宜的技术手段制备得到抗腐蚀性能和耐久度更好的表面膜材料？另外，PEI/肝素钠和壳聚糖/肝素钠多层膜均是针对 NiTi 记忆合金血管支架表面改性需要而做的材料设计。如何制备得到针对其他骨科应用的细胞相容性良好的膜材料？为解决以上两个问题，本章介绍采用溶胶凝胶法和热氧化法对 NiTi 记忆合金材料进行表面改性，制备获得 TiO_2 膜层并对其结构与性能进行比较。

6.1　TiO_2 改性膜层的形貌

样品的表面形貌由 SEM 给出，见图 6.1 和图 6.2。

由图 6.1 和图 6.2 可见，4 号样品 TiO_2 胶体经提拉后，在 NiTi 记忆合金上形成一层较均匀的膜层，其表面相对来说比较光滑，高倍下可看出有少许的凝胶颗粒。热氧化法处理后的表面比较粗糙，但膜层较为均匀、致密，低倍下观察形貌呈颗粒状，缺陷较少，高倍下可看到 TiO_2 结晶颗粒。由表面形貌可定性判断出样品表面的粗糙程度，其由大到小的顺序为热氧化法 TiO_2（5 号样品）>溶胶凝胶法 TiO_2（4 号样品）。

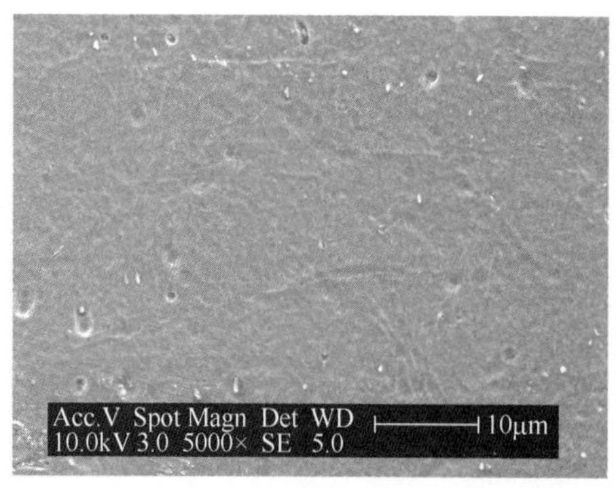

图 6.1　溶胶凝胶法 TiO_2 的 SEM 形貌（左图为 5000×，右图为 25000×）

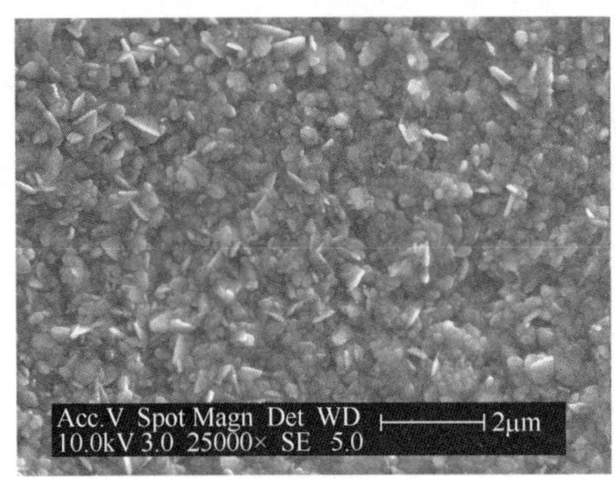

图 6.2　热氧化法 TiO_2 的 SEM 形貌（左图为 5000×，右图为 25000×）

6.2　TiO_2 改性膜层的结构特征

6.2.1　表面元素组成

通过 X 射线能谱（energy dispersive X-ray，EDX）可以分析样品的表面物质组成和物质含量。

由图 6.3～图 6.5 可见，NiTi 记忆合金的表面成分主要是 Ti 元素和 Ni 元素，Ti∶Ni = 2.06。溶胶凝胶法 TiO_2 表面主要是 Ti 元素和 Ni 元素，出现了少量的 O 元素，其中 Ti∶Ni = 2.19，与 NiTi 记忆合金接近且略有增大。热氧化法 TiO_2 表面主要是 Ti 元素，有一定量的 O 元素，其含量达到 17.13%；此外，Ni 元素的含量非常小，仅为 1.42%，而 Ti∶Ni = 57.35，说明其表面生成了大量的 TiO_2。

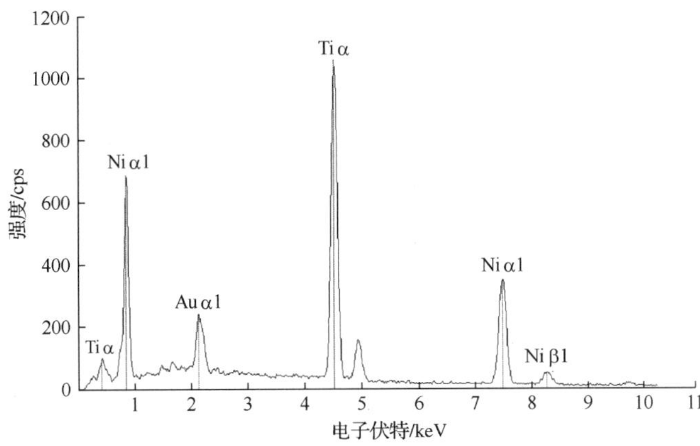

元素	重量/%	重量/% 误差	原子/%	原子/% 误差	分子式	合计/%
Ti	67.36	+/−0.61	71.67	+/−0.65	Ti	67.36
Ni	32.64	+/−0.43	28.33	+/−0.38	Ni	32.64
总计	100.00		100.00			100.00

图 6.3　NiTi 记忆合金的 EDX 能谱

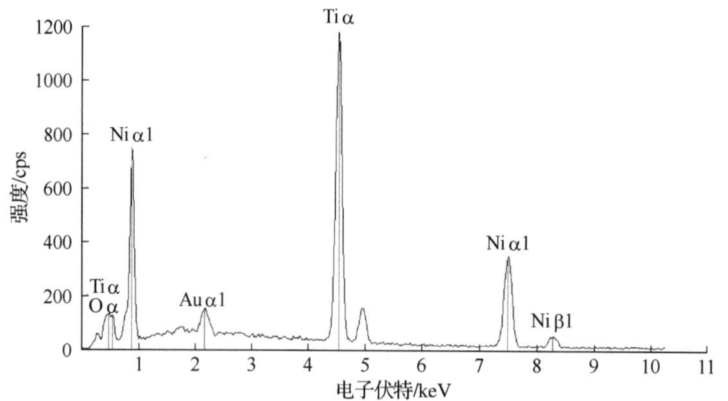

元素	重量/%	重量/% 误差	原子/%	原子% 误差	分子式	合计/%
O	2.65	+/−0.21	7.97	+/−0.62	O	2.65
Ti	66.87	+/−0.58	67.08	+/−0.58	Ti	66.87
Ni	30.47	+/−0.40	24.94	+/−0.33	Ni	30.47
总计	100.00		100.00			100.00

图 6.4　溶胶凝胶法 TiO_2 的 EDX 能谱

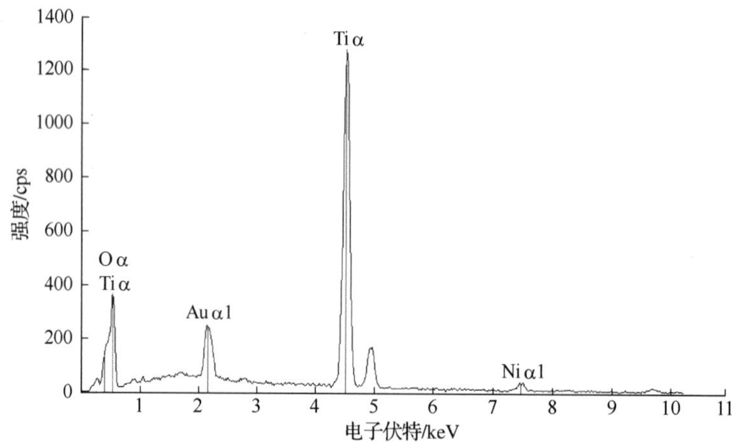

元素	重量/%	重量/% 误差	原子/%	原子/% 误差	分子式	合计/%
O	17.13	+/−0.44	38.30	+/−0.99	O	17.13
Ti	81.45	+/−0.67	60.83	+/−0.50	Ti	81.45
Ni	1.42	+/−0.15	0.87	+/−0.09	Ni	1.42
总计	100.00		100.00			100.00

图 6.5　热氧化法 TiO_2 的 EDX 能谱

利用第一性原理可以计算氧原子在各种 NiTi 记忆合金（110）反位缺陷体系的吸附行为以及表面形成能。结果表明，吸附氧原子的稳定性与表面钛原子的富集程度有很大的关联性，体系表面钛原子富集程度越高，氧原子吸附的稳定性越高。当覆盖度较高时，由于氧原子的吸附，可使镍和钛原子在表面出现反位，在一定氧势下，氧原子在表面第 1 层中的全部镍原子与第 3 层钛原子全部换位的反位缺陷体系上的吸附最稳定，此时随着氧原子的吸附，表面上的钛原子升高，导致向外膨胀生长形成 TiO_2 层，且在下方形成富镍层。由此可在一定程度上解释实验中发现在一定的氧分压条件下热氧化处理时，NiTi 记忆合金表层形成 TiO_2 层的原因[136]。

也有研究实验表明，在 3Pa 的氧分压气氛下氧化 NiTi 记忆合金，发现降低氧分压可以降低氧化膜中的镍、钛原子比，生成的氧化膜中几乎不含镍元素，氧化膜可以有效阻挡镍的析出[50]。

6.2.2　物相测试

通过 XRD 测试，可以表明样品的结晶化程度；将测试得到的谱图与标准特征峰卡片进行对比，可以分析样品的晶体结构。由图 6.6 中的曲线 a 可见，基底材料的 NiTi 记忆合金中既有立方结构的母相 B2 相的特征峰，又有单斜马氏体 B'19 相的特征峰，说明所用记忆合金中两相共存；曲线 b 中，经过溶胶凝胶法制备的 TiO_2 在记忆合金上提拉一层后，其 XRD 图基本没有变化，说明提拉膜层较薄，没有出现明显的 TiO_2 峰，但 SEM 表面形貌测试与拉曼光谱均可证实表面确实涂覆了一层 TiO_2；曲线 c 中，经热氧化后，样品表面结晶化程度提高，出现较强的衍射峰，高温 B2 相的特征峰变得比较尖锐且强度较大，低温马氏体 B'19 相特征峰不显著，新增了金红石相 TiO_2、锐钛矿相 TiO_2、Ni_3Ti、TiO、Ni_2O_3 等特征峰，说明该样品表面有这些物质生成。由特征峰的数量和强度可知，样品表面主要为金红石相的 TiO_2，样品中有少量的锐钛矿相 TiO_2，以及上述所列其他化合物，这与拉曼光谱的结果相吻合。

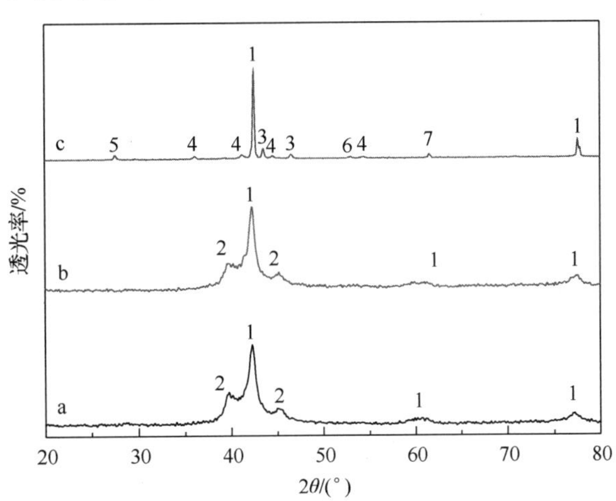

a—NiTi 记忆合金；b—溶胶凝胶法 TiO_2；c—热氧化法 TiO_2；

1—NiTi（B2 相）；2—NiTi（B'19 相）；3—Ni_3Ti；4—TiO_2（金红石）；5—Ni_2O_3；6—TiO；7—TiO_2（锐钛矿）。

图 6.6　TiO_2 组 XRD 图谱

6.2.3　红外光谱

以 NiTi 记忆合金的红外光谱为基线，通过反射红外测试仪得到两种 TiO_2 膜的红外光谱，见图 6.7 和图 6.8。由文献可知[110]，TiO_2 的红外特征峰出现在 480cm^{-1} 附近。观察图 6.7 和图 6.8 可以看到，溶胶凝胶法 TiO_2 膜层的特征峰位在 460cm^{-1}，峰值较小，干扰信号较多；而热氧化法制备的 TiO_2 膜层峰位在 488cm^{-1}，峰值较大。这是因为溶胶凝胶法 TiO_2 为提拉得到的单层膜，其信号较弱；而热氧化法制备的样品，TiO_2 生成较密集且深入，故红外信号较强。通过红外光谱可证实两种方法都生成了 TiO_2。

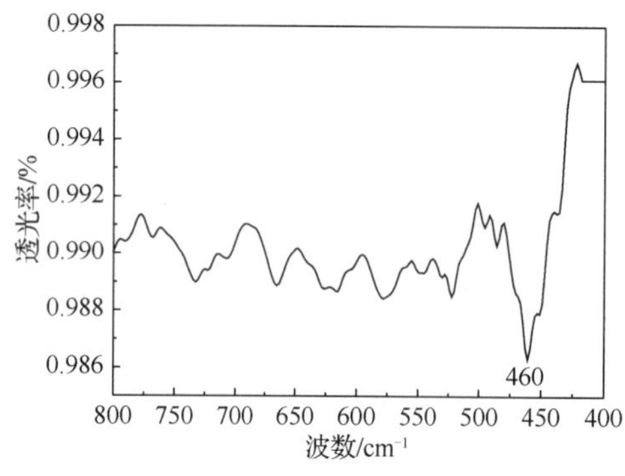

图 6.7　溶胶凝胶法 TiO_2 的红外光谱

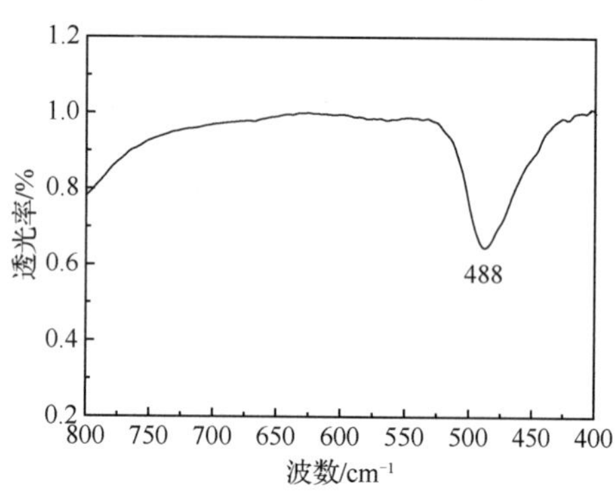

图 6.8　热氧化法 TiO_2 的红外光谱

6.2.4　拉曼光谱

用 532nm 的激光照射样品表面，得到两种 TiO_2 膜的拉曼光谱。

TiO_2 有 3 种不同的组成形式，分别为锐钛矿、板钛矿和金红石。锐钛矿相 TiO_2 属于四方晶系 $D_{4h}^{19}(P42/mmm)$ 空间群，每个晶胞中含有 2 个 TiO_2 分子，拉曼振动为 $A_{1g}+2B_{1g}+3E_g$，在 100～800cm^{-1} 范围内应有 6 个拉曼振动峰。其中，142～144cm^{-1} 处对应的峰 E_g 是对称类型的 O-Ti-O 变角振动峰，强度最大；197cm^{-1} 附近是 E_g 振动；395cm^{-1} 附近 B_{1g} 振动；515cm^{-1} 附近是 A_{1g}、B_{1g} 模式，室温时这两个振动模是重合的，只有在低温下才能分开[111-112]。板钛矿为斜方晶体，在拉曼光谱中，一般来说，242cm^{-1}、320cm^{-1}、361cm^{-1} 的峰被指认是来自板钛矿相的 A_g、B_{1g}、B_{2g} 和 B_{3g} 振动模[113]。金红石型结构的 TiO_2 形成于高温条件下，化学稳定性较好，也属于四方晶系，其每个晶胞中含 2 个 TiO_2 分子，属于 D_{4h}^{14}（P42/mmm）空间群，拉曼振动模为 E_g+A_{1g}。对应谱图中的 452cm^{-1} 和 611cm^{-1} 的两个峰被指认为金红石的 E_g 和 A_{1g} 的振动模[114]。

图 6.9 中，曲线 a 为溶胶凝胶法 TiO_2 单层膜的拉曼光谱，可以看到其中出现了锐钛矿和板钛矿的特征峰，说明样品主要由这两种形式的 TiO_2 组成，由于是单层膜，其信号较弱。曲线 b 给出了热氧化法 TiO_2 拉曼光谱，可以看到，437cm^{-1} 出现细而尖锐的强峰，这对应着标准谱图中的 452cm^{-1} 的金红石相。对比曲线 a（溶胶凝胶法 TiO_2），发现曲线 a 中 509cm^{-1}、610cm^{-1} 两处的峰（分别对应标准谱图中的 515cm^{-1}、636cm^{-1} 处的锐钛矿相特征峰）在曲线 b 中基本消失，而其他锐钛矿相的特征峰有所保留，这说明曲线 b 的热氧化法制备的 TiO_2 主要生成了金红石相，同时存有少量锐钛矿相的 TiO_2。

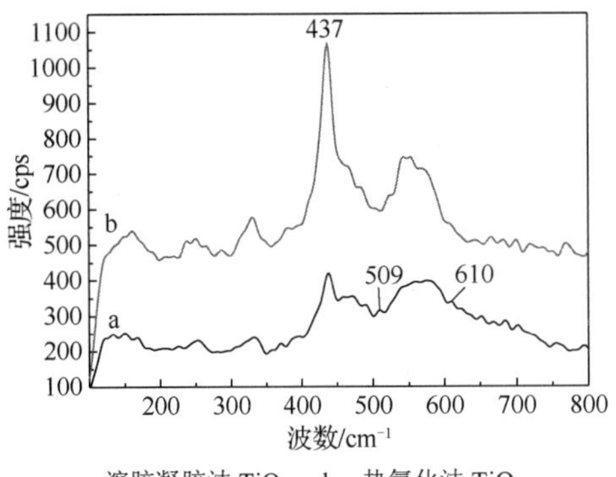

a—溶胶凝胶法 TiO_2；b—热氧化法 TiO_2。

图 6.9　拉曼光谱

图 6.9 中测试得到的样品的拉曼峰位和标准谱图对比都有所变化，主要表现为峰位红移、半高宽减小、谱线锐化。拉曼光谱的移动一般认为是以下几种因素造成的：非化学计量比、退火温度、激光强度、相成分、表面量子效应和晶粒尺寸。和标准的单晶 TiO_2 体材料相比，实验测得的波峰位置都略有红移，是纳米量子尺寸效应的反映。粒子粒径较小，表面原子缺少相邻的原子而处于相对松弛的状态，相应的振动频率变低。同时，随着晶体粒径的变小，薄膜比表面积变大，这部分低频振动的散射信号就更明显。

6.3　TiO_2 改性膜层的表面硬度

通过纳米压痕仪可以表征样品表面的显微硬度。

图 6.10 和图 6.11 给出了一次测试的加载、卸载曲线。由仪器计算得到，溶胶凝胶法 TiO_2 膜层的表面硬度为 4.57GPa±0.98GPa，热氧化法 TiO_2 的表面硬度为 8.06GPa±1.34GPa，而 NiTi 记忆合金的表面硬度为 3.53GPa±0.21GPa，可见 TiO_2 的负载提高了样品的表面硬度，而热氧化法制备的 TiO_2 表面硬度尤其大。人体骨骼的硬度在 4～5，随着年龄、体质不同而有所不同，所制备的材料表面硬度与骨骼接近，能够达到骨科植入材料的硬度要求。

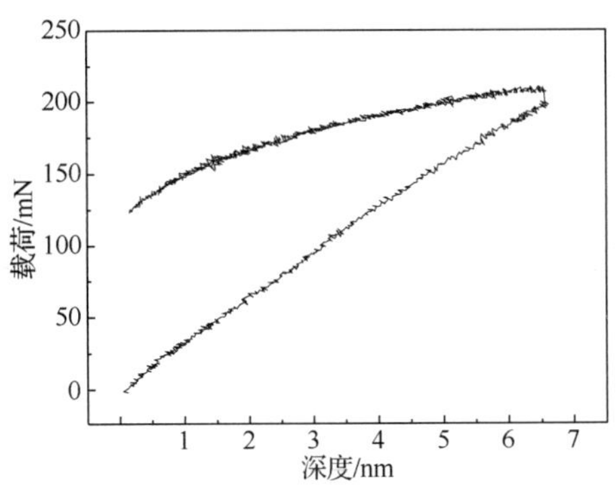

图 6.10　溶胶凝胶法 TiO_2 的纳米压痕仪数据

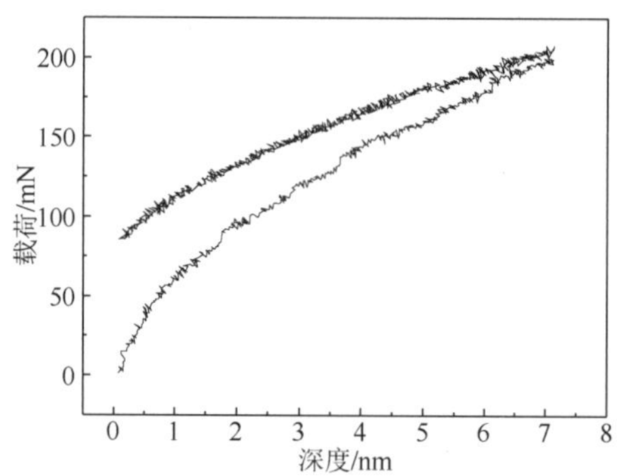

图 6.11　热氧化法 TiO_2 的纳米压痕仪数据

6.4　TiO_2 改性膜层的浸润特性

为了分析样品表面的亲疏水特性，用去离子水进行接触角实验，每个样品在不同的位置测试 3 次，最终结果取平均值给出。

图 6.12 给出了测试中的一次测试图片，用量高法计算试样表面接触角的大小，结果如下：溶胶凝胶法 TiO_2 的接触角为 90.8°，热氧化法 TiO_2 的接触角为 80.8°，接触角的大小可以反映样品表面的亲疏水特性，接触角越小，说明样品表面越亲水，则越有可能成为血液相容性良好的表面。由测试结果可以看出，样品的接触角由大到小分别为溶胶凝胶法 TiO_2>热氧化法 TiO_2>NiTi 记忆合金（数据见第 5 章），说明在血液相容性方面，TiO_2 组这两种样品可能表现一般。但它们的接触角数值介于亲水表面和疏水表面之间，再加上表面较为粗糙（SEM 照片可见），可能会在诱导细胞生长方面表现出一定的作用。

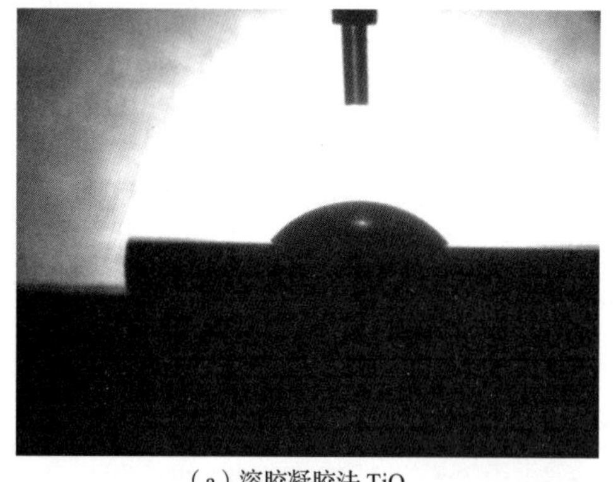
（a）溶胶凝胶法 TiO_2

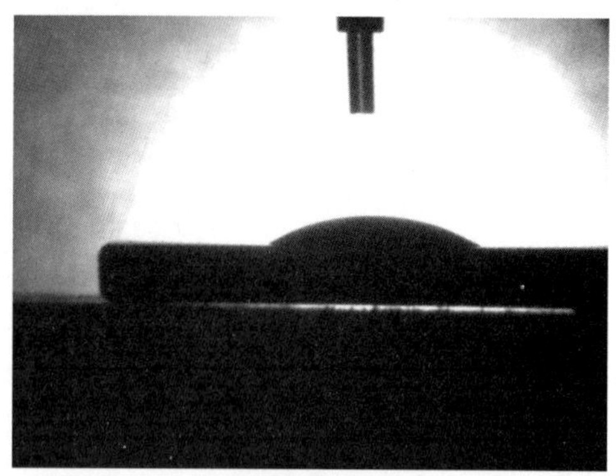
（b）热氧化法 TiO_2

图 6.12　溶胶凝胶法 TiO_2 和热氧化法 TiO_2 接触角

6.5　TiO_2 改性膜层的抗腐蚀性能

通过运用石墨炉型原子吸收光谱法来测试样品的抗腐蚀性能。将 TiO_2 组溶胶凝胶法 TiO_2 样品和热氧化法 TiO_2 样品分别放入 Hank's 模拟体液中浸泡，待浸泡时间为 5d、10d、15d、20d、30d 和 40d 后取 Hank's 模拟体液进行测试，实验结果见图 6.13。由图 6.13 可见，TiO_2 膜在 6 个时间点的 Ni^{2+} 溶出量都少于 NiTi 记忆合金材料。对于溶胶凝胶法制备的 TiO_2 膜层（4 号样品）来说，其 Ni^{2+} 溶出趋势和 NiTi 记忆合金材料非常接近，只是在每个时间点都比 NiTi 记忆合金材料少一些。随时间增加，Ni^{2+} 释放比较稳定，说明膜层材料较均匀，与电镜照片结果吻合。到第 40 天时，它的 Ni^{2+} 释放量是 NiTi 记忆合金材料的 90.5%，这是由于本样品只在 NiTi 记忆合金表面覆盖一层 TiO_2，其抑制 Ni^{2+} 溶出的能力有限。热氧化法制备的 5 号样品的 Ni^{2+} 溶出情况有所不同。在样品浸入 Hank's 模拟体液的 20d 内，Ni^{2+} 释放量明显低于 NiTi 记忆合金材料；到第 20 天时，为 NiTi 记忆合金材料的 27.8%，说明比较致密的 TiO_2 改性膜层可以在一定时间内减缓 Ni^{2+} 的溶出；在 20～40d，Ni^{2+} 释放趋势和 NiTi 记忆合金材料相似，说明在一段时间后，Ni^{2+} 溶出量有所增加，这可能与表面膜层的损耗有关；到第 40 天时，其 Ni^{2+} 溶出数量基本为 NiTi 记忆合金材料的一半，而且有减缓趋势，说明该种方法制备的膜层能够较好地抑制 Ni^{2+} 的溶出。

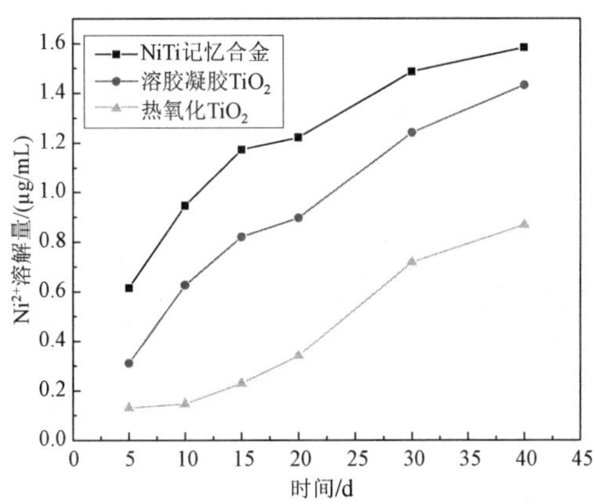

图 6.13　NiTi 记忆合金和 TiO_2 膜层的原子吸收光谱

本 章 小 结

本章介绍了采用溶胶凝胶法和热氧化法制备的两种 TiO_2 薄膜，借助各种分析测试手段，分析测试了两种 TiO_2 样品在表面形貌、表面亲疏水特性、表面硬度、膜层结晶程度及膜层的抗腐蚀性等方面的特点，并与 NiTi 记忆合金进行比较，得到定性判断样品表面粗糙度由大到小的顺序为热氧化法 TiO_2（5 号样品）>溶胶凝胶法 TiO_2（4 号样品）。负载了 TiO_2 的样品表面硬度有一定增加，其中溶胶凝胶法 TiO_2 比 NiTi 记忆合金增加了 29.46%，热氧化法 TiO_2 比 NiTi 记忆合金增加了 128.33%。同时，两种 TiO_2 膜的接触角均大于 NiTi 记忆合金材料，其中溶胶凝胶法 TiO_2 薄膜比 NiTi 记忆合金增大了 12.52%，热氧化法 TiO_2 薄膜比 NiTi 记忆合金增大了 0.12%，说明两种 TiO_2 膜的表面亲水性均不如 NiTi 记忆合金。

XRD、红外、拉曼等测试显示溶胶凝胶法 TiO_2 薄膜主要由锐钛矿和板钛矿相 TiO_2 组成，而热氧化法样品表面主要是金红石相 TiO_2。金红石相更稳定、结晶性更好，因此在原子吸收光谱的抗腐蚀性能测试中，热氧化法 TiO_2 比溶胶凝胶法 TiO_2 样品的 Ni^{2+} 溶出总量少 54.37%。

第7章　TiO_2/肝素钠复合膜层的制备与性能

第 6 章介绍了采用溶胶凝胶法和热氧化法两种不同方法制备的 TiO_2 改性膜层的结构与性能，并与 NiTi 记忆合金基材进行比较。可以得知，这两种膜层具有一定的表面粗糙度，表面硬度与骨科材料接近，能够抑制 Ni^{2+}的溶出。但材料表面的亲水性不如 NiTi 记忆合金基材，这可能会对实际应用产生一定的影响。本章在前面研究工作的基础上，进一步介绍制备 TiO_2/肝素钠复合膜层，论述利用陶瓷材料的致密性控制其在模拟体液环境中的 Ni^{2+}溶出；同时，利用药物高分子材料的负载，提高表面的亲水特性，以达到提高合金材料表面的生物相容性的目的。

7.1　TiO_2/肝素钠复合膜层的表面形貌

TiO_2/肝素钠复合膜层样品的表面形貌由 SEM 给出。

由图 7.1 和图 7.2 可见，溶胶凝胶法复合膜层的表面相对平整，和第 6 章中图 6-1 的 SEM 形貌对比可知，有不规则的片状物质盖住 TiO_2 表面，大倍数下偶尔可见小颗粒，大部分视野被大片层状物质占据，这是高分子肝素钠平铺其上所致。热氧化法复合膜层的形貌与溶胶凝胶法复合膜层的形貌差别较大，它表面比较致密的 TiO_2 晶状颗粒依稀可见，但经高分子覆盖后，其表面变得较为不规则，观察大倍数图可知有絮状物沉积在表面，说明肝素钠并未完全平铺在热氧化法 TiO_2 样品表面，而是不规则地聚集在其表面。这与表面的预处理方式有关。溶胶凝胶法 TiO_2 是在弱酸性条件下制备得到的，样品表面呈现正电，能够将负电性的肝素钠吸引至表面，而正负电荷相吸的作用较为均匀，使肝素钠呈层状平铺其上；而热氧化法 TiO_2 经预处理后，表面有羟基生成，这些羟基容易与肝素钠作用而将肝素钠固定在样品表面，但这种作用较为分散，肝素钠负载不紧密。比较图 7.1 和图 7.2 两幅图片，定性分析其表面粗糙度，由大到小的顺序为热氧化法 TiO_2/肝素钠（7 号样品）>溶胶凝胶法 TiO_2/肝素钠（6 号样品）。

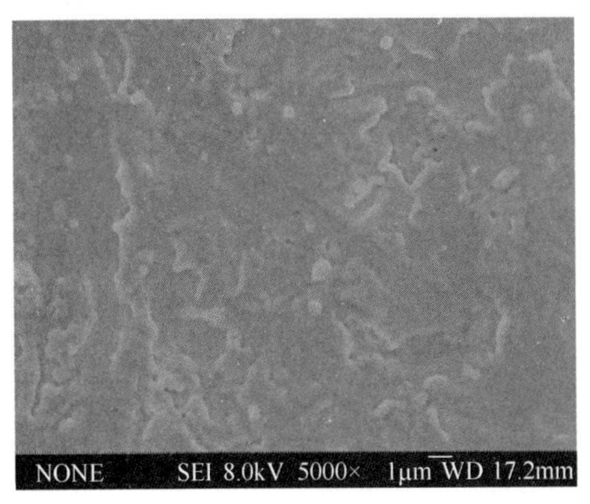

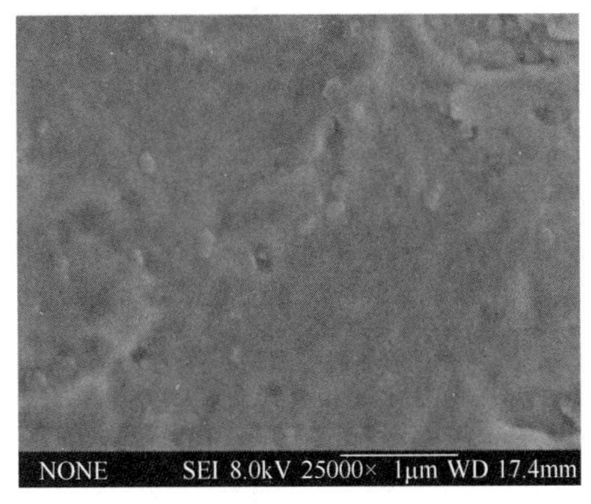

图 7.1　溶胶凝胶法 TiO_2/肝素钠的 SEM 形貌（左图为 5000×，右图为 25000×）

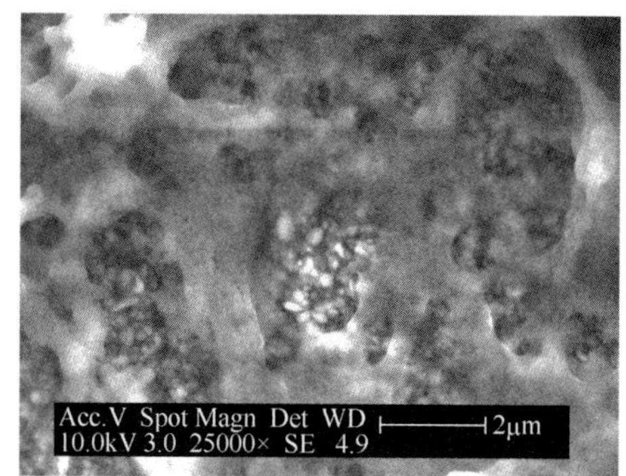

图 7.2　热氧化法 TiO_2 /肝素钠的 SEM 形貌（左图为 5000×，右图为 25000×）

7.2　TiO_2/肝素钠复合膜层的结构特征

7.2.1　表面元素组成

由图 7.3 和图 7.4 可见，溶胶凝胶法 TiO_2/肝素钠表面主要是 Ti 元素和 Ni 元素，有部分 O 元素，说明其表面有 TiO_2 生成，基本未见肝素钠；热氧化法 TiO_2/肝素钠表面主要是 Ti 元素，有一定量的 O 元素和少量的 Na 元素、C 元素、Ni 元素，说明其表面主要是 TiO_2，可能有少量的肝素钠负载。

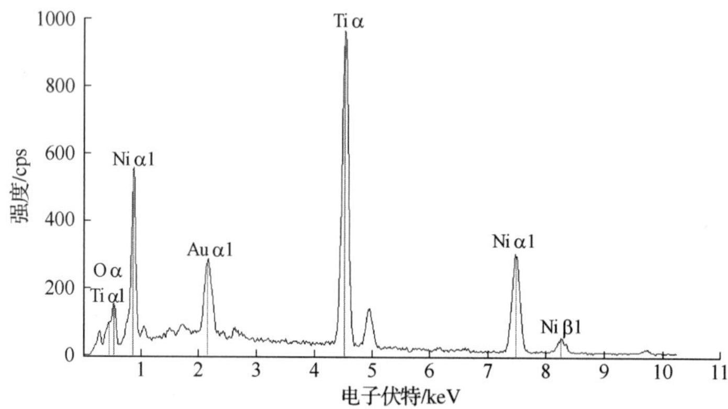

元素	重量/%	重量/%误差	原子/%	重量/%误差	分子式	合计/%
O	5.34	+/−0.27	15.15	+/−0.75	O	5.34
Ti	67.19	+/−0.64	63.63	+/−0.61	Ti	67.19
Ni	27.47	+/−0.42	21.22	+/−0.33	Ni	27.47
总计	100.00		100.00			100.00

图 7.3　溶胶凝胶法 TiO_2 /肝素钠 EDX 能谱

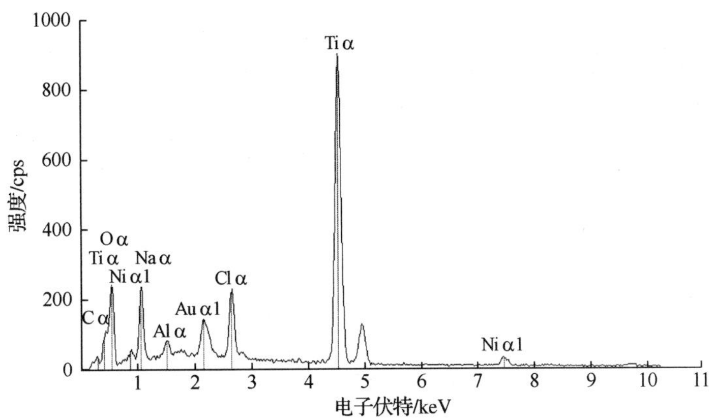

元素	重量/%	重量/% 误差	原子/%	重量/% 误差	分子式	合计%
C	1.79	+/-0.25	5.25	+/-0.73	C	1.79
O	13.26	+/-0.42	29.15	+/-0.92	O	13.26
Na	4.36	+/-0.12	6.67	+/-0.19	Na	4.36
Ti	78.62	+/-0.76	57.75	+/-0.56	Ti	78.62
Ni	1.97	+/-0.18	1.18	+/-0.11	Ni	1.97
总计	100.00		100.00			100.00

图 7.4　热氧化法 TiO_2/肝素钠 EDX 能谱

7.2.2　红外光谱

以 NiTi 记忆合金的红外光谱为基线，通过反射红外测试仪得到两种多层膜的红外光谱，见图 7.5 和图 7.6。图 7.5 所示为两种复合膜样品在波数为 400～700cm^{-1} 时的红外光谱，此部分光谱对应 TiO_2 的特征峰，应该在 480cm^{-1} 附近。实际测得溶胶凝胶法 TiO_2/肝素钠的峰值在 472cm^{-1}，强度较弱；而热氧化法 TiO_2/肝素钠的峰值在 480cm^{-1} 附近，强度较大，与第 6 章结果相吻合。图 7.6 所示为两种复合膜样品在波数为 700～2000cm^{-1} 时的红外光谱，此部分光谱对应肝素钠的特征峰以及肝素钠与 TiO_2 相互作用的特征峰。由第 5 章的介绍与测试可知，796cm^{-1} 对应着 C—O—S 键的伸缩振动，1426cm^{-1} 附近为羧酸根离子的对称伸缩振动，为肝素钠的特征峰，这在两个复合膜样品的红外图中均有体现，且变化不大，说明这些基团与 TiO_2 之间没有化学作用。1223cm^{-1} 处对应 $—OSO_3^-$ 基团的 S═O 键伸缩振动，在溶胶凝胶法 TiO_2/肝素钠复合膜的光谱中略有红移至 1215cm^{-1} 处，而在热氧化法 TiO_2/肝素钠复合膜的光谱中被 1240cm^{-1} 处的强峰包所涵盖。同时，1050cm^{-1} 处对应的 C—O—C（糖环）的伸缩振动，在热氧化法 TiO_2/肝素钠复合膜的光谱中强度减弱，说明溶胶凝胶法 TiO_2/肝素钠复合膜中 TiO_2 与肝素钠的相互作用较小，而热氧化法 TiO_2/肝素钠复合膜中 TiO_2 对肝素钠作用较明显，使得一些特征振动减弱或消失，这与 SEM 测得的结果相一致。

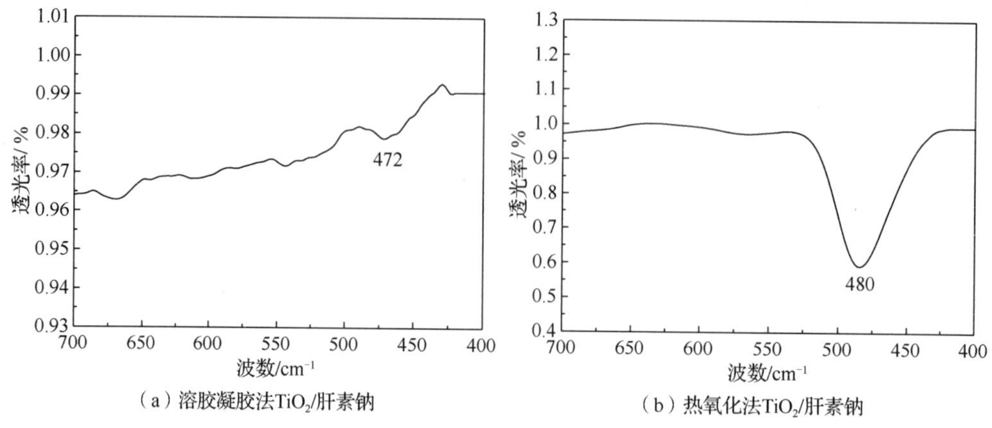

（a）溶胶凝胶法TiO_2/肝素钠　（b）热氧化法TiO_2/肝素钠

图 7.5　两种复合膜样品在波数为 400～700cm^{-1} 时的红外光谱

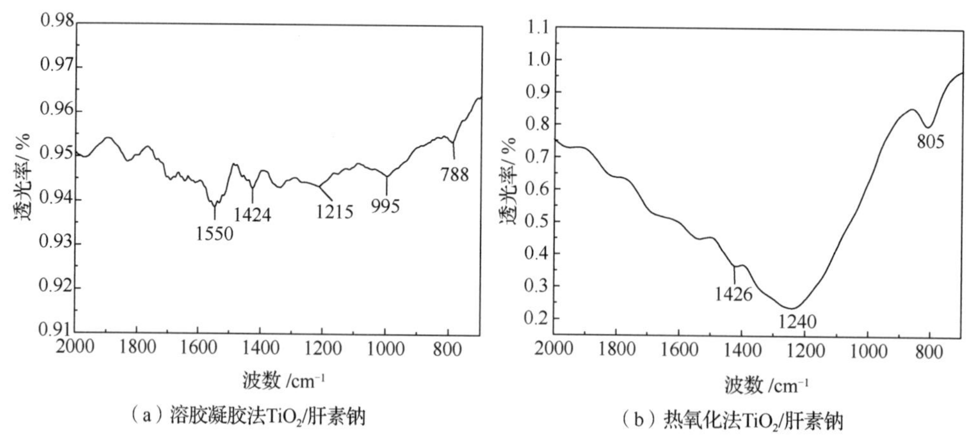

（a）溶胶凝胶法TiO_2/肝素钠　（b）热氧化法TiO_2/肝素钠

图 7.6　两种复合膜样品在波数为 700～2000cm^{-1} 时的红外光谱

7.2.3　拉曼光谱

用 532nm 的激光照射样品表面，得到两种多层膜的拉曼光谱，见图 7.7。对比第 5 章与第 6 章的相应结果，可以看出，溶胶凝胶法 TiO_2 和热氧化法 TiO_2 的拉曼特征峰在复合膜的拉曼光谱中均有体现，1039cm^{-1} 和 1055cm^{-1} 处的双峰对应着肝素钠中的 S—O 特征振动峰，在两种复合膜样品中也都有所体现，其中溶胶凝胶法 TiO_2/肝素钠的双峰位置为 1067cm^{-1}、1089cm^{-1}，而热氧化法 TiO_2/肝素钠的双峰位置为 1017cm^{-1}、1054cm^{-1}，均有一定的移动，且热氧化法 TiO_2/肝素钠移动较明显。参考 SEM 和红外光谱的结果，可推知这是由于热氧化法 TiO_2/肝素钠复合膜中 TiO_2 对肝素钠作用较明显。

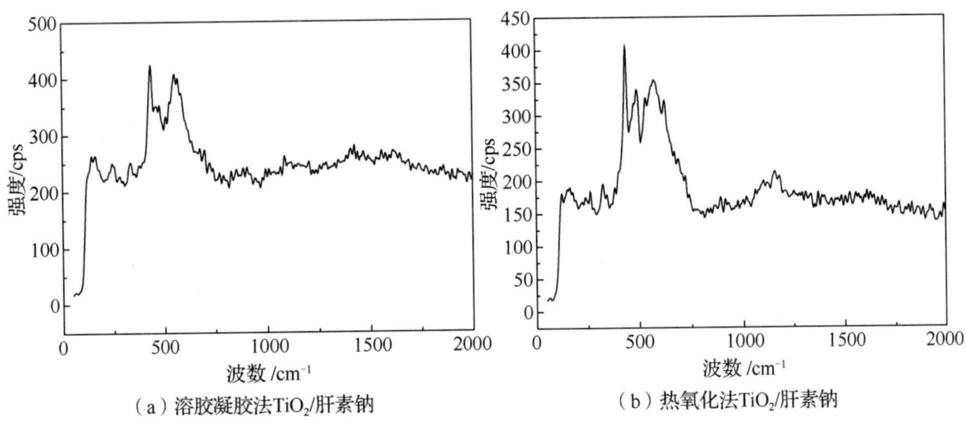

图 7.7　拉曼光谱

7.3　TiO_2/肝素钠复合膜层的表面硬度

通过纳米压痕仪，可以表征样品表面的显微硬度。

图 7.8 和图 7.9 给出了一次测试的加载、卸载曲线。由仪器计算得到，溶胶凝胶法 TiO_2/肝素钠的表面硬度为 1.07GPa±0.14GPa，热氧化法 TiO_2/肝素钠的表面硬度为 5.42GPa±2.16GPa，对比前面的数据，可知肝素钠的负载显著降低了样品的表面硬度。

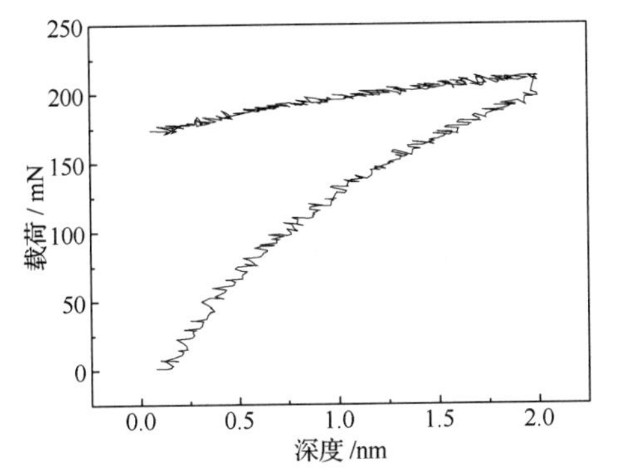

图 7.8　溶胶凝胶法 TiO_2/肝素钠的纳米压痕仪数据

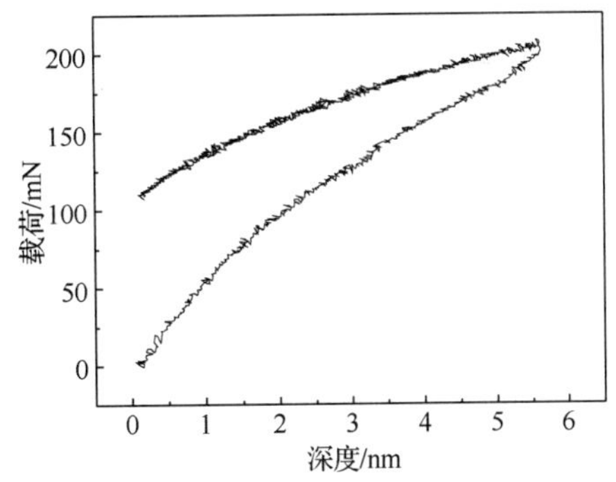

图 7.9　热氧化法 TiO_2/肝素钠的纳米压痕仪数据

7.4　TiO_2/肝素钠复合膜层的浸润特性

为了分析样品表面的亲疏水特性，用去离子水进行接触角实验，每个样品在不同的位置测试 3 次，最终结果取平均值。

图 7.10 给出了测试中的一次测试图片，用量高法计算试样表面接触角的大小，结果如下：溶胶凝胶法 TiO_2/肝素钠的接触角为 27.3°，热氧化法 TiO_2/肝素钠的接触角为

51.5°，对比第 6 章的相关数据，可见肝素钠的负载显著改变了样品的接触角，从而使样品表面的亲水性得到了较大的提高。同时，由于两种方法制备的 TiO_2 表面预处理不同，对肝素钠的化学吸附作用也有所不同，导致了两种复合膜表面的接触角有所不同。其中，相对平整、表面粗糙度较小的溶胶凝胶法 TiO_2/肝素钠的接触角比热氧化法 TiO_2/肝素钠更小，这与表面粗糙效应的理论相吻合。

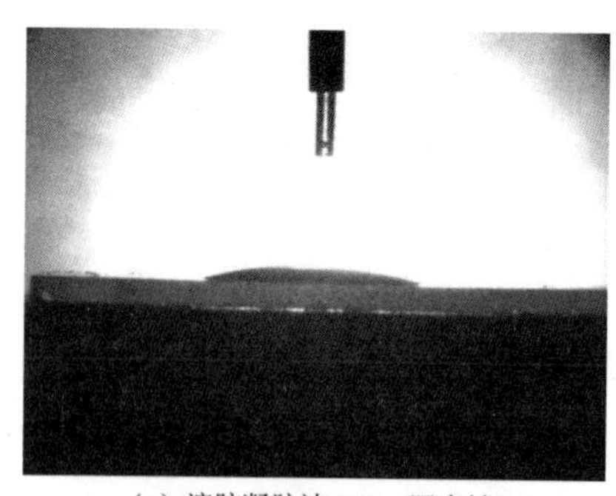
（a）溶胶凝胶法 TiO_2 /肝素钠

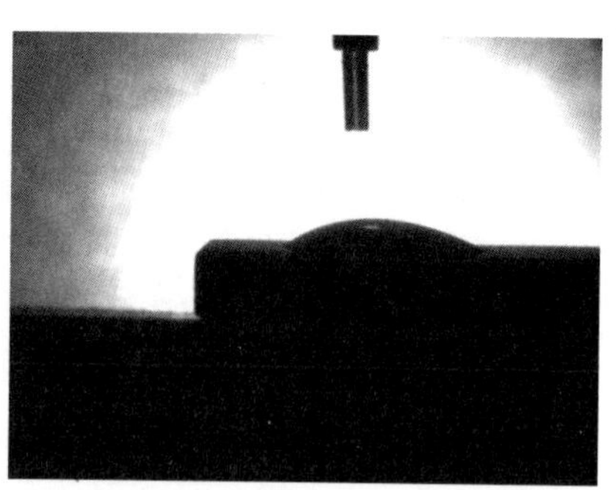
（b）热氧化法 TiO_2 /肝素钠

图 7.10　接触角

7.5　TiO_2/肝素钠复合膜层的抗腐蚀性能

通过运用石墨炉型原子吸收光谱法来测试样品的抗腐蚀性能。将 NiTi 记忆合金、溶胶凝胶法 TiO_2/肝素钠样品和热氧化法 TiO_2/肝素钠样品分别放入 Hank's 模拟体液中浸泡，待浸泡时间为 5d、10d、15d、20d、30d 和 40d 后取 Hank's 模拟体液进行测试，实验结果见图 7.11。

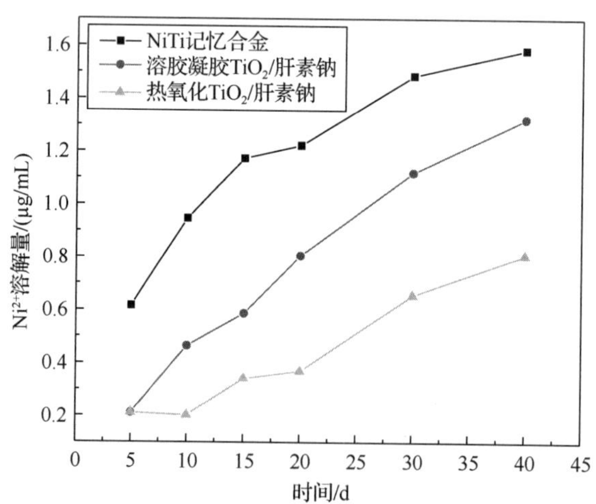

图 7.11　NiTi 记忆合金和复合膜层的原子吸收光谱

由图 7.11 可见，总体来说，复合膜层在 6 个时间点的 Ni^{2+}溶出量都少于 NiTi 记忆合金材料。对于溶胶凝胶法 TiO_2/肝素钠膜层（6 号样品）来说，其 Ni^{2+}溶出趋势和 NiTi 记忆合金材料比较接近，但在每个时间点都比 NiTi 记忆合金材料少，而且随时间增加，Ni^{2+}释放比较稳定，说明膜层材料较均匀，与电镜照片结果吻合。对比前面的数据可知，其 Ni^{2+}溶出量少于溶胶凝胶法 TiO_2（4 号样品），说明肝素钠的负载对抑制 Ni^{2+}溶出有帮助。热氧化法 TiO_2/肝素钠薄膜（7 号样品）的 Ni^{2+}溶出情况有所不同。在样品浸入 Hank's 模拟体液的 20d 内，Ni^{2+}释放量明显低于 NiTi 记忆合金且释放缓慢；到第 20 天时，为 NiTi 记忆合金的 30%左右，说明比较致密的 TiO_2 改性膜层可以在一定时间内减缓 Ni^{2+}的溶出，对比前面的数据，负载的肝素钠也能够减缓 Ni^{2+}的溶出；在 20～40d，Ni^{2+}释放有上升趋势，和 NiTi 记忆合金相似，说明在一段时间后，Ni^{2+}溶出率有所增加，这可能与表面膜层的损耗有关；到第 40 天时，其 Ni^{2+}溶出数量不到 NiTi 记忆合金的一半，说明该样品能够很好地抑制 Ni^{2+}的溶出。

7.6　理化性能测试

由前面章节的介绍可知，药物负载复合膜层设计主要包括 7 种类型，对照样品编号，见表 7.1。

表 7.1　样品编号

样品编号	样品名称	膜层设计类型
1	NiTi 记忆合金	记忆合金基材
2	PEI/肝素钠多层膜	多层膜组
3	壳聚糖/肝素钠多层膜	
4	溶胶凝胶法 TiO_2 薄膜	TiO_2 组
5	热氧化法 TiO_2 薄膜	
6	溶胶凝胶法 TiO_2 /肝素钠薄膜	复合膜组
7	热氧化法 TiO_2 /肝素钠薄膜	

由 SEM 结果可定性说明各样品的表面形貌和表面粗糙度，由 EDX 能谱、XRD 测试、红外光谱、拉曼光谱等测试可以得到样品的表面元素组成、空间结构特征及膜层之间的相互作用特点。各样品的形貌、结构不同，将导致样品的表面硬度、表面浸润特性和抗腐蚀性能的不同。

样品的表面硬度是衡量样品能否作为植入物的指标之一。纳米压痕仪数据给出了 7 组样品的表面硬度，综合比较如图 7-12 所示。

从图 7.12 可以看出，多层膜的负载较大程度地降低了样品的表面硬度，当样品主要与软组织接触时，这种变化是有利的。两种方法制备的 TiO_2 都在不同程度上提高了样品的表面硬度，并且与骨组织硬度接近。在 TiO_2 表面复合药物肝素钠后，样品的表面硬度有较大程度的下降，这种梯度涂层适用于血管支架的要求。

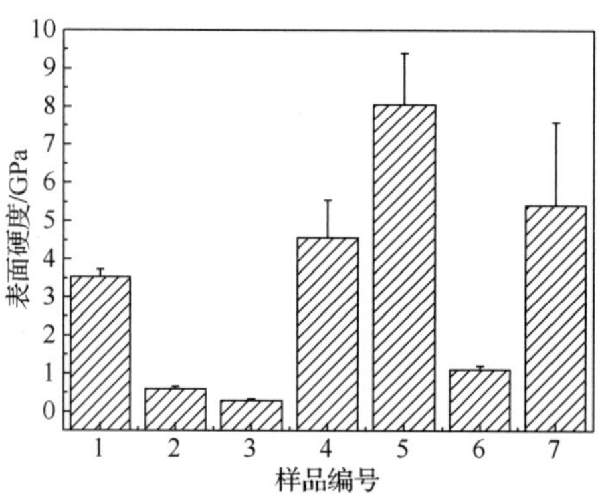

图 7.12　各样品表面硬度比较

样品的表面浸润特性由接触角数据给出。综合比较 7 组样品的接触角数据，可得到图 7.13。

由图 7.13 可见，多层膜组（2 号、3 号样品）和复合膜组（6 号、7 号样品）的接触角都小于 NiTi 记忆合金（1 号样品），而 TiO_2 组的接触角（4 号、5 号样品）大于 NiTi 记忆合金基材，这说明抗凝血药物肝素钠的负载降低了样品的接触角，提高了表面亲水性，这会对提高样品的生物相容性特别是血液相容性起到促进作用。

制备表面改性膜层的技术方法不同，多层膜组、复合膜组样品中各膜层之间的相互作用情况不同，会导致样品的抗腐蚀性能有所不同。综合分析比较 7 种样品在模拟体液环境中的抗腐蚀性能，即 Ni^{2+}溶出情况，每个样品取浸泡时间为 30d 时的数据。由图 7.14 可见，样品浸入模拟体液 30d 后，各改性膜层样品的 Ni^{2+}溶出量均小于 NiTi 记忆合金材料，说明各改性膜层均能够抑制 Ni^{2+}的溶出。其中多层膜组效果最好，复合膜组次之，TiO_2 组效果一般。抗腐蚀性能的提高对减小样品的细胞毒性有重要作用，该内容将在第 10 章进行介绍。

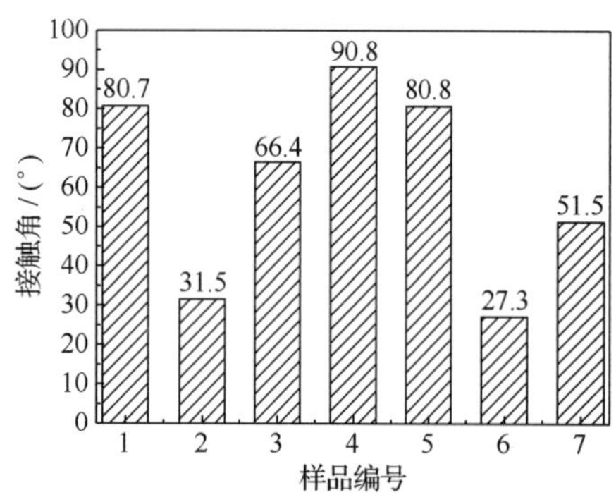

图 7.13　各样品接触角比较

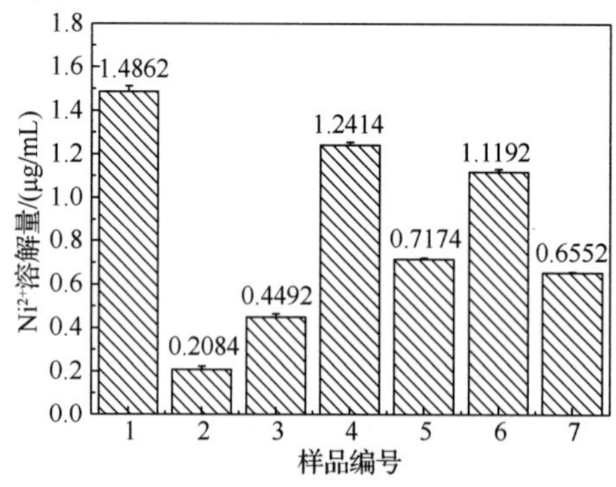

图 7.14　30d 时各样品 Ni^{2+}溶出情况比较

本 章 小 结

本章介绍了在溶胶凝胶法与热氧化法制备的 TiO_2 膜层表面负载肝素钠薄膜，通过SEM、接触角、纳米压痕仪、红外光谱、拉曼光谱、原子吸收光谱等理化测试手段，分析测试了两种复合薄膜在表面形貌、表面亲疏水特性、表面硬度、膜层的抗腐蚀性等方面的特点，并与 NiTi 记忆合金进行比较，得到定性判断样品表面粗糙度由大到小的顺序为热氧化法 TiO_2/肝素钠（7 号样品）>溶胶凝胶法 TiO_2/肝素钠（6 号样品）。TiO_2 表面负载肝素钠能够降低其表面硬度，同时提高表面的亲水性。

红外、拉曼等测试显示两种 TiO_2 薄膜与肝素钠复合时，溶胶凝胶 TiO_2 对肝素钠没有明显影响，而热氧化法 TiO_2 与肝素钠之间存在一定的作用。原子吸收光谱测试结果说明这两种样品均能抑制 Ni^{2+}的溶出，其中溶胶凝胶法 TiO_2/肝素钠的 40d Ni^{2+}溶出总量比NiTi 记忆合金减少了 35.86%，而热氧化法 TiO_2/肝素钠的 40d Ni^{2+}溶出总量比 NiTi 记忆合金减少了 63.23%。

第8章　表面去合金化改性NiTi形状记忆合金的血液相容性分析

医用材料的生物相容性根据材料植入人体部位的不同，可分为组织相容性和血液相容性。组织相容性主要是指材料与心血管系统外的组织和器官接触，如肌肉、骨骼、皮肤等，考察的是生物医用材料与组织间的相互作用，又称为一般相容性；而血液相容性则是指材料用于心血管系统，直接与血液相接触，考察与血液的相互作用[137]。组织相容性与血液相容性密切相关但又各有侧重，组织相容的材料不一定是血液相容的材料。显然，由于血液成分和生理功能的复杂性，涉及的反应机理还大多不为人所皆知，因此血液相容性比组织相容性所涉及的问题更为复杂。

对于多数金属来说，金属表面呈现正电性，而血液组织带负电，因而有一定的致血栓性，但相对来讲抗腐蚀性较强；相反，表面呈现负电性的金属有一定的抗血栓性，但却容易腐蚀。因此，可通过各种表面改性处理来改变金属的表面结构，提高抗血栓性。

对心血管支架而言，支架表面最初形成的血栓会影响其后新内膜的生长；壳聚糖等降低血栓形成，有利于防止支架表面血小板和血栓沉积，从而有助于新内膜生长。内皮虽然不能在裸露的金属表面形成，但是能在纤维蛋白和血栓形成的膜表面形成，从而使治疗过程中血栓形成是必要的，但需要加以控制。内皮增厚可归因于两点：其一，金属离子浓度高，最初吸引更多血栓，刺激内皮细胞增殖；其二，血管表面在循环应力作用下，胶原细胞和介质细胞更新以及内皮创伤和增生等。NiTi记忆合金作为心血管植入物和介入器械也存在同样的问题。

总之，材料与血液的相互作用主要在材料的表面上发生，血液相容性与表面电荷、表面亲水性、表面形貌及表面功函数有密切的关系[138]。

血液相容性的体外实验是用人或动物离体血与受检验材料按某种方式接触一定时间后，测定血液成分变化或检查材料表面上血液成分及数量的一种血液相容性研究方法。它具有快速、敏感和经济的特点，广泛用于新材料研制的初筛和与血液短期接触制品的评价。

本章介绍体外实验情况，对经低温表面去合金化处理后的NiTi记忆合金样品（经400℃晶化退火1.5h）的血液相容性进行评价，测量合金的溶血率、动态凝血时间、血小板（blood platelet）黏附及接触角等。采用合金表面粗糙度一致的样品进行实验，排除由于表面粗糙度不同而引起的实验结果差异。采用体外测试手段，能方便、快速地评价材料的血液相容性。

8.1　溶血率实验结果及统计学分析

溶血率是用于表征红细胞溶解和血红蛋白游离程度的一个血液相容性指标，对生物材料的体外溶血性能进行评价。研究表明[139]，生物材料与血液接触后，将会引起红细胞的破裂，由红细胞释放的红细胞素（凝血促进因子）和二磷酸腺苷（ADP）可以引起血小板的黏附、变形和聚集，从而导致凝血。溶血率实验就是测定血液与材料接触后红细胞的破坏情况，采用离心分离后溶液的吸光度来表征。当生物材料与血液接触后，血液中的红细胞被破坏，释放出来的红细胞素不会因为离心分离而沉积在底部，通过测定上层清液的吸光度来确定红细胞被破坏的程度，吸光度越大，则红细胞被破坏的程度越大。

溶血率的测试能敏感地反映 NiTi 记忆合金对血液中红细胞膜的影响，是一项有重要意义的急性毒性筛选实验。本节对 NiTi 记忆合金表面改性前后样品的吸光度进行测试，测试结果见表 8.1 和表 8.2。

表 8.1　表面改性后 NiTi 记忆合金试验组（A 组）吸光度测量结果

样品	次数			平均值
	1	2	3	
A1	0.005	0.004	0.006	0.005
A2	0.008	0.006	0.010	0.008
A3	0.006	0.005	0.007	0.006
A4	0.005	0.005	0.005	0.005
A5	0.007	0.007	0.004	0.006
D_{pc}	0.001	0.001	0.001	0.001
D_{nc}	0.635	0.625	0.630	0.630

表 8.2　未经改性 NiTi 记忆合金空白组（B 组）吸光度测量结果

样品	次数			平均值
	1	2	3	
B1	0.012	0.015	0.018	0.015
B2	0.008	0.013	0.014	0.015
B3	0.011	0.008	0.016	0.015
B4	0.016	0.012	0.014	0.014
B5	0.007	0.015	0.013	0.015
D_{pc}	0.001	0.001	0.001	0.001
D_{nc}	0.632	0.627	0.624	0.628

用式（8.1）计算出各个样品的溶血率，计算结果见表 8.3。根据《医用有机硅材料生物学评价试验方法》（GB/T 16175—2008）规定，生物材料的溶血率应该小于 5%。

$$a\% = (D_t - D_{nc}) \times 100 / (D_{pc} - D_{nc}) \tag{8.1}$$

式中，a 为溶血率；D_t 为试验样品的吸光度；D_{nc} 为阴性对照的吸光度；D_{pc} 为阳性对照的吸光度。

由实验结果可知，A、B 两组的溶血率都小于 5%，达到《医用有机硅材料生物学评价试验方法》（GB/T 16175—2008）规定的要求，但是未经表面改性 B 组的溶血率为 2.198%，明显高于经表面改性 A 组的溶血率 0.798%。这说明虽然 NiTi 记忆合金的溶血率小于 5%，也符合生物材料的溶血试验要求，但对红细胞仍然有一定的损害；而经低温去合金化处理后的 NiTi 记忆合金表面几乎无急性毒性，对红细胞破坏作用极小，从而大大改善了 NiTi 记忆合金的血液相容性。

表 8.3　A、B 两组溶血率的计算结果

试验组 A 组	溶血率 a/%	空白组 B 组	溶血率 a/%
A1	0.64	B1	2.23
A2	1.11	B2	2.23
A3	0.80	B3	2.23
A4	0.64	B4	2.07
A5	0.80	B5	2.23
平均值	0.798	平均值	2.198

用 SPSS 12.0 软件对以上结果进行统计处理，其结果与分析分别见表 8.4～表 8.6。

表 8.4　配对样本统计值

组别	平均值	N	标准差	标准误差
A	0.7980	5	0.1919	8.581×10^{-2}
B	2.1980	5	7.155×10^{-2}	3.200×10^{-2}

A 组的均数=0.798，例数（N）=5，标准差=0.1919，标准误差=8.581×10^{-2}。

B 组的均数=2.198，例数（N）=5，标准差=7.155×10^{-2}；标准误差=3.200×10^{-2}。

表 8.5　配对样本相关系数

组别	N	相关系数	Sig
A & B	5	0.460	0.435

配对数（N）=5，相关系数=0.46，P=0.129，由此可认为两配对变量无相关关系。

表 8.6　配对样本检验

组别偏差					t	df（自由度）	双尾检验值
平均值	标准差	标准误差	偏差的 95%置信区间				
			低	高			
−1.4000	0.1712	7.655×10^{-2}	−1.6125	−1.1875	−18.289	4	0.000

配对样本的配对差结果：均数=1.4，标准差=0.1712，标准误差=7.655×10^{-2}，95%可信区间=−1.1875～−1.6125。

结论：t=18.289，df=4，$P_{双测}$=0.000，故可认为 A、B 两组的溶血率差别具有统计学意义。

8.2　体外动态凝血时间

血液凝固存在两种不同的途径，即内源性途径和外源性途径[2]。当机体组织受损而释放组织因子时，血液凝固按照外源性途径进行；当血管内膜受损或血液接触异物时，血液凝固则按内源性途径进行。生物材料植入体内将会引起血液按内源性途径凝固[9]。内源性凝血是由于存在于血液中的凝血因子在血小板因子与 Ca^{2+}的作用下生成血浆凝血酶原激活物，从而造成凝血酶活化引起的凝血。

动态凝血时间表征的正是材料抗内源性凝血的能力。在相同的接触时间下，由材料引发的凝血因子激活程度不同，则凝血程度也不同。对同种材料而言，随着材料与血液接触时间的增长，激活程度也增加，凝血程度也就越高。因此，在相同接触时间内比较各种材料引起血液的凝固程度，或比较达到相同的凝血程度时不同材料需要的接触时间，就可以比较不同材料对凝血因子的激活程度。接触时间越长，凝血程度越小，说明这种材料的抗凝血性能越好。

由表 8.7 和图 8.1 可知，NiTi 记忆合金空白样（B 组）的动态凝血时间为 26min，这与有关文献报道的结果相近。经低温表面去合金化处理后的 NiTi 记忆合金样（A 组）的动态凝血时间为 34.5min，而且经低温表面去合金化处理后的 NiTi 记忆合金在各个凝血时间点上都比未经处理的空白组长。经低温表面去合金化处理后的 NiTi 记忆合金的动态凝血时间比 NiTi 记忆合金空白样的动态凝血时间长，说明 NiTi 形状记忆合金表面经过改性为完整无镍的纯 TiO_2 膜后，引起凝血和促进凝血的可能性降低，血液相容性提高。

表 8.7　A、B 两组样本的吸光度测定

样品 B	吸光度	样品 A	吸光度
B1	0.25	A1	0.22
B2	0.22	A2	0.18
B3	0.17	A3	0.13
B4	0.12	A4	0.08
B5	0.07	A5	0.05
B6	0.05	A6	0.03
B7	0.03	A7	0.02

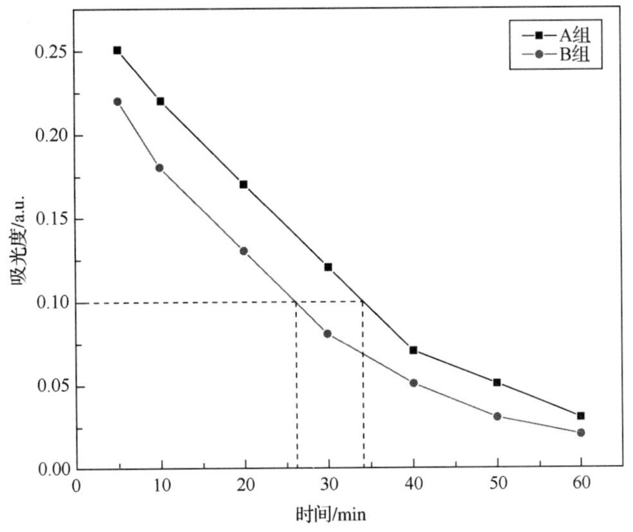

图 8.1　A、B 两组样本动态凝血实验中吸光度与时间关系曲线

8.3　血小板黏附实验

血小板是一种无核的盘状细胞，直径为3～4μm，在血液中的体积含量约为0.3%。血小板的功能是：①通过形成血小板栓抑制流血；②通过催化凝血反应使血小板栓稳定，导致凝血。血小板首先是黏附到组织和人工材料表面上，然后由表面互相作用而发生一系列的复杂反应，使血小板聚集。团聚后的血小板开始产生凝血行为[140]。所以，抗凝血材料表面应尽量少吸附血小板，且不使其被激活。

表 8.8～表 8.10 为 SPSS 12.0 软件给出了实验组和对照组血小板黏附的统计学处理结果与分析。

表 8.8　配对样本统计值

组别	平均值	*N*	标准差	标准误差
A	45.3333	30	31.0776	5.6740
B	282.7000	30	251.3699	45.8937

A 组的均数=45.3333，例数（*N*）=30，标准差=31.0778，标准误差=5.6740。

B 组的均数=282.7，例数（*N*）=30，标准差=521.3699，标准误差=45.8937。

表 8.9　配对样本相关系数

组别	*N*	相关系数	双尾检验值（*P*）
A & B	30	0.173	0.361

配对数（*N*）=30，相关系数=0.173，P=0.361，可认为两配对变量无相关关系。

表 8.10　配对样本检验

组别偏差					*t*	Df（自由度）	双尾检验值
平均值	标准差	标准误差	偏差的 95%置信区间				
			低	高			
−237.3667	258.5584	47.2061	−333.9140	−140.8194	−5.028	29	0.000

配对样本的配对差结果：均数=−237.36667，标准差=258.5584，标准误差=47.2061，95%可信区间=−333.9140～−140.8194。

结论：t=−5.028，df=29，$P_{双测}$=0.000，故可认为 A、B 两组的血小板黏附差别具有统计学意义。

由图 8.2 和图 8.3 可见，A-1、A-2、A-3、A-4 和 A-5 经低温表面去合金化处理后，NiTi 记忆合金表面黏附的血小板数量少且形态基本保持正常，无明显伪足伸出和团聚现象，这说明经低温表面去合金化处理后的 NiTi 记忆合金表面所黏附的血小板大部分未被激活；B-1、B-2、B-3、B-4 和 B-5 为 NiTi 记忆合金空白样表面黏附血小板情况，可见其上的血小板数量明显增多，而且部分发生变形，血小板多处伸出伪足，并稍有团聚现象，此为血小板被激活的表现。材料表面的粗糙度与血小板黏附有一定的关系，粗糙的表面增加血小板的黏附，光滑的表面可以减少血小板的黏附。

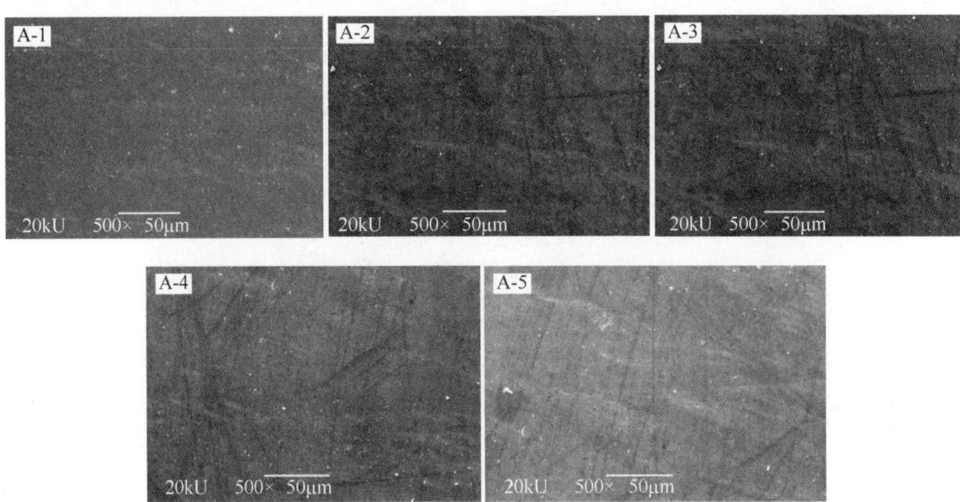

图 8.2　经低温表面去合金化处理后的 NiTi 记忆合金表面黏附血小板 SEM 形貌

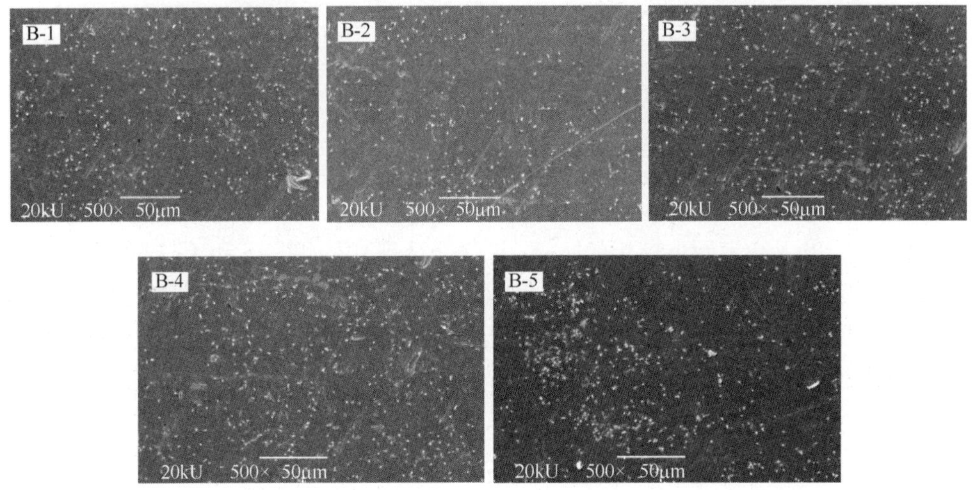

图 8.3　NiTi 记忆合金空白样表面黏附血小板 SEM 形貌

在评价医用材料的生物相容性方面，采用任何一种方法对材料的血液相容性评价只能是一个相对的结果，从材料的制备上考虑，没有一种医用材料在体内血液循环系统中能维持良好的血液相容性达数年之久。所以，一般认为某种材料的凝血过慢，血小板黏附较少，材料表现出良好的血液相容性，这些反应只能在一定的时间、一定的条件下观察到[141]。

8.4 接触角的测量

材料与血液的相互作用主要在材料的表面上发生，材料表面的亲水性和自由能对血液成分的吸附、变性有密切的联系。材料表面的亲水性强，表面的自由能低，则可以抑制血小板黏附，减小血栓形成的可能性。

如果材料与血管内膜的表面自由能值接近，则材料可获得良好的抗血栓性能。接触角的大小可以作为表征材料表面张力及表面自由能的一个尺度。

表 8.11 给出了未经处理的 NiTi 记忆合金［空白对照组（B 组）］表面滴加生理盐水及 PBS 两种溶液后，溶液在材料表面的接触角。生理盐水组和 PBS 溶液组的接触角都小于 90°，两组数据之间有一定的差异，这种差异可能受材料表面粗糙度的影响。但是综合起来，生理盐水组的接触角比 PBS 溶液组大，PBS 溶液中所含无机盐组分多，作为一种等渗缓冲液比生理盐水更加接近人体环境，所以这两组间的差别可能是由于液体本身造成的。

表 8.11　B 组与 PBS 溶液及生理盐水的接触角

样品 B 组	生理盐水组	PBS 溶液组
B1	75°	81°
B2	85°	77°
B3	86.5°	74°
B4	80°	75°
B5	74°	68°
平均值	80.1°	75°

表 8.12 给出了经表面处理后的 NiTi 记忆合金［实验组（A 组）］滴加生理盐水及 PBS 两种溶液后，溶液在材料表面的接触角。生理盐水组和 PBS 溶液组的测量结果都比 NiTi 记忆合金空白样的接触角要小，其中生理盐水组的接触角也比 PBS 溶液组的大，从而进一步说明在人体内环境中，经低温去合金化处理后的 NiTi 记忆合金表面与血管内膜之间的表面自由能接近，这与材料表面改性的方法和改性后膜层材料的性质密切相关，说明用低温去合金化处理后的 NiTi 记忆合金生成的无镍氧化钛膜降低了表面自由能，使其能够更好地适应体内血液环境。

表 8.12　A 组与 PBS 溶液及生理盐水的接触角

样品 A 组	生理盐水组	PBS 溶液组
A1	55°	53°
A2	61°	60°
A3	63°	55°
A4	57°	65°
A5	63°	55°
平均值	59.8°	57.6°

在对材料的血液相容性研究方面，许多文献[142-144]报道了材料表面亲水/疏水性对抗血栓的影响，增加表面亲水性有利于提高植入物的血液相容性。但文献[145]也指出高分子和无机材料在血液相容性机理上有差异，即在对表面亲水性、表面自由能影响血液相容性方面，高分子与无机材料需分别进行分析。要准确说明各种材料表面亲水性与血液相容性的相互联系，还需做大量实验及理论上的论证。表 8.13～表 8.15 给出了实验组和对照组生理盐水材料表面接触角测量结果统计学处理 SPSS 12.0 结果与分析。

表 8.13　配对样本统计值

组别	平均值	*N*	标准差	标准误差
NS	80.1000	5	5.66127	2.53180
PBS	59.8000	5	3.63318	1.62481

NS 组的均数=80.1000，例数（*N*）=5，标准差=5.66127，标准误差=2.53180。

PBS 组的均数=59.8000，例数（*N*）=5，标准差=3.63318，标准误差=1.62481。

表 8.14　配对样本相关系数

组别	*N*	相关系数	双尾检验值（*P*）
NS& PBS	5	0.384	0.523

配对数（*N*）=5，相关系数=0.384，*P*=0.523，可认为两配对变量无相关关系。

表 8.15　配对样本检验

组别偏差					*t*	df(自由度)	双尾检验值
平均值	标准差	标准误差	95%可信区间				
			低	高			
20.30000	5.42679	2.42693	13.56176	27.03824	8.364	4	0.001

配对样本的配对差结果：均数=20.3，标准差=5.42679，标准误差=2.42693，95%可信区间=13.56176～27.03824。

结论：t=8.364，df=4，$P_{双测}$=0.001<0.05，故可以认为接触角差异有统计学意义，经低温去合金化处理后的 NiTi 记忆合金表面接触角比没有处理过的空白样 NiTi 记忆合金的接触角小。

8.5　NiTi 形状记忆合金表面血液相容性分析

血液相容性是指生物医用材料与血液接触后，产生符合要求的生物学反应和起有效作用的性能。血液相容性既涉及材料对血液的作用，又涉及血液对材料的影响。判断一种医用材料的血液相容性，通常从抗凝血能力和不损伤血液成分和功能两方面来考虑。前者指材料表面抑制血管内血液形成血栓的能力，后者指溶血率、血小板数量减少和机能降低、血细胞暂时性减少、白细胞功能下降以及补体激活，所以溶血率和抗凝血性是血液相容性的两个重要评价指标。

血液凝固是血浆由流动状态转变为不流动状态的过程，它是一个复杂的生物学变化过程，大体可以分为 3 个主要步骤：因子（stuart factor）的激活和凝血酶原激活物的形成、凝血酶原激活成为凝血酶、纤维蛋白原转变成纤维蛋白。

凝血酶原激活物形成过程包括内源性凝血和外源性凝血两个方面，内源性凝血是指参与凝血过程的全部物质存在于血液之中，外源性凝血是指其他组织的凝血因子参与血液的凝固过程。两种过程密切联系，并同时存在于血液凝固过程中。血液凝固的 3 个基本过程是复杂的化学连锁反应，进行速度很快，其所需要的时间称为凝血时间。

材料与血液接触后引起的体内局部反应和全身反应之间的相互作用可分为 3 个阶段。

第 1 阶段是血液与材料相互作用的初期，材料表面和血液都发生了变化。一方面在材料表面黏附蛋白质、细胞及其他血液成分，同时由于材料与水接触以及蛋白质在材料表面的黏附形成新的表面；另一方面，材料与血液接触引起血液内凝血、溶纤、补体等系统的激活以及血液细胞功能的改变，此时血液已不同于没有接触材料的血液。第 1 阶段所需时间约为 2h。

第 2 阶段中，材料与血液相互作用取决于新形成的材料表面与接触材料后的血液。在此期间，材料表面继续发生明显的变化，这一变化可能是良性变化，也可能是恶性变化。良性变化指材料表面形成惰性表面，恶性变化指材料表面形成血栓等。第 2 阶段血液也发生许多变化，还可以引起体液及细胞成分的变化，这一时期所需时间一般为 2 周。

第 3 阶段中，材料表面与血液均要发生变化。材料表面的变化也分为良性和恶性两种，假内膜表面的内皮化即属于良性变化，恶性变化指形成肉芽或发生钙化。这一阶段中血液的变化尚待进一步研究加以明确，但此阶段也有体液及细胞成分的变化。

医用材料与血液接触必须满足血液相容性标准。一般来说，植入物应满足以下要求：①血浆蛋白质不会发生变性；②不会因材料的毒性对红细胞和白细胞产生改变；③导致血栓形成的血小板黏附、释放和聚集最轻；④不会因血液凝血因子的破坏或激活而导致血栓形成。

正常人体心血管系统内血液保持液体状态，并不发生凝固，其主要原因是：①血管内膜的多相结构使它具有亲水、光滑和荷电等特点，从而不破坏血小板，不使血浆蛋白变性且不会激活凝血因子；②血液流速快，血小板不容易在血管壁上吸附，凝血因子不容易在局部聚集而相互作用；③体内含抑制血液凝固的物质，如肝素等；④血浆中含纤维蛋白溶酶。以血管生理特点为基础，对生物材料的表面性质与抗凝血性的关系做了大量研究。研究表明，表面粗糙度、表面能、亲水性和表面电荷等均与材料的抗凝血性密切相关。表面越粗糙、暴露在血液中面积越大，越容易形成涡流，血栓形成的可能性越大。

已有研究证明[146-147]，TiO_2 薄膜具有较好的抗凝血性。血液凝固过程起主要作用的是第 3 阶段，即凝血酶催化纤维蛋白原分解，这使每一分子纤维蛋白原脱去 4 个小分子肽，转变成纤维蛋白单体。这些单体互相交织，形成疏松的网状（可溶、不稳定），在激活因子作用下，单体间以共价键形成纤维蛋白多聚体，即不溶于水的血纤维。图 8.1 中的凝血曲线整体呈下降趋势，说明血液是随时间逐渐凝固的，但改性后的 NiTi 记忆合金表面引起的凝血时间延长。这是因为在凝血过程的前两个阶段及血小板栓子形成时都需有 Ca^{2+} 的参与，TiO_2 的零电荷点 $pH_{pzc}=5.8$，零电荷点将影响氧化物膜的表面电荷和表面吸附特性，在血液 pH=7.4 情况下，纯 TiO_2 呈负电性，负电性表面将不会吸附带有负电荷的血小板等组分，但当血液与 TiO_2 膜表面接触触发内源性血液凝固反应时，呈负电性的 TiO_2 薄膜会具有诱导血液中 Ca^{2+} 的作用，经一定时间接触后，血液中 Ca^{2+} 逐渐吸附到 TiO_2 薄膜表面，血液中 Ca^{2+} 减少，凝固速度减慢，血液中的抗凝因子发挥作用。血纤维蛋白溶酶是血浆中活性最强的蛋白溶解酶，能将蛋白质溶解分割成许多可溶性小分子肽，血凝块中的纤维蛋白在血纤维蛋白溶酶的作用下变成纤维蛋白原降解产物（FDP），从而使血凝块逐渐溶解消失。而未经改性的 NiTi 记忆合金表面氧化膜是一种混合膜层，其中存在一定量的镍和 NiO，这将使 TiO_2 膜的 pH_{pzc} 增大，表面电荷性质正移，从而使凝血时间缩短。

另外，可认为血液相容性是材料表面能和功函数共同作用的结果，表面能决定对蛋白质的吸附，而功函数决定蛋白质分解，材料对纤维蛋白吸附越少，抗凝性越好。纤维蛋白吸附后，延长其分解是提高抗凝性的有效手段。纤维蛋白原具有类似于半导体的电子结构，禁带宽度为 1.8eV，其价带电子向材料转移将会导致纤维蛋白原分解为纤维蛋白单体及纤维蛋白肽，单体的聚合交联导致凝血过程发展，因此要求和血液接触的生物材料必须具有较小的功函数，才能阻止电荷从蛋白质向生物材料转移，抑制其分解。图 8.4 所示为纤维蛋白原在 TiO_2 表面吸附后的能带，TiO_2 的禁带宽度为 3.2eV，纤维蛋白原的价带和导带落在 TiO_2 禁带之内，对 TiO_2 进行 N 型掺杂或引入大量的氧缺位、钛填隙，能提高 TiO_2 的费米能级，从而减小 TiO_2 的功函数。有研究[148]表明，TiO_2 薄膜中 O/Ti 比值越小，费米能级越接近导带，其抗凝血性越好。由于材料对可见光的吸收也与费米能级高低有关，费米能级越高，TiO_2 薄膜所能吸收的光子能量越高，即对光的吸收增强，向短波方向移动。例如，对于颜色分别为蓝色和金黄色的两种薄膜，金黄色薄膜的费米能级更高。由此推断，对于同样致密度和厚度的 TiO_2 薄膜来说，薄膜颜色不同，抗凝血性能也是不同的，相比之下，金黄色 TiO_2 薄膜的血液相容性更好[149]，当然，这还需进一步的深入研究。

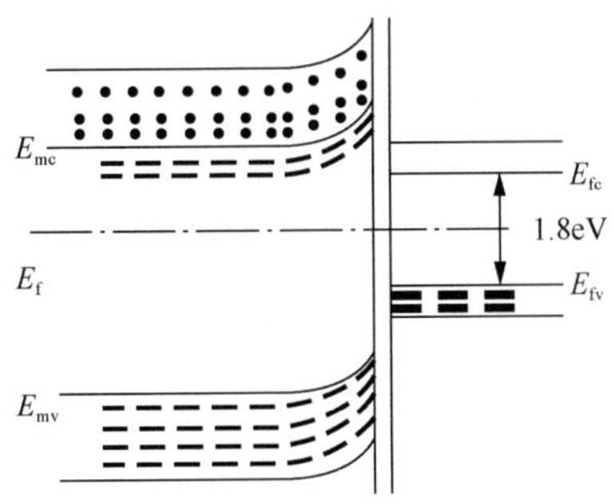

图 8.4　纤维蛋白原在 TiO_2 表面吸附后的能带[141]

本 章 小 结

本章评价了低温去合金化脱镍处理前后 NiTi 记忆合金的血液相容性，得到以下主要结论：

1）经低温去合金化处理后的 NiTi 记忆合金组的溶血率为 0.798%，明显低于未经处理的对照组的溶血率 2.198%。经低温去合金化处理后的 NiTi 记忆合金表面几乎无急性毒性，对红细胞破坏作用极小，达到《医用有机硅材料生物学评价试验方法》（GB/T 16175—2008）规定的要求。样本符合生物材料的溶血实验要求，具有统计学意义。

2）经低温去合金化处理后的 NiTi 记忆合金组的动态凝血时间为 34.5min，比对照组的动态凝血时间长。另外，经低温表面去合金化处理后的 NiTi 记忆合金组在各个凝血时间点上都比对照组长。

3）经低温表面去合金化处理后，NiTi 记忆合金表面黏附的血小板形态基本保持正常，无明显伪足伸出和团聚现象，且黏附数量明显少于未经表面处理的对照组。样本符合生物材料血小板黏附差别实验要求，具有统计学意义。

4）经低温表面去合金化处理后的 NiTi 记忆合金比未经表面处理对照组的接触角变小，亲水性增强。

5）经低温去合金化表面处理后的 NiTi 记忆合金与未经表面处理的 NiTi 记忆合金相比具有更好的血液相容性。

第 9 章　表面去合金化改性 NiTi 形状记忆合金细胞相容性研究

通过改变 NiTi 记忆合金表面物理化学性质来提高其组织相容性，是目前 NiTi 记忆合金表面改性的目的之一。组织相容性主要是指材料与心血管系统外的组织和器官接触，如肌肉、骨骼、皮肤等，考察材料与组织间的相互作用[141]。体外细胞实验是初级急性毒性筛选的一个重要方面，是一种快速、简便、重复性好又廉价的检测材料生物相容性的方法，在评价材料生物相容性方面的地位已得到公认。细胞毒性实验的定义为用细胞培养方法进行毒理学风险评价。自从 Kawahara[150]用细胞培养技术评价牙科材料的细胞毒性以来，已发展了数种细胞毒性实验方法，其中有放射性示踪法[151-152]、琼脂覆盖法[153-154]、直接接触法[155]和分子滤过法[156]等。

本章采用真皮干细胞分离培养，然后采用直接接触法进行材料的生物相容性评价。受试材料为未经表面改性处理的 NiTi 记忆合金和经低温去合金化处理后的 NiTi 记忆合金。二者分别与兔真皮干细胞体外共培养，观察两种材料与细胞之间的生物相容性，研讨表面处理后材料表面性质的变化与生物学间的相互关系。

9.1　真皮干细胞分离培养

9.1.1　细胞形态学观察

在明视野下，用眼科镊子直接分离真皮和表皮，组织 HE 染色证明得到的组织为真皮组织。0.1%的胰蛋白酶 37℃下消化 30min 已经可以充分得到真皮干细胞，时间太长会造成对细胞的损伤，倒置显微镜下可以观察到细胞经体外培养 6h 后有少量贴壁。接种到玻璃培养瓶的第 1 天，细胞稀疏，成多角形、长梭形等不规则形状；培养 4d 后，观察到细胞大多呈长梭形、纤维条索形，长满培养瓶大部分；5d 时融合成片，细胞计数达到 2×10^6/mL，见图 9.1。常规用 0.25%胰蛋白酶消化传代后 1 周长满瓶底，真皮干细胞传到第 20 代，仍然有良好的增殖活性。

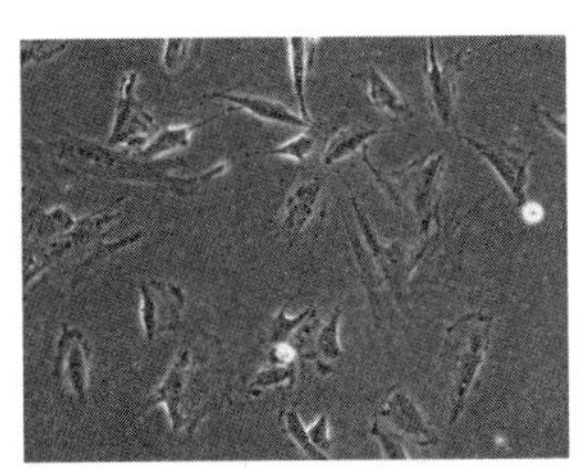
（a）培养 2d 原代细胞

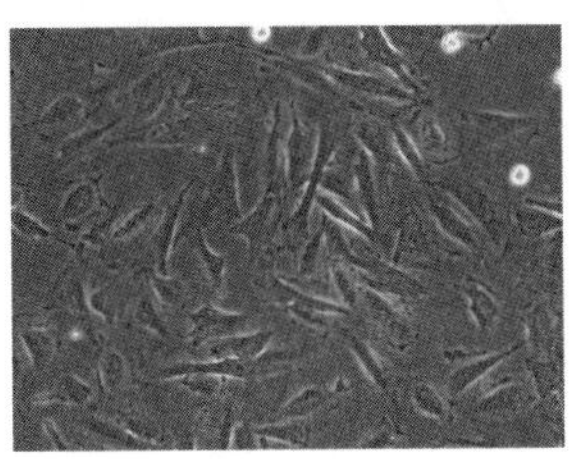
（b）培养 4d 原代细胞

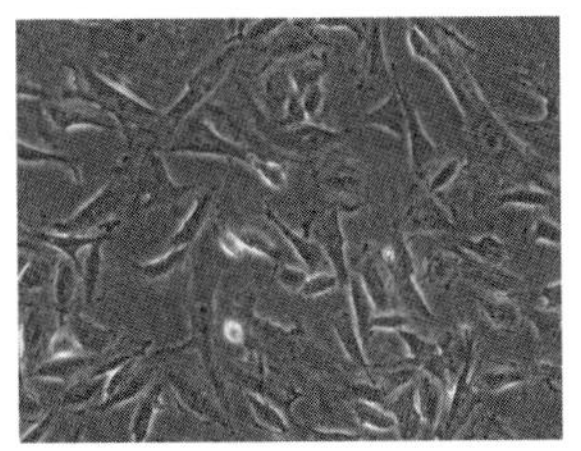
（c）原代细胞接种 5d 后融合成片

图 9.1　培养原代细胞观察结果（200×）

9.1.2　细胞免疫化学结果

细胞免疫化学染色实验组真皮干细胞均表达特异性抗原 CD44，阳性结果表现为细胞膜上出现棕黄色颗粒，CD34、CK19、nestin、VIII 因子为阴性，vimentin 阳性，见图 9.2；对照组未见阳性反应。

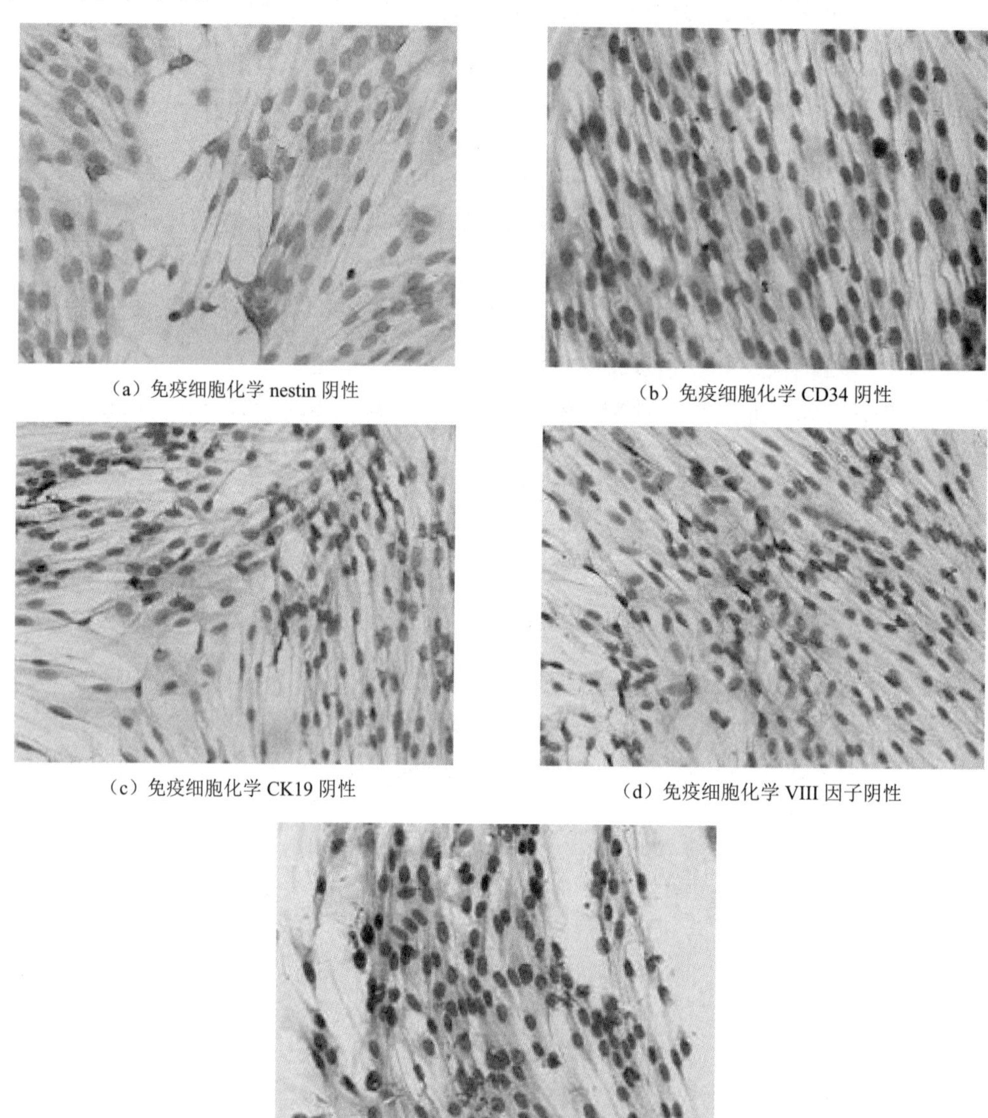

（a）免疫细胞化学 nestin 阴性

（b）免疫细胞化学 CD34 阴性

（c）免疫细胞化学 CK19 阴性

（d）免疫细胞化学 VIII 因子阴性

（e）免疫细胞化学 vimentin 阳性

图 9.2　细胞免疫化学染色观察结果（200×）

成骨定向诱导剂β甘油磷酸钠 20ng/mL、维生素 C 50μg/mL、地塞米松 10^{-7}mol/L 定向诱导 10d 后，观察发现出现多个钙结节，见图 9.3 和图 9.4。

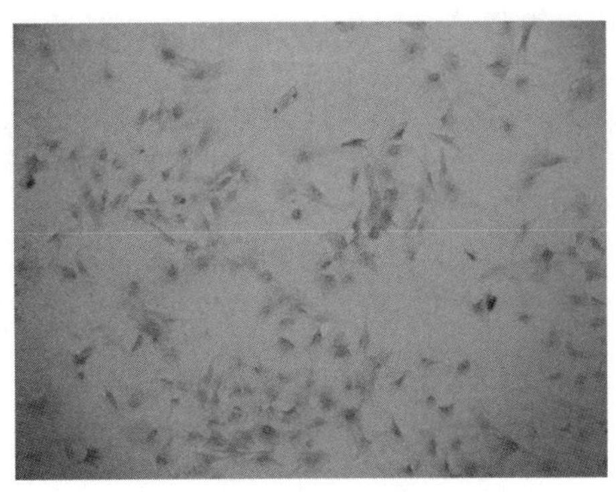

图 9.3　真皮干细胞碱性磷酸酶染色

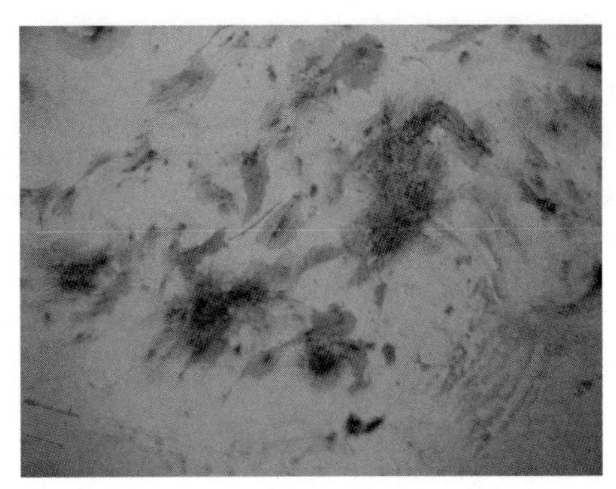

图 9.4　诱导成骨后碱性磷酸酶染色

9.1.3　分析讨论

目前，人类成体干细胞可以代替胚胎干细胞作为治疗性干细胞来临床应用，吸引了众多研究者的注意力，这源于最近多种成体干细胞研究的显著成果，证明成体干细胞可以作为种子细胞单独或者复合组织工程材料修复机体损伤，对人类很多疾病有显著治疗作用。这种发现极大地促进了干细胞的研究，以致新的成体干细胞不断被分离出来。2001年，加拿大科学家 Jean 等[157-158]首先分离得到了大鼠真皮干细胞；同年我国史春梦等[159]也分离得到了大鼠的真皮干细胞，并对此报道。2004 年，Karl 等[160]报道了成人包皮的真皮干细胞分离；在此基础上，文亮等[161]对真皮干细胞在创伤愈合中的作用做了初步探讨。由于真皮干细胞的研究起步比较晚，因此资料较少，但是已有的资料和本实验都已证实，真皮干细胞可以向多向分化，这为其大量应用提供了理论依据。

在真皮干细胞的分离方面，有资料显示，用 0.25%胰蛋白酶 4℃消化过夜可以得到真皮干细胞。但是在本实验中发现，0.1%胰蛋白酶、37℃下消化 30min 同样可以达到理想的效果。与 IMDM 培养基相比，在 DMEM/F12 培养基里，细胞生长速度更快，更适合真皮干细胞的培养。由于目前对间充质干细胞的研究尚未发现特异性的表面标志分子，因此很难应用 FACS 或 MACS 对其进行分选。已有的研究工作证明，间充质干细胞具有较强的黏附能力，因此可依据这一特性进行分离[162]。本实验参照金岩的细胞培养技术[163]，基于这一原理从真皮组织中成功地分离出真皮干细胞。为了尽可能获取较高纯度和生长稳定的细胞，本实验在接种 6h 后将没有贴壁的细胞轻轻倒去，换上新的培养液，经过传代，将不纯的细胞分离去掉。原代细胞接种到玻璃培养瓶的第 1 天，细胞稀疏，成多角形、长梭形等不规则形状；培养 4d 时，观察到细胞大多呈长梭形、纤维条梭形，长满覆盖培养瓶大部分；培养 5d 后融合成片，细胞呈梭形。体外培养证实分离的细胞有较强的增殖能力，连续传代培养 20 代后，细胞的增殖活性未见明显改变。分离的细胞表面标志 VIII 因子和 CK19 为阴性，完全可排除为内皮细胞和角质细胞的可能；vimentin 呈阳性，提示该细胞为间质来源；CD34 为阴性，排除了造血干细胞的污染；nestin 为阴性，与骨髓间充质干细胞区别。此外，细胞对 bFGF 具有良好的反应性，而对 EGF 则未见明显反应性的结果也间接证实了分离细胞的间质来源。通过地塞米松诱导实验证实，分离的细胞具有向成骨、成软骨和成脂等多向分化的能力，并对诱导物有明显的反应性。因此，通过这些实验，可以充分证实分离的细胞具有高度的增殖能力和多向分化潜能，表达有间质标志并对 bFGF 有良好的反应性，具有干细胞的主要特性。此外，由于处于静止状态也是干细胞的一个重要特性，通过流式细胞仪发现分选的细胞绝大多数（88%以上）处于 G0/G1 期，该结果也支持分选细胞为间充质干细胞。通过研究，我们证实在发育成熟的新西兰大白兔乳兔的皮肤组织中存在多能干细胞，而且应用消化—贴壁—传代的程序成功地分离得到了这些间充质干细胞，从而证实真皮可望成为间充质干细胞的又一重要来源途径，也为本实验提供了大量的真皮干细胞。

9.2　NiTi 形状记忆合金表面改性前后与真皮干细胞体外培养

9.2.1　细胞生长

将 A、B 两组 NiTi 记忆合金分别置于 12 孔培养板中，用单纯真皮干细胞做对照，孔内预置防脱片。在上述培养孔内每孔加入等体积、等密度的细胞悬液，观察第 1、5、8 天细胞生长情况，用细胞计数板进行细胞计数，并绘制细胞生长曲线。

细胞增殖情况：培养板各孔内细胞生长良好，光镜下细胞形态稍有差别，见图 9.5 和图 9.6。A 组细胞形态均一，呈长梭形，细胞浆丰富，细胞培养 2d 即已长满培养瓶 70%，与对照组接近。而 B 组细胞形态大多呈多角形，形态差异较大，细胞浆较少；在细胞培养 2d 后，细胞数量开始出现减少，明显少于 A 组和对照组。真皮干细胞生长和流式细胞仪周期分析见图 9.7 和图 9.8。

图 9.5　真皮干细胞与 A 组共培养 2d（100×）

图 9.6　真皮干细胞与 B 组共培养 2d（100×）

细胞周期流式细胞仪分析结果：

Mean G1=59.9，CV G1=6.5%，Mean G2=117.3，CV G2=6.5%，S=34.6%，G2/G1=1.96 Tot=100.0%。即

G1 期 DNA 含量平均值 59.9，细胞数占总数的 6.5%；

G2 期 DNA 含量平均值 117.3，细胞数占总数的 6.5%。

其中，G1（gap1）期指从有丝分裂完成到期 DNA 复制之前的间隙时间；G2（gap2）期指 DNA 复制完成到有丝分裂开始之前一段时间；S 期为 34.6%指 DNA 复制 34.6%Tot 表量分析总量。

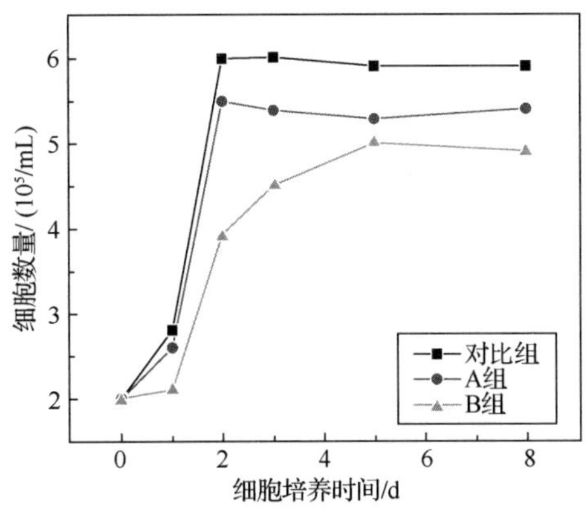

图 9.7　真皮干细胞生长曲线

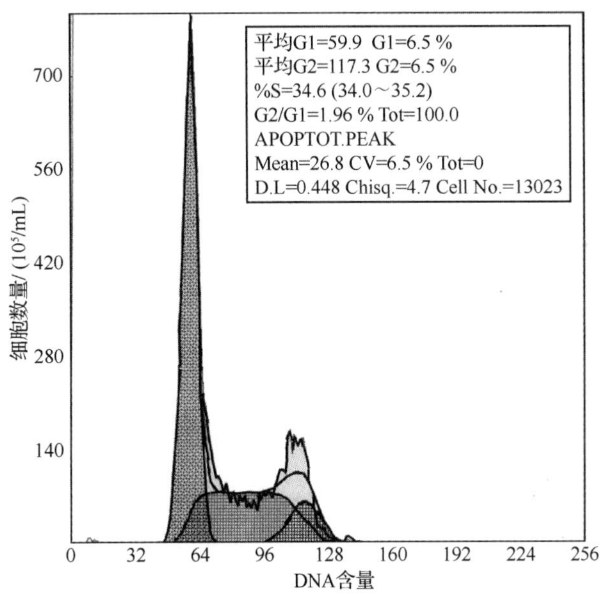

图 9.8　接种 72h 后流式细胞周期分析

9.2.2　细胞培养液中羟脯氨酸及碱性磷酸酶测定

细胞培养液中羟脯氨酸含量见表 9.1。未经表面改性的 NiTi 记忆合金 B 组细胞培养液中羟脯氨酸含量下降缓慢，第 1 天下降 39.6%，第 5 天下降 43%，第 8 天下降 67.6%，这与细胞增长有密切关系。这说明其中的细胞增长缓慢，所以对细胞培养液中羟脯氨酸的吸收也缓慢，从而导致细胞培养液中羟脯氨酸下降缓慢。表面改性处理后的 NiTi 记忆合金 A 组羟脯氨酸下降急剧，第 1 天下降 73.3%，第 5 天就下降 85.5%，第 8 天下降 87.5%。这说明细胞增长迅速，所以对细胞培养液中羟脯氨酸的吸收较快，导致细胞培养液中羟脯氨酸急剧下降。

表 9.1　细胞培养液中羟脯氨酸含量　单位：mg/L

组别	初始含量	1d	5d	8d
B 组	20.00	12.07±0.13	11.40±0.08	6.47±0.04
A 组	20.00	5.34±0.21	2.89±0.29	2.51±0.35

细胞培养液中碱性磷酸酶含量见表 9.2。经表面改性处理后的 NiTi 记忆合金组 A 组细胞培养液中碱性磷酸酶含量逐渐下降，未经表面改性的 NiTi 记忆合金组 B 组细胞培养液中碱性磷酸酶含量也逐渐下降，但是各个时间点都低于表面改性处理后的 NiTi 记忆合金 A 组。这是由于经表面改性处理后的 NiTi 记忆合金中 Ni^{2+}释放减缓，细胞培养液中 Ni^{2+}蓄积量减少，对细胞代谢影响较小。

表 9.2　细胞培养液中碱性磷酸酶含量　单位：u/g　prot

组别	1d	5d	8d
A 组	8.35±0.62	5.71±0.43	4.25±1.30
B 组	7.06±1.13	4.27±1.09	3.61±1.52

9.2.3　细胞培养液中 Ni^{2+}含量测定

由表 9.3 可见，Ni^{2+}在细胞培养液中的释放随时间的延长而增加，经表面改性处理后的 NiTi 记忆合金 A 组的 Ni^{2+}释放量 5d 后大大低于未经表面改性的 NiTi 记忆合金 B 组；8d 后变化平缓，Ni^{2+}释放增量较小。

表 9.3　细胞培养液中 Ni^{2+}含量　单位：ng/mL

组别	1d	5d	8d
A 组	28.7	46.8	50
B 组	31.1	173	177.5
空白对照组	1.97	1.97	1.97

9.3　NiTi 形状记忆合金表面组织相容性分析

医用 NiTi 记忆合金中合金元素镍含量约为 50.7at%。目前已有的研究工作证明，较高的 Ni^{2+}浓度会对细胞和组织生长产生潜在的危害，Ni^{2+}是引起变应性接触性皮炎的主要原因。Ni^{2+}可以结合载体蛋白，激活皮肤的郎罕氏细胞，诱发免疫应答[42]；而钛作为另一种成分已经发现其对非骨组织无毒副作用，且与骨形成紧密结合。因此，医用金属材料的抗腐蚀能力、腐蚀产物的性质和各合金元素的毒性是决定该种医用金属材料生物相容性的主要因素。

正常情况下，即人体体液的 NaCl 浓度为 0.9%左右时，其 pH 约为 7.4；外科手术后将在几天内导致 pH 下降到 5.5，术后的局部炎性反应也会不同程度地引起局部酸化。在这种介质中，植入金属将产生电化学腐蚀，向周围组织释放合金中的金属离子，组织中的这些金属离子将干扰神经细胞的生理学离子运动，同时导致体液和各器官内离子富集，超过某个金属离子的毒性极限，将引起过敏或炎症。对于 NiTi 记忆合金而言，合金元素仅有钛和镍，钛基金属表面可形成半导体性的氧化物膜，其介电常数（$\varepsilon = 48\sim110$）与水的介电常数（$\varepsilon = 78$）接近，存在绝缘效应，从而骨骼和组织没有将其视作异物；镍基的氧化物因电导率高而不存在介电常数，因而可能会与周围组织发生相互作用。另外，钛基氧化物和氢氧化物的生成热（$\Delta H_{298}^{0} = -935\text{kJ/mol}$）比水（$\Delta H_{298}^{0} = -273\ \text{kJ/mol}$）较负，热力学稳定性高。镍基的氧化物和氢氧化物（$\Delta H_{298}^{0} = -240\text{kJ/mol}$）的稳定性较钛基的低，因而易与体液发生反应。从钛和镍腐蚀产物的 pK（负对数）可知，钛基氧化物的 pK（pK=+18）大于 14 即不发生水解，而镍基氧化物的 pK（pK=−12.2）较负，这就是镍在体液中溶解度较大的原因。合金表面热力学稳定的腐蚀产物在体液中的溶解度低，处于稳态平衡，对周围组织中蛋白质的反应活性低。对于钛这种具有惰性或生物相容性的金属材料，植入物周围细胞仍然通过血液获得氧料；而对于含镍这种毒性元素的植入物，周围的细胞则可能出现炎性反应或坏死。已有研究证明[164]，通过在培养液中加入不同浓度的金属粉末以确定 L132 细胞的存活率，培养 78h 后，纯钛植入物的细胞存活率超过 80%，即使钛粉末的浓度高达 400μg/mL 时也是如此；而纯镍的浓度达到 20μg/mL 时，细胞存活率下降一半，仅为 50%。

前述研究工作已证明，虽然 NiTi 记忆合金在人体内环境的 pH 下有一定的耐腐蚀性，但是也发生轻微的腐蚀现象，释放出微量的 Ni^{2+}，从而产生对人体的毒副作用。Ni^{2+}是细胞必需的一种微量元素，有研究发现适度微量 NiTi 记忆合金释放的 Ni^{2+}对成骨细胞和成纤维细胞没有不良影响[165]，但也发现 NiTi 记忆合金对淋巴细胞和血管内皮细胞有一定影响[166]。NiTi 记忆合金具有一定的致血栓性，其表面可以吸附纤维蛋白原和纤维蛋白连接素，引起血小板的黏附、聚集，以致形成血栓[167]。作为一种良好的生物材料，应该最大程度地防止 Ni^{2+}的释放，减少毒性，同时提高材料表面活性。因此，NiTi 记忆合金的表面改性就显得极其重要，这是目前该领域研究的难点和热点问题。

为了评价经低温去合金化处理后 NiTi 记忆合金表面的细胞相容性，实验选择兔真皮干细胞进行体外培养，这是因为 Ni^{2+}是最早引起变应性接触性皮炎的主要原因，真皮干细胞可以及时、准确地反映早期 Ni^{2+}对机体的不良影响，即 Ni^{2+}对细胞代谢和生长的影响。将经表面改性后的 NiTi 记忆合金和未经表面改性处理的 NiTi 记忆合金与真皮干细胞体外共培养，观察其对真皮干细胞的影响，测定细胞培养液中 Ni^{2+}的浓度，测定培养液中羟脯氨酸和碱性磷酸酶的含量，从而比较表面改性前后 NiTi 记忆合金细胞相容性的差别。

从细胞的潜伏期、对数增长期、平台期的细胞计数及细胞周期流式细胞仪检测的结果来看，未经表面改性处理的 NiTi 记忆合金确实影响细胞的增殖，而经表面改性处理后的 NiTi 记忆合金对细胞增殖的影响大大降低。未经表面改性处理的 NiTi 记忆合金组细胞培养液中碱性磷酸酶含量逐渐下降；经表面改性处理后的 NiTi 记忆合金组细胞培养液中碱性磷酸酶含量也逐渐下降，但是各个时间点都低于未经表面改性的 NiTi 记忆合金组，这是由于表面改性处理使 NiTi 记忆合金表面上百纳米深度内无 Ni^{2+}存在，形成了一层纯氧化钛膜，从而阻挡了合金基体内的 Ni^{2+}扩散。细胞培养液中 Ni^{2+}含量减少，对细胞的增长影响较小，说明经表面改性处理后的 NiTi 记忆合金能有效阻止 Ni^{2+}的扩散、溶解释放。

羟脯氨酸是细胞胶原合成的主要原料，其含量的多少可以反映出胶原合成的情况。未经表面改性的 NiTi 记忆合金组细胞培养液中羟脯氨酸含量下降缓慢，这与其细胞增长成比例，说明细胞增长缓慢，胶原合成少，所以对细胞培养液中羟脯氨酸的吸收缓慢，导致培养液中羟脯氨酸缓慢下降；而经表面改性处理后的 NiTi 记忆合金组羟脯氨酸下降急剧，说明细胞增长迅速，胶原合成量相应多，所以对细胞培养液中羟脯氨酸的吸收较快，导致细胞培养液中羟脯氨酸急剧下降，这从另一个方面再次说明改性表面能有效地提高合金的组织相容性。

另外，未经表面改性的 NiTi 记忆合金细胞培养液中的 Ni^{2+}浓度明显高于改性组，5d 后高出近 3.7 倍，这是影响细胞增殖的主要原因，也反映了未经表面处理的 NiTi 记忆合金在机体内可能产生腐蚀，释放 Ni^{2+}，对机体产生生物学系统损伤。

因此，通过上述实验证明，经低温去合金化处理后的 NiTi 记忆合金表面在一定深度内已完全无镍，形成了一个纯氧化钛表面。这层膜不仅提高了合金的生物相容性，而且阻挡了 Ni^{2+}的扩散溶出，大大提高了 NiTi 记忆合金的组织相容性。

中国医科大学口腔医学院张雪等[168]通过 MTT 实验评价采用 H_2O_2 氧化 2h 后的 NiTi 记忆合金同样也证明，未氧化处理过的 NiTi 记忆合金使 L-929 细胞的生长受到了一定程度的影响，而经氧化处理的 NiTi 记忆合金由于表面氧化钛的作用减少了 Ni^{2+}的析出，24h 与 48h 经氧化处理的 NiTi 记忆合金细胞相对增殖率分别为 94%和 93%，高于未经氧化处理的 NiTi 记忆合金，证明氧化处理 NiTi 记忆合金的有效性，使 NiTi 记忆合金的生物相容性得到提高，显示了经过表面氧化处理的 NiTi 记忆合金具有较好的发展前景。根据 5 级毒性评价标准，实验中培养 24h、48h 时经氧化处理的 NiTi 记忆合金细胞毒性分级为 0 级，可以认为在短时间内基本无细胞毒性，符合对医用生物材料的基本要求；细胞形态学观察也支持氧化处理过的 NiTi 记忆合金降低了细胞毒性作用的有效性。但是，实验发现氧化组与空白对照组之间仍有显著性差异，这是因为不同的氧化工艺所制备的膜层形貌、结构等均不相同。该实验里采用的这种工艺所形成的这种氧化膜虽然可以一定程度上抑制 Ni^{2+}的释放，却并不能完全阻止，其具体的生物化学机制尚待继续深入研究。

本 章 小 结

本章评价了经低温去合金化处理前后 NiTi 记忆合金的组织相容性，得到以下主要结论：

1）证实在发育成熟的新西兰大白兔乳兔的皮肤组织中存在多能干细胞，而且应用消化—贴壁—传代的程序成功地分离得到了间充质干细胞。

2）通过对经表面改性处理前后的 NiTi 记忆合金与真皮干细胞共培养，发现经表面处理后的 NiTi 记忆合金表面生长的细胞形态均一，呈长梭形，细胞浆丰富，数量多。而未经表面处理的 NiTi 记忆合金表面生长的细胞形态大多呈多角形，形态差异较大，细胞胞浆较少；在细胞培养 2d 后，细胞数量开始出现减少。

3）碱性磷酸酶、羟脯氨酸和细胞培养液中 Ni^{2+}含量测定分析结果表明，经表面改性处理后的 NiTi 记忆合金的细胞培养液中碱性磷酸酶和羟脯氨酸含量均下降，细胞培养液中 Ni^{2+}蓄积量减少，对细胞代谢影响较小。

第 10 章　NiTi 形状记忆合金表面改性复合膜层的血液相容性评价

前文系统介绍了 NiTi 记忆合金表面通过改性所制备获得的几种复合膜层与 NiTi 记忆合金材料的理化性能比较结果，主要包括样品的表面亲疏水性能、抗腐蚀性能以及 Ni^{2+}的溶出特性等。在此基础上，本章采用体外评价方法，针对血管支架的抗凝应用要求，对几种改性膜层进行血液相容性评价。

生物材料的血液相容性涉及比较宽泛的内容，它既有与材料接触后血栓形成（血小板黏附、聚集、变形）、溶血、白细胞减少等细胞水平的反应；又有凝血系统、纤溶系统激活等血浆蛋白水平反应；还有免疫成分改变，血小板受体、ADP（二磷酸腺苷）、前列环素释放等分子水平的反应[114]。本章重点从材料溶血率、动态凝血时间和血小板黏附 3 个角度来分析评价改性后的 NiTi 记忆合金试样的血液相容性变化及其规律。

10.1　溶血率实验

溶血实验中，材料表面与血液接触时，其溶血成分可导致红细胞破坏和血红蛋白释放，从而使游离血浆血红蛋白增加，产生对机体的毒副作用。根据红细胞破裂释放出来的血红素的可见波长段具有最大吸收的原理，采用分光光度法可测定溶血程度。溶血率的大小反映了材料对红细胞造成破坏引起溶血的程度，溶血率低，说明材料的血液相容性好。NiTi 记忆合金的溶血率为 0.52%，由实验结果（图 10.1 和表 10.1）可以看到，所制备的膜层中只有 4 号样品（溶胶凝胶法 TiO_2）为 0.81%，超过了 NiTi 记忆合金，其他样品溶血率数值均低于 NiTi 记忆合金，说明其他样品对红细胞的破坏程度较低。对于所制备的膜层材料而言，其溶血率从大到小的顺序为 4 号（溶胶凝胶法 TiO_2）>3 号（壳聚糖/肝素钠）>5 号（热氧化法 TiO_2）=2 号（PEI/肝素钠）>6 号（溶胶凝胶法 TiO_2/肝素钠）>7 号（热氧化法 TiO_2/肝素钠），说明复合膜组（6 号、7 号样品）比自组装组（2 号、3 号样品）血液相容性好，而 TiO_2 组（4 号、5 号样品）的血液相容性相对较差。而在相对较差的 TiO_2 组上化学吸附一层肝素钠，可以有效提高其血液相容性，这充分证实了进行抗凝药物负载的重要意义。

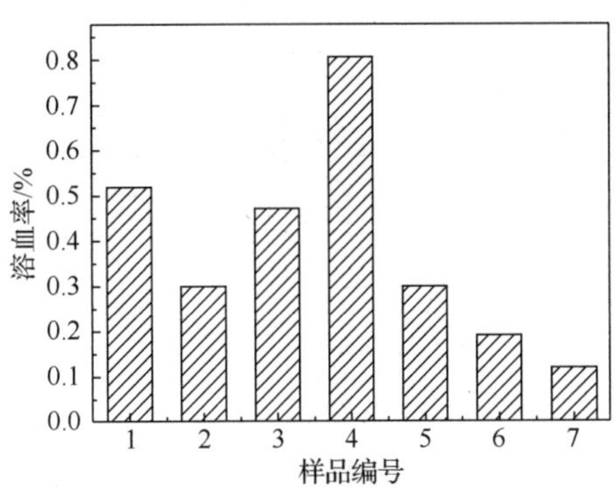

图 10.1　样品的溶血率

表 10.1　样品的溶血率

样品编号	1	2	3	4	5	6	7
溶血率/%	0.52	0.30	0.47	0.81	0.30	0.19	0.12

10.2　动态凝血时间实验

血液凝固是血液中一系列反应的结果，其中有两种过程会诱发血液凝固，即内源性（通过凝血因子Ⅻ活化）和外源性凝血（通过组织因子活化）。血液中球蛋白和纤维蛋白原在材料表面的吸附会导致凝血因子的激活，从而导致纤维蛋白的生成并引起凝血。对凝血因子的激活程度不同，凝血程度将不同。通过体外动态凝血时间实验，可比较在相同的凝血时间内，各种材料对内源性凝血因子的不同激活程度[116-117]。

进行动态凝血时间实验时，具体操作步骤如下：

1）配制 ACD 血液。将枸橼酸 0.47g、葡萄糖 3.0g、枸橼酸钠 1.22g 溶于 100mL 蒸馏水中，配成血液保存液 ACD。采集新鲜兔血，以血∶ACD 为 4∶1 的比例配成 ACD 血液。

2）将 0.1mLACD 血液滴加在清洗后的受测材料表面上，用微量加样器加入 0.2mL/L 的 $CaCl_2$ 溶液 10μL，用玻璃棒轻轻搅匀，立刻记录时间。

3）在 5min、10min、20min、30min、40min、50min、60min 等指定时间，分别用 10mL 蒸馏水缓缓流经材料表面，将流液收集在烧杯里。

4）用 721 分光光度计在 540nm 处测不同溶液的吸光度。

5）作吸光度-时间（*D*-*t*）曲线进行比较，取吸光度为 0.100 时所对应的接触时间为材料的动态凝血时间，见图 10.2～图 10.5。

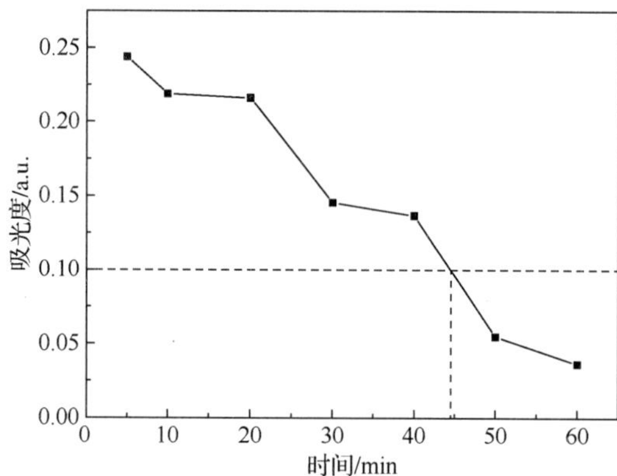

图 10.2　NiTi 记忆合金动态凝血时间

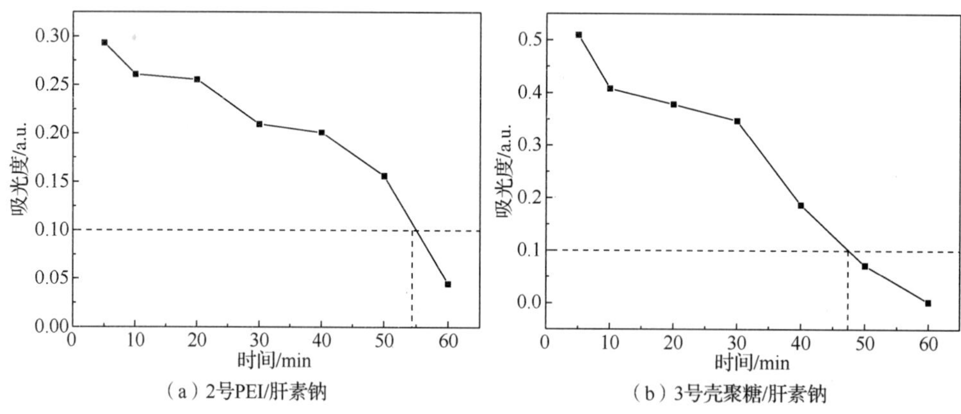

图 10.3　自组装组动态凝血时间

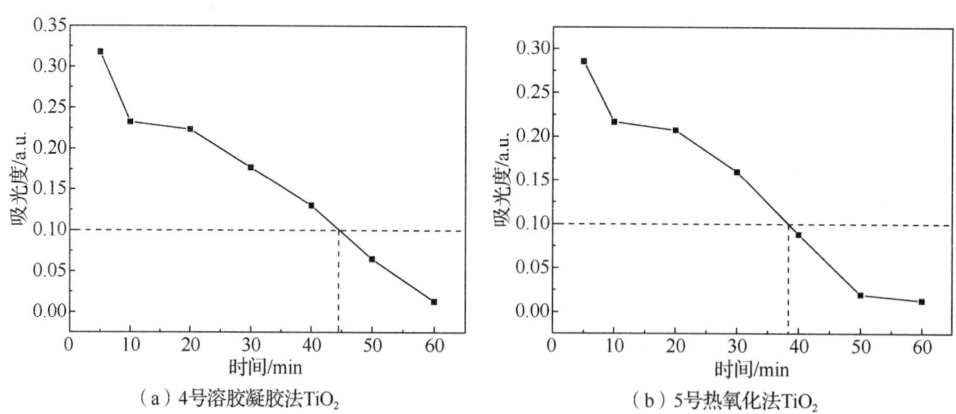

图 10.4　TiO_2 组动态凝血时间

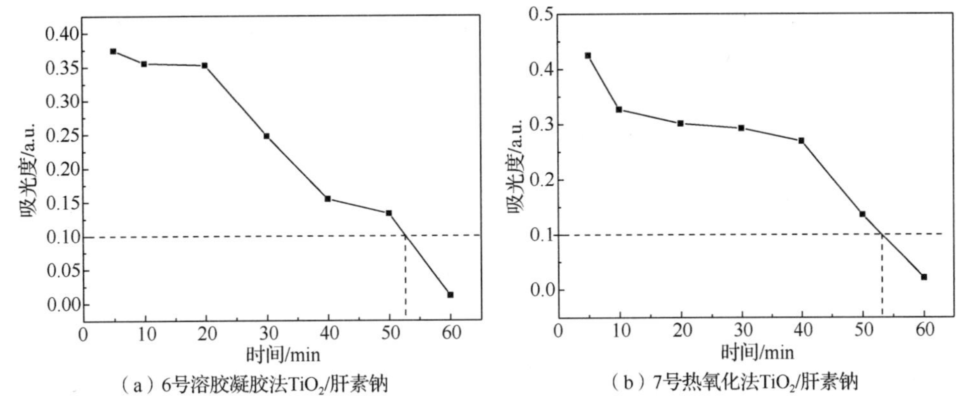

（a）6号溶胶凝胶法TiO_2/肝素钠　（b）7号热氧化法TiO_2/肝素钠

图 10.5　复合膜组动态凝血时间

动态凝血时间实验用来检测内源性凝血因子被激活的程度。对于图中同一时间点，吸光度值越大，说明溶液中血红蛋白浓度越高，血液在材料表面凝固性越弱。对于同一样品的多个时间点，其吸光度曲线将反映凝固性的趋势和凝血时间的长短。动态凝血时间曲线越平缓，吸光度值越高，说明凝血时间越长，则凝血因子被激活的程度越低。一般把吸光度为 0.1 时对应的时间定义为凝血时间，以方便进行比较，本节即采用此规定，并将凝血时间进行列表，见表 10.2。由表 10.2 可见，所制备的膜层材料与记忆合金相比，其凝血时间由长到短为 2 号（PEI/肝素钠）>7 号（热氧化法 TiO_2/肝素钠）>6 号（溶胶凝胶法 TiO_2/肝素钠）>3 号（壳聚糖/肝素钠）>4 号（溶胶凝胶法 TiO_2）>1 号（NiTi 记忆合金）>5 号（热氧化法 TiO_2）。除了 5 号样品的凝血时间较短外，其他样品凝血时间均比记忆合金材料要长，这是由于在所有样品中，5 号样品的表面粗糙度最大，容易激活凝血。而涂覆了肝素钠抗凝药物的材料明显比没有涂覆药物的材料凝血时间要长，说明抗凝药物确实起到了延长凝血时间、延缓凝血的作用。

表 10.2　样品的凝血时间

样品编号	1	2	3	4	5	6	7
凝血时间/min	44.2	54.5	47.7	44.3	38.1	52.7	53.6

10.3　血小板黏附实验

血小板是由红骨髓中巨核细胞破碎后形成的一种无色、体积小而形态不规则的，直径介于 2～4μm 的细胞质小碎片。它具有特定的生化组成，在正常血液中有较恒定的数量（如人的血小板数为 10～30 万/mm^3），在止血、伤口愈合、炎症反应、血栓形成及器官移植排斥等生理和病理过程中有重要作用。材料与血液接触，会引起血小板黏附、变形、聚集等一系列变化，从而使材料的表面形成血栓[117]。本研究通过血小板黏附实验来观察材料与血液接触后，血小板的黏附形貌与数量，从而判断材料的血液相容性。

当生物材料与血液接触后，血小板会黏附到材料表面，随后被激活，伴随血小板外形发生形变，出现黏附、聚集。血小板按照变形情况可分为 5 类不同的形态，反映血小板处于不同的激活状态[118]，如图 10.6 所示。这 5 种血小板形态分别是饼状或圆形（R）、伸出少量枝状伪足（D）、较多枝状伪足并有伸展迹象（SD）、伪足逐渐增粗消失直至铺展（S）和完全铺展（FS）。未激活的血小板为圆形，而完全铺展在材料表面的血小板处于完全激活状态。

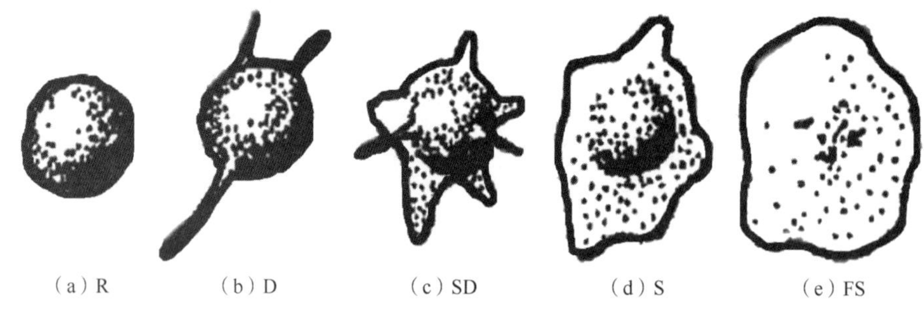
(a) R　(b) D　(c) SD　(d) S　(e) FS

图 10.6　5 种激活状态的血小板形态特点

根据血小板黏附的 SEM 照片，可以得到关于材料表面黏附血小板情况的定性结果。每个样品的左图给出放大倍数较低、视场较大的情况下，血小板黏附照片，统计 10 个不同的视场，可以得到血小板的黏附数量，见表 10.3；每个样品的右图给出放大倍数较高的照片，可以看出血小板的形态学特征，方便定性分析其激活状态。

表 10.3　样品的血小板黏附数量

样品编号	1	2	3	4	5	6	7
黏附数量	97±19.4	63±12.3	72±14.8	438±42.6	76±13.2	64±13.5	49±7.8

图 10.7 给出了 1 号（NiTi 记忆合金）的血小板黏附照片。由左图可见，NiTi 记忆合金表面上出现了较多的血小板黏附，500 倍下随机取 10 个视场计算的平均值为 97±19.4；由右图可见，血小板变形比较严重，出现了枝状伪足，有导致血小板聚集的危险。

图 10.7　1 号（NiTi 记忆合金）的血小板黏附照片

图 10.8 和图 10.9 给出了自组装组（2 号、3 号样品）的血小板黏附照片。由左图可见，血小板在视野中较为分散，在视野各处的出现较为平均，经计算其数量为 63±12.3（2 号）和 72±14.8（3 号），均小于 NiTi 记忆合金材料；由右图可见，血小板形貌正常，大部分血小板呈饼状或圆盘状，有少量血小板出现了枝状伪足，说明有部分血小板开始激活，但没有出现聚集现象。

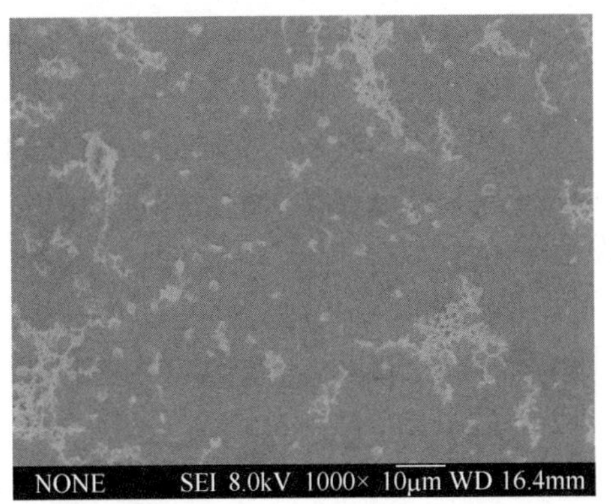

图 10.8　2 号（PEI/肝素钠）的血小板黏附照片

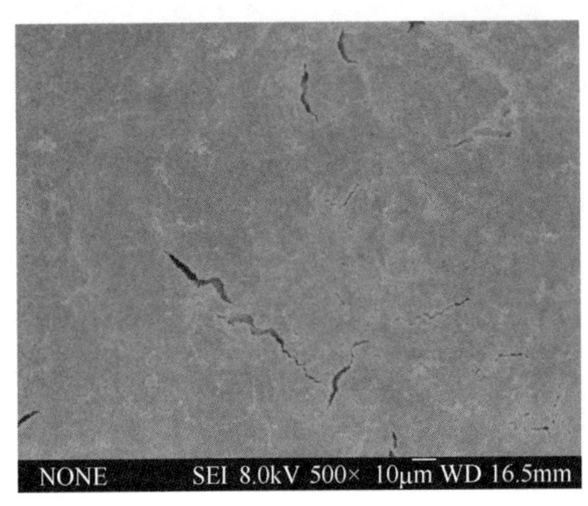

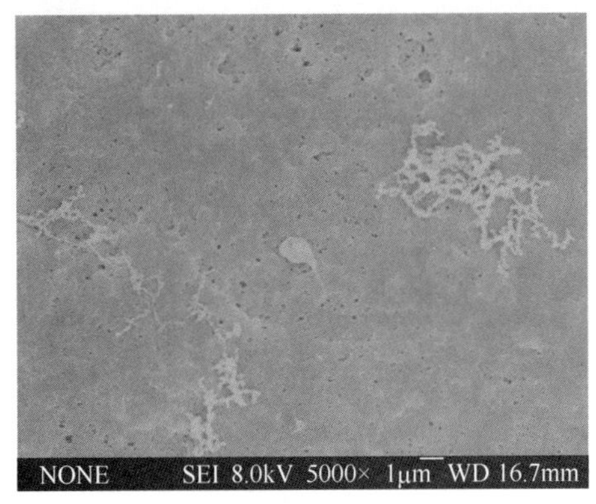

图 10.9　3 号（壳聚糖/肝素钠）的血小板黏附照片

图 10.10 和图 10.11 给出了 TiO_2 组（4 号、5 号样品）的血小板黏附照片。由左图可见，4 号样品的血小板在视野中分布密集且呈网状，而 5 号样品在视野各处的出现较为平均且没有聚集，说明虽然表面物质均为 TiO_2，但表面形貌和亲疏水性不同，导致了其对血小板的黏附作用差别很大。经计算得到血小板的数量为 438±42.6（4 号）和 76±13.2（5 号），4 号样品远大于 NiTi 记忆合金材料，5 号样品小于 NiTi 记忆合金材料。由右图可见，4 号样品的血小板变形严重，大部分已经收缩，生出枝状伪足且交联，引起大量血小板黏附；而 5 号样品血小板形貌正常，大部分血小板呈饼状，基本没有血小板出现枝状伪足，也没有出现聚集现象。这主要是由于 4 号样品的溶胶凝胶 TiO_2 表面为弱酸性，且接触角接近 90°，亲水性较差，它与血小板接触后，弱酸性表面会刺激血小板，使其出现一些不良反应，而血小板的聚集与枝状伪足的交联又导致了不良反应的连锁发生，

故在样品表面黏附的血小板数量远大于其他样品；而5号样品表面虽然有一定的粗糙度，但其接触角较小，为亲水表面，使得血小板在表面的级联激活反应发生概率降低，表现出较好的血液相容性。

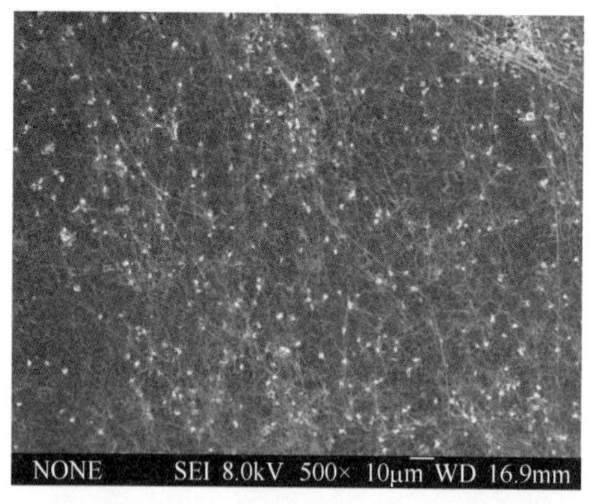

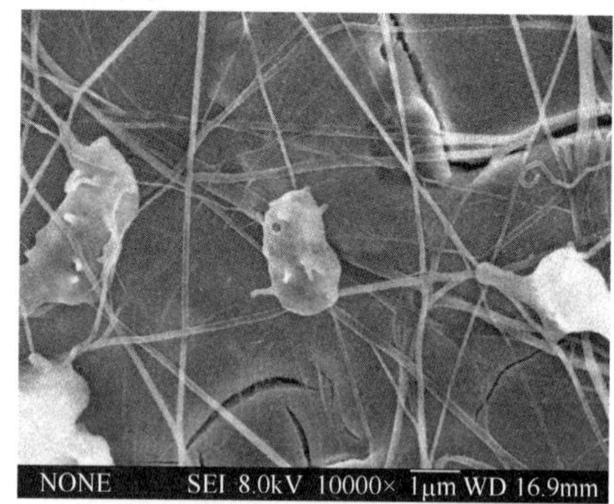

图 10.10　4 号（溶胶凝胶法 TiO_2）的血小板黏附照片

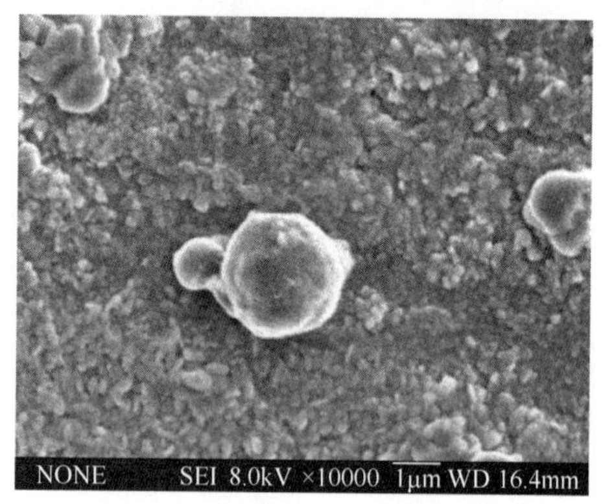

图 10.11　5 号（热氧化法 TiO_2）的血小板黏附照片

图 10.12 和图 10.13 给出了复合膜组（6 号、7 号样品）的血小板黏附照片。由左图可见，血小板在视野中出现较少，且比较分散，经计算其数量为 64±13.5（6 号）和 49±7.8（7 号），均小于 NiTi 记忆合金材料。由右图可见，血小板形貌正常，大部分血小板呈饼状或圆盘状，6 号样品有小部分血小板出现枝状伪足，7 号样品基本没有出现血小板激活迹象，两者都没有出现聚集现象。6 号和 7 号样品是在 4 号和 5 号样品基础上化学吸附肝素钠制备的，本实验说明表面涂覆抗凝血药物肝素钠，对改善血小板黏附起到了一定的作用。

综合比较 7 种样品（1 种 NiTi 记忆合金，6 种膜材料），除了 TiO_2 组（4 号、5 号样品）的血液相容性提高不显著，甚至不如 NiTi 记忆合金材料外，其他两组进行肝素钠药物负载的样品，其溶血率低、动态凝血时间长、血小板黏附少且形态正常，激活也较少，这说明对样品表面进行药物负载有效提高了合金材料的血液相容性。

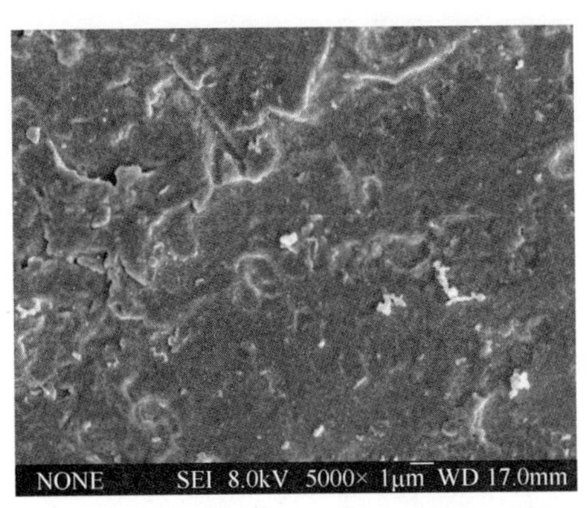

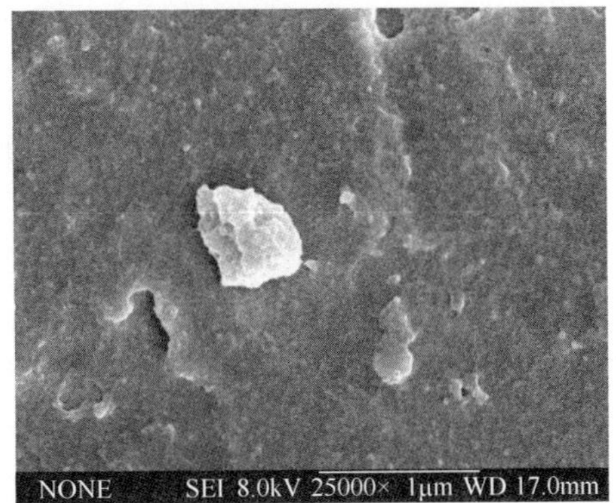

图 10.12　6 号（溶胶凝胶法 TiO_2 /肝素钠）的血小板黏附照片

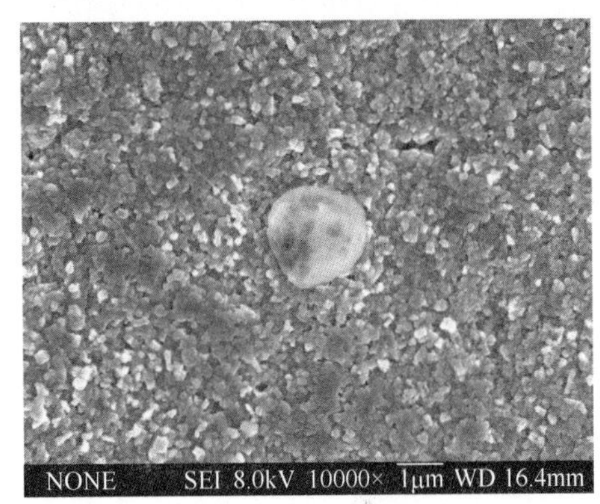

图 10.13　7 号（热氧化法 TiO_2 /肝素钠）的血小板黏附照片

10.4　血液相容性综合评价

对于材料的血液相容性，以上详细论述了本工作开展的溶血率、动态凝血时间和血小板黏附 3 个实验。对于实验结果，利用模糊数学评价手段建立模型，可以综合比较各组样品的血液相容性。首先，认为每种样品的血液相容性由溶血率、动态凝血时间和血小板黏附数量 3 个因素确定。对于每种样品来说，每个因素的实验重复 3 次。建模过程简述如下。

1. 确定隶属函数

本实验以血液相容性的 3 个评价指标组成模糊评价的论域：

$$U=\{溶血率\ u_1, 动态凝血时间\ u_2, 血小板黏附数\ u_3\}$$

对于溶血率因素来说，其大小反映了红细胞与材料接触后的溶血程度，其数值越小，说明血液相容性越好。定义其隶属函数为

$$u_1 = \begin{cases} 1 & (\alpha = 0) \\ \dfrac{\alpha_0 - \alpha}{\alpha_0} & (0 < \alpha < \alpha_0) \\ 0 & (\alpha \geqslant \alpha_0) \end{cases}$$

式中，α_0 由实验条件确定，本节选 α_0=0.8%。

对于动态凝血时间因素来说，凝血时间的长短决定了材料的抗凝血效果的好坏，其数值越大，说明血液相容性越好。定义其隶属函数为

$$u_2 = \begin{cases} 1 & (t \geqslant t_0) \\ 1 - \dfrac{t_0 - t}{t_0} & (0 \leqslant t \leqslant t_0) \end{cases}$$

式中，t_0 由实验条件确定，本节选 t_0 =60min。

对于血小板黏附数量因素来说，血小板黏附的数目越少，说明材料的血液相容性越好。定义其隶属函数为

$$u_3 = \begin{cases} 1 & (n = 0) \\ \dfrac{n_0 - n}{n_0} & (0 < n < n_0) \\ 0 & (n \geqslant n_0) \end{cases}$$

式中，n_0 由实验条件确定，本节选 n_0 =200。

根据实验数据与隶属函数，分别计算各种材料 3 次重复实验的溶血率、动态凝血时间和血小板黏附数的隶属度，结果见表 10.4。

表 10.4　溶血率、动态凝血时间和血小板黏附数的隶属度

样品名称	样品序号	u_1	u_2	u_3
NiTi 记忆合金（1 号）	a	0.363	0.752	0.560
	b	0.363	0.730	0.490
	c	0.325	0.729	0.495
PEI/肝素钠多层膜（2 号）	a	0.638	0.902	0.725
	b	0.625	0.922	0.680
	c	0.613	0.902	0.650
壳聚糖/肝素钠多层膜（3 号）	a	0.450	0.800	0.600
	b	0.388	0.780	0.650
	c	0.400	0.805	0.670
溶胶凝胶法 TiO_2（4 号）	a	0	0.728	0
	b	0	0.743	0
	c	0.025	0.743	0
热氧化法 TiO_2（5 号）	a	0.650	0.657	0.640
	b	0.613	0.637	0.595
	c	0.600	0.612	0.625

续表

样品名称	样品序号	u_1	u_2	u_3
溶胶凝胶法 TiO_2 /肝素钠（6 号）	a	0.813	0.863	0.700
	b	0.75	0.900	0.690
	c	0.725	0.872	0.650
热氧化法 TiO_2 /肝素钠（7 号）	a	0.863	0.887	0.740
	b	0.850	0.902	0.750
	c	0.850	0.892	0.775

2. 确定模糊矩阵

为了确定材料的模糊评判矩阵 $\boldsymbol{R}$，先对隶属度的大小进行规定：$u\geqslant0.900$ 为 A1 级，$0.900>u\geqslant0.800$ 为 A2 级，$0.800>u\geqslant0.700$ 为 B1 级，$0.700>u\geqslant0.600$ 为 B2 级，$0.600>u\geqslant0.500$ 为 C1 级，$0.500>u\geqslant0.400$ 为 C2 级，$0.400>u\geqslant0.300$ 为 D1 级，$0.300>u\geqslant0.200$ 为 D2 级，$0.200>u\geqslant0.100$ 为 E1 级，$0.100>u\geqslant0.000$ 为 E2 级。

对各组样品的各因素数据，统计 A1～E2 级出现的次数。例如，对于 2 号样品 PEI/肝素钠多层膜来说，其溶血率的隶属函数（u_1）在各个级别出现的次数分别为 0 次、0 次、0 次、3 次、0 次、0 次、0 次、0 次、0 次、0 次。总次数为 3，用 3 除以以上数据，得到 2 号样品模糊评价矩阵的第一行（0, 0, 0, 1, 0, 0, 0, 0, 0, 0）。用同样的方法对 2 号样品的另外两个因素分别进行计算，可得到模糊评价矩阵的第二、三行。2 号样品的模糊评价矩阵 $\boldsymbol{R}_2$ 为

$$\boldsymbol{R}_2=\begin{bmatrix}0&0&0&1&0&0&0&0&0&0\\1&0&0&0&0&0&0&0&0&0\\0&0&0.33&0.67&0&0&0&0&0&0\end{bmatrix}$$

同理，按照表 10.4，可分别计算出其他几种材料的模糊评价矩阵。

3. 选取权重

进行权重选取时，首先认为溶血率、动态凝血时间和血小板黏附数量这 3 个因素对于评价材料的血液相容性是同等重要的。在此前提下，分析各项实验的实验数据相对误差来确定权重子集。数据离散度小的指标取较大的权重系数，而数据离散度大的指标取较小的权重系数。

计算各组测试材料的溶血率、动态凝血时间和血小板黏附数量数据的标准差 S_1、S_2、S_3，所用公式为

$$S=\sqrt{\frac{\sum_{i=1}^{k}(x_i-\bar{x})}{k}}\qquad(k=3,\ i=1,2,3)$$

式中，x_i 为某次实验数据；$\bar{x}$ 为平均值；k 为平行实验次数，本实验中为 k=3。

计算出各样品各因素的标准差 S 后，用下式计算实验的相对标准差 S'：

$$S' = \frac{S_j}{\sum_{j=1}^{m} S_j} \qquad (j = 1,2,3,4,5,6,7，\ m = 7)$$

式中，S_j 为第 j 个待评价材料的标准差；m 为待评价样品数，本实验中 m=7。

计算出相对标准差 S' 后，令权重系数 $X' = 1 - S'$ 。7 组样品的 S、S' 和 X' 的计算结果见表 10.5。

表 10.5　各组样品的血液相容性评价指标的标准差、相对标准差和权重分配

样品编号	溶血率			动态凝血时间			血小板黏附数量		
	S	S'	X'	S	S'	X'	S	S'	X'
1	0.017	0.114	0.886	0.781	0.136	0.864	7.810	0.146	0.854
2	0.010	0.066	0.934	0.693	0.120	0.880	7.550	0.141	0.859
3	0.026	0.174	0.826	0.794	0.138	0.862	7.211	0.135	0.865
4	0.036	0.236	0.764	0.520	0.090	0.910	17.349	0.325	0.675
5	0.021	0.137	0.863	1.353	0.235	0.765	4.583	0.086	0.914
6	0.036	0.236	0.764	1.153	0.201	0.799	5.292	0.099	0.901
7	0.006	0.038	0.962	0.458	0.080	0.920	3.606	0.068	0.932

根据表 10.5，可以得到各组样品的权重子集 A' ：

$$A_1' = (0.886,\ 0.864,\ 0.854)$$
$$A_2' = (0.934,\ 0.880,\ 0.859)$$
$$A_3' = (0.826,\ 0.862,\ 0.865)$$
$$A_4' = (0.764,\ 0.910,\ 0.675)$$
$$A_5' = (0.863,\ 0.765,\ 0.914)$$
$$A_6' = (0.764,\ 0.799,\ 0.901)$$
$$A_7' = (0.962,\ 0.920,\ 0.932)$$

按照下式对以上各权重子集中的权重向量进行归一化处理：

$$X_i = \frac{X_i'}{\sum_{i=1}^{3} X_i'} \qquad (i = 1,2,3)$$

得到归一化后的权重子集 A 为

$$A_1 = (0.340,\ 0.332,\ 0.328)$$
$$A_2 = (0.350,\ 0.329,\ 0.321)$$
$$A_3 = (0.324,\ 0.338,\ 0.339)$$
$$A_4 = (0.325,\ 0.387,\ 0.287)$$
$$A_5 = (0.340,\ 0.301,\ 0.360)$$
$$A_6 = (0.310,\ 0.324,\ 0.366)$$
$$A_7 = (0.342,\ 0.327,\ 0.331)$$

4. 综合评判

利用溶血率、动态凝血时间和血小板黏附数量 3 个因素对 7 组样品的血液相容性进行综合评判，综合评判矩阵 $\boldsymbol{B}$ 为 $\boldsymbol{B}=\boldsymbol{A}\boldsymbol{R}$。例如，2 号样品的综合评判矩阵 $\boldsymbol{B}_2$ 为

$$\boldsymbol{B}_2=\boldsymbol{A}_2\boldsymbol{R}_2=[0.350\ \ 0.332\ \ 0.328]\begin{bmatrix}0&0&0&1&0&0&0&0&0&0\\1&0&0&0&0&0&0&0&0&0\\0&0&0.33&0.67&0&0&0&0&0&0\end{bmatrix}$$

$$=[0.332\ \ 0\ \ 0.108\ \ 0.570\ \ 0\ \ 0\ \ 0\ \ 0\ \ 0\ \ 0]$$

同理，可以获得其他组样品的综合评判矩阵[117]。

在综合评判矩阵 $\boldsymbol{B}$ 中，第 i 个元素的数值就代表材料的综合血液相容性在第 i 个区间的概率。作为多元因素综合评判，将材料的综合性能在第 i 个区间的概率与该区间的域值相乘，再对 i 求和，就得到材料的综合性能分布域值，并将其定义为材料的模糊血液相容度。显然，模糊血液相容度的取值范围在区间[0, 1]中，取值为 1 时，说明其模糊血液相容度最好；取值为 0 时，说明其模糊血液相容度最差。模糊血液相容度评判结果见表 10.6。

表 10.6　模糊血液相容度评判结果

样品名称	模糊血液相容度区间	区间中点
NiTi 记忆合金（1 号）	0.476～0.576	0.526
PEI/肝素钠多层膜（2 号）	0.716～0.816	0.766
壳聚糖/肝素钠多层膜（3 号）	0.579～0.679	0.629
溶胶凝胶法 TiO_2（4 号）	0.271～0.320	0.295
热氧化法 TiO_2（5 号）	0.588～0.688	0.638
溶胶凝胶法 TiO_2/肝素钠（6 号）	0.727～0.826	0.777
热氧化法 TiO_2/肝素钠（7 号）	0.783～0.882	0.833

由表 10.6 所示的综合评判结果表明，7 组材料的模糊血液相容度由大到小的顺序为 7 号（热氧化法 TiO_2/肝素钠）>6 号（溶胶凝胶法 TiO_2/肝素钠）>2 号（PEI/肝素钠多层膜）>5 号（热氧化法 TiO_2）>3 号（壳聚糖/肝素钠多层膜）>1 号（NiTi 记忆合金）>4 号（溶胶凝胶法 TiO_2），这与前述定性分析结果相同；同时，充分说明药物肝素钠的负载有利于提高样品的血液相容性。

本 章 小 结

本章对前述在 NiTi 记忆合金表面所制备的 7 种药物负载复合膜层样品进行了血液相容性评价，结果如下：

7 组样品的溶血率从大到小的顺序为 4 号（溶胶凝胶法 TiO_2）>1 号（NiTi 记忆合金）>3 号（壳聚糖/肝素钠）>5 号（热氧化法 TiO_2）=2 号（PEI/肝素钠）>6 号（溶胶

凝胶法 TiO_2/肝素钠）>7 号（热氧化法 TiO_2/肝素钠）。与 NiTi 记忆合金相比，只有 4 号样品增加了 55.77%，其余样品均减小，其中，3 号样品减小 9.62%，2 号和 5 号样品均减小 42.31%，6 号样品减小 63.46%，7 号样品减小 76.92%，说明肝素钠的负载有效降低了样品表面的溶血率。

7 组样品的动态凝血时间分别为 44.2min、54.5min、47.7min、44.3min、38.1min、52.7min、53.6min。与 NiTi 记忆合金相比，除了 5 号样品外，其他样品均在不同程度上延长了凝血时间，最佳样品为 7 号，其比记忆合金材料增加了 21.27%。除了 4 号样品外，其余样品血小板黏附形貌正常，随机取 10 个视野计算黏附数量的平均值，2 号、3 号、6 号、7 号这 4 种表面负载肝素钠的样品分别比记忆合金材料少 35.05%、25.77%、34.02%、49.48%。

利用模糊数学评价手段建立模型，根据实验数据和标准差分别定义了隶属函数和权重系数选取法则。评判结果表明，7 组样品的模糊血液相容度由大到小的顺序为 7 号（热氧化法 TiO_2/肝素钠）>6 号（溶胶凝胶法 TiO_2/肝素钠）>2 号（PEI/肝素钠）>5 号（热氧化法 TiO_2）>3 号（壳聚糖/肝素钠多层膜）>1 号（NiTi 记忆合金）>4 号（溶胶凝胶法 TiO_2），说明抗凝血药物肝素钠的负载确实起到了提高血液相容性的作用。

第 11 章　NiTi 形状记忆合金表面改性复合膜层的细胞相容性评价

针对医用生物材料的不同服役环境和应用领域，评价其生物相容性的方法也有所不同。本章主要介绍采用前述表面改性技术在 NiTi 记忆合金表面制备的几种不同膜层的细胞相容性评价，重点介绍细胞的生长、增殖和凋亡特性，总结细胞形貌、MTT 曲线绘制、碱性磷酸酶、羟脯氨酸指标测试和 RT-PCR 实验等情况。

11.1　细 胞 培 养

将原材料和试剂准备好，进行细胞培养。

1）培养基。将 DMEM/F12 为 1∶1 的培养基干粉溶于三蒸水中，定容至 1000mL，用 $NaHCO_3$ 或 HCl 调整 pH 至 7.2～7.4，经 0.22μm 微孔滤膜过滤除菌，4℃以下冷藏保存。使用时加入 10%胎牛血清、100 单位/mL 青霉素、100 单位/mL 链霉素。

2）PBS 的配制。

KCL	0.2g
KH_2PO_4	0.2g
NaCl	8g
$Na_2HPO_4·7H_2O$	2.16g
去离子水	1000mL

3）双抗。将青霉素 G 钠（penicillin G sodium）100 万单位，链霉素硫酸盐（streptomycin sulfate）100 万单位溶于 100mL 灭菌的 PBS 中，然后采用 0.22μm 微孔滤膜过滤除菌。使用时按 1∶100 的配比加入培养液中，即每毫升培养液内含 100 单位青霉素，100 单位链霉素。

4）消化液。称取 0.25g 胰蛋白酶，用灭菌后的 PBS 缓冲液稀释至 100mL，配制成 0.25%的胰酶溶液。

5）胎牛血清（FBS）。无支原体感染，56℃水浴中灭活 30min，−25℃冷冻保存。

以上工作就绪后，开始细胞培养。

1）将购于中国医学科学院基础医学院细胞中心的 MC3T3-E1 鼠胚成骨细胞进行培养，在无菌操作台上吸出旧培养液，PBS 清洗 2 次，除去未贴壁的细胞。加入新鲜的培养基 5mL 后，将细胞瓶置于 37℃、5% CO_2 的培养箱中。待细胞铺满培养瓶后（300～500 万细胞/培养瓶）进行传代。

2）细胞的传代。取铺满细胞的培养瓶，吸出旧培养液，PBS 清洗 2 次，加入 0.25%胰酶，37℃孵箱中作用 5min 左右，倒置显微镜下观察，见大部分（80%）细胞开始回缩成球形，立即加入含血清的 DMEM/F12 培养基终止消化，轻轻吹打数次。将细胞悬液吸入离心管中 1200r/min 离心 10min，弃去上清液，加入 10mL 新鲜培养基，振荡吹打使细胞分散均匀后，将细胞悬液转移至两个经清洗、灭菌后的培养瓶中。

3）细胞的增殖。待细胞传代后 5h 观察细胞贴壁情况，及时清除未贴壁细胞。待培养 2d 后，进行细胞换液，即在无菌操作台上吸出旧培养液，PBS 清洗 2 次，加入新鲜的培养基 5mL 继续培养，待细胞铺满培养瓶后进行传代或使用。

4）细胞的使用。待传代至第 3 代时，进行细胞消化，取少量细胞悬液进行计数，计算所需细胞浓度，加入适量的培养基后，将细胞悬液转移至 24 孔培养板（Gibco 公司）中使用。

11.2　细胞生长形态的观察

11.2.1　差相显微镜观察

待细胞生长至第 3 代，取一瓶细胞进行传代时，以 5×10^4 个/mL 的密度接种于 8 个细胞培养瓶中，并将制备的已灭菌的 1 号～7 号样品分别放入 7 个培养瓶中，另一个培养瓶作为细胞对照组，命名为 0 号样品。材料与培养基及周边细胞进行作用，1d 后用差相显微镜对细胞培养瓶进行观察，可以得到在培养基环境下的材料短时间作用后细胞的形貌情况，见图 11.1～图 11.8。

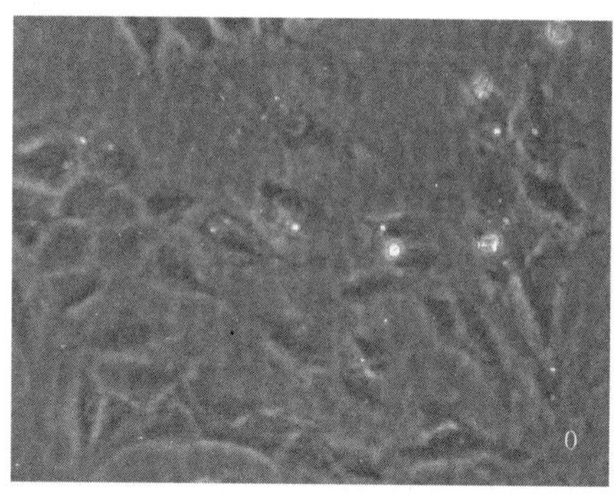

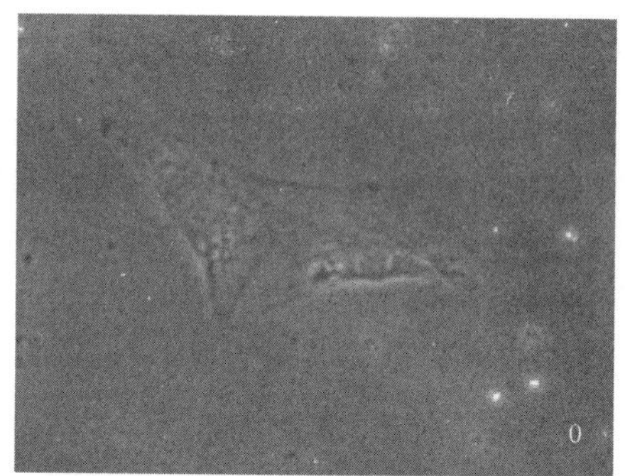

图 11.1　0 号（细胞对照）的差相显微镜形貌（左图为 100×，右图为 400×）

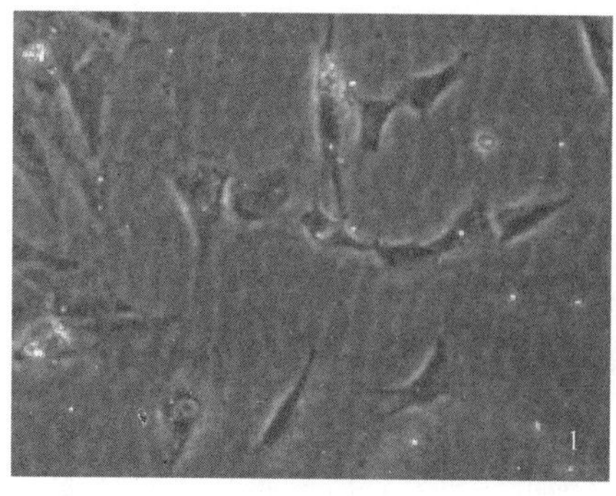

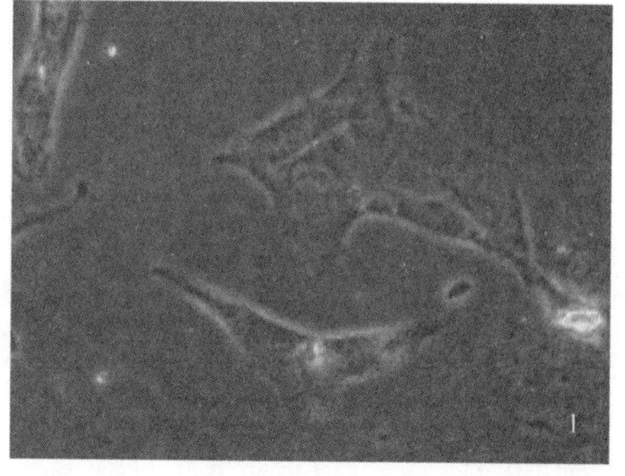

图 11.2　1 号（NiTi 记忆合金）的差相显微镜形貌（左图为 100×，右图为 400×）

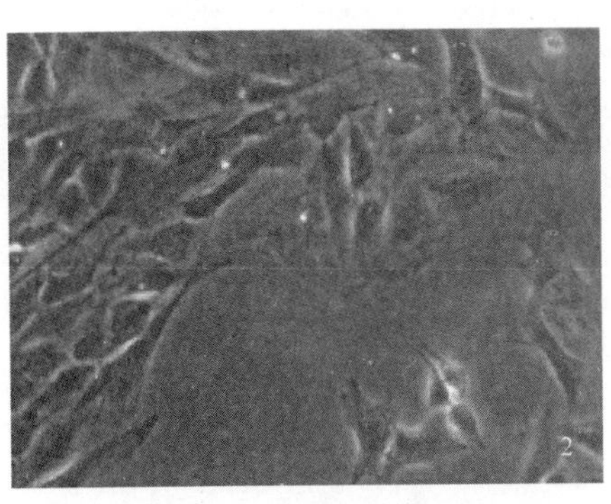

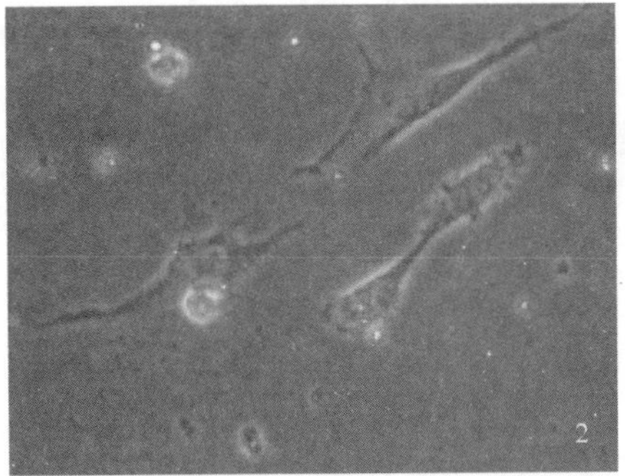

图 11.3　2 号（PEI/肝素钠膜层）的差相显微镜形貌（左图为 100×，右图为 400×）

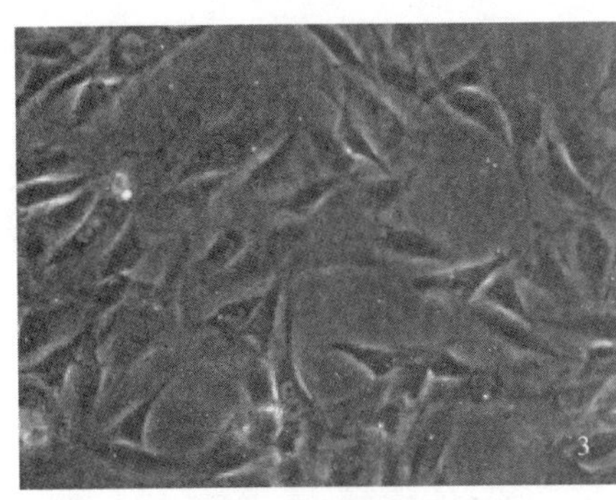

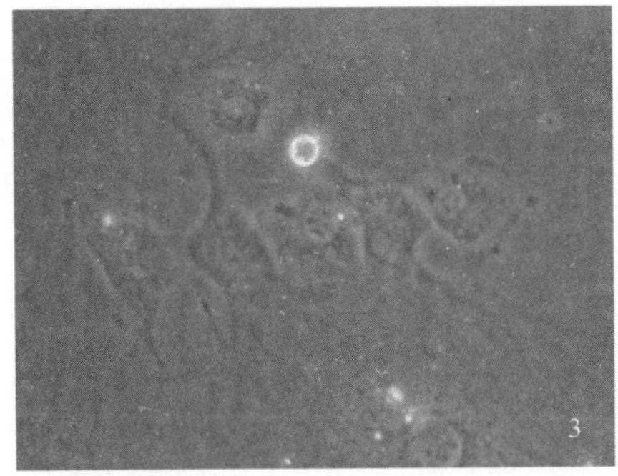

图 11.4　3 号（壳聚糖/肝素钠膜层）的差相显微镜形貌（左图为 100×，右图为 400×）

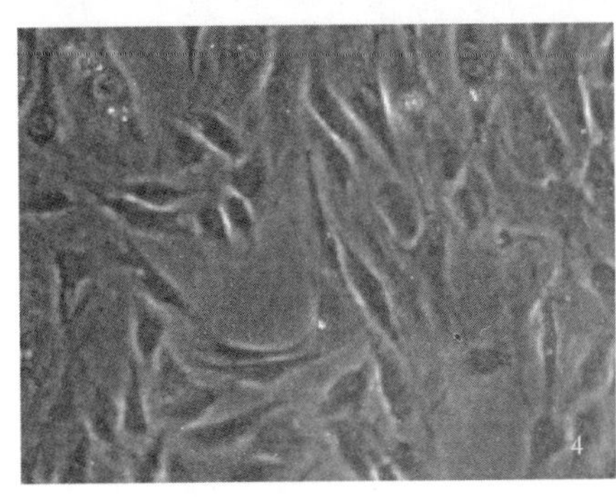

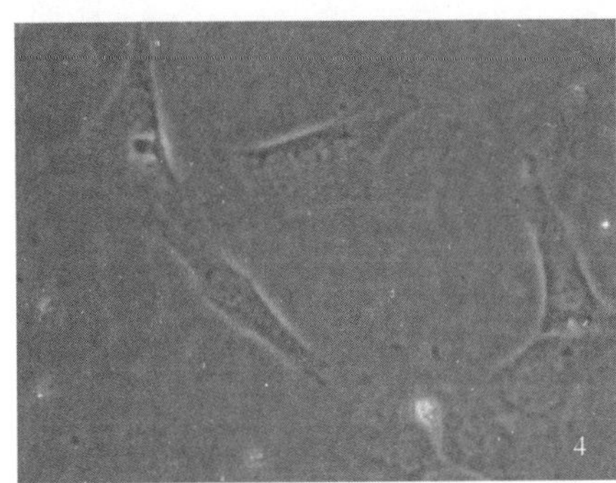

图 11.5　4 号（溶胶凝胶法 TiO_2 膜层）的差相显微镜形貌（左图为 100×，右图为 400×）

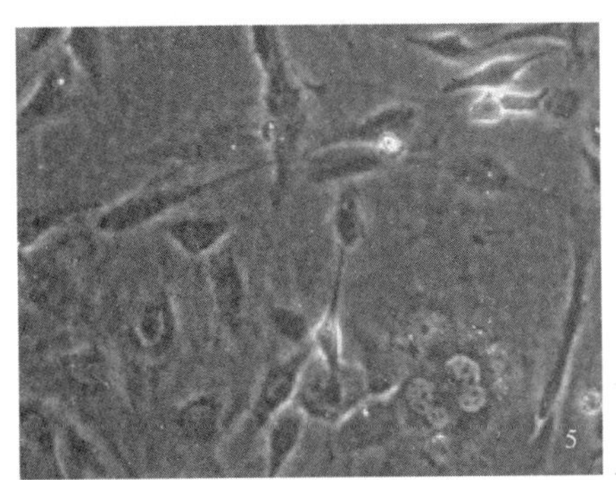

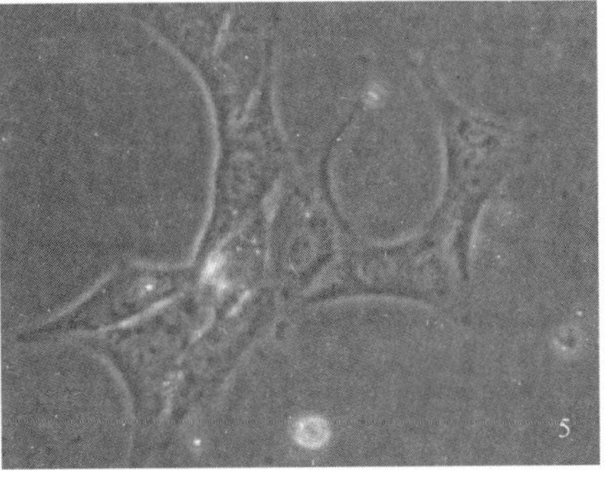

图 11.6　5 号（热氧化法 TiO_2 膜层）的差相显微镜形貌（左图为 100×，右图为 400×）

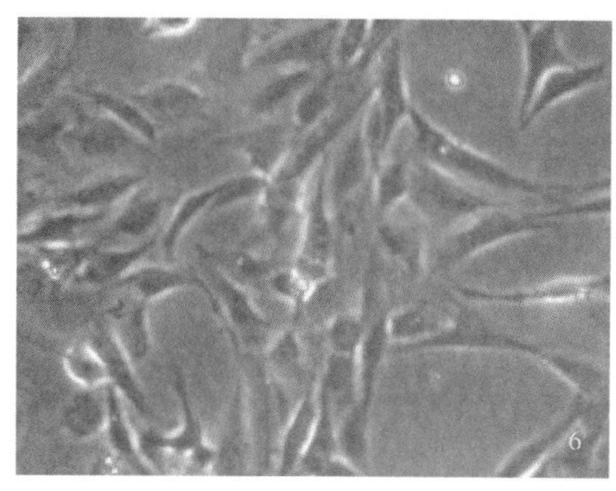

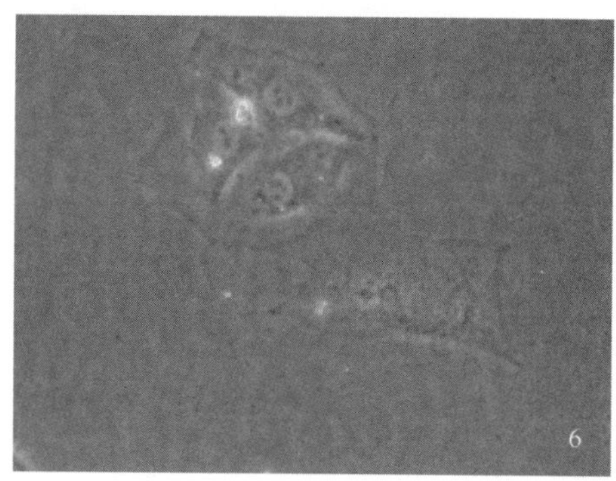

图 11.7　6 号（溶胶凝胶法 TiO_2 /肝素钠膜层）的差相显微镜形貌（左图为 100×，右图为 400×）

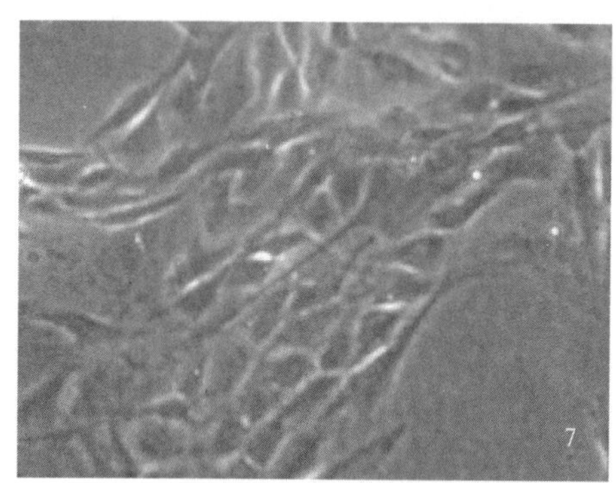

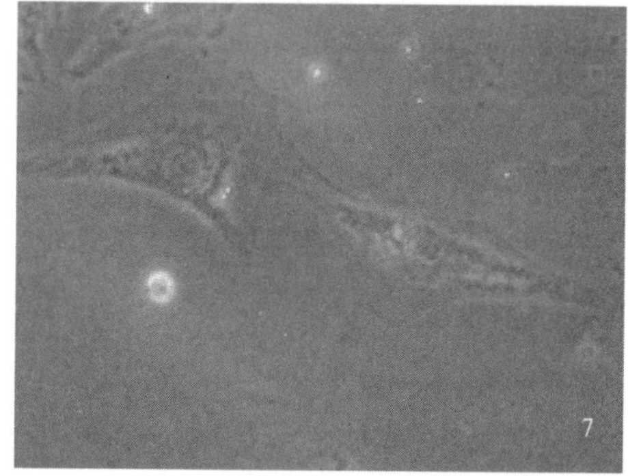

图 11.8　7 号（热氧化法 TiO_2 /肝素钠膜层）的差相显微镜形貌（左图为 100×，右图为 400×）

通过差相显微镜的形貌观察，在放大倍数为 100 倍时，可以看到各组细胞贴壁良好，生长情况良好；放大倍数为 400 倍时，发现各组细胞形貌类似，说明材料与培养基及周边细胞接触 1d 时，无明显细胞毒性作用。

11.2.2　苏木精-伊红染色法

苏木精-伊红染色法（hematoxylin-eosin staining），简称 HE 染色法，是石蜡切片技术里常用的染色法之一。苏木精染液为碱性，主要使细胞核内的染色质与胞质内的核糖体着紫蓝色；伊红为酸性染料，主要使细胞质和细胞外基质中的成分着红色[113-114]。通过染色后的细胞形态观察，可以定性分析细胞的生长状态。

将所制备的各组样品消毒后，放入 24 孔细胞培养板中，同时向 24 孔培养板的每个孔内放入载玻片，将传至第 3 代的细胞消化后吹打成细胞悬液，以 5×10^4 个/mL 的密度接种于培养板中，两天后取出载玻片进行 HE 染色，结果见图 11.9～图 11.16。

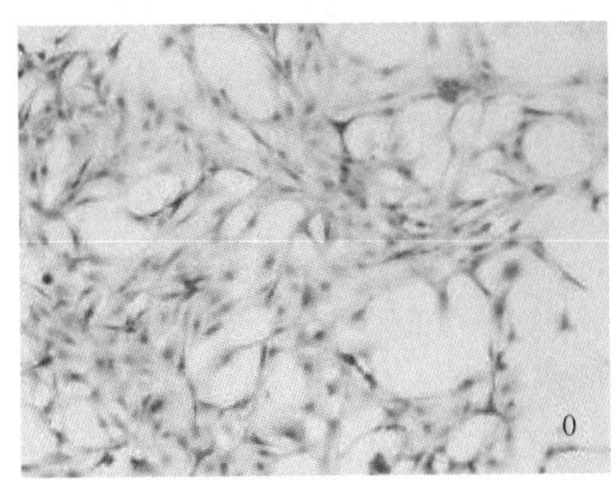

图 11.9　0 号（细胞对照）的 HE 染色

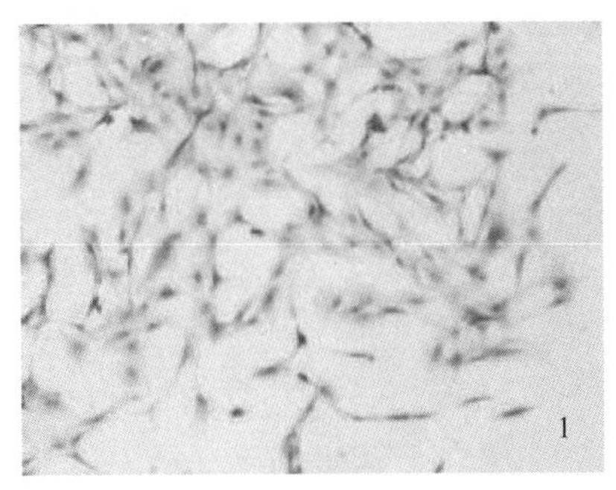

图 11.10　1 号（NiTi 记忆合金）的 HE 染色

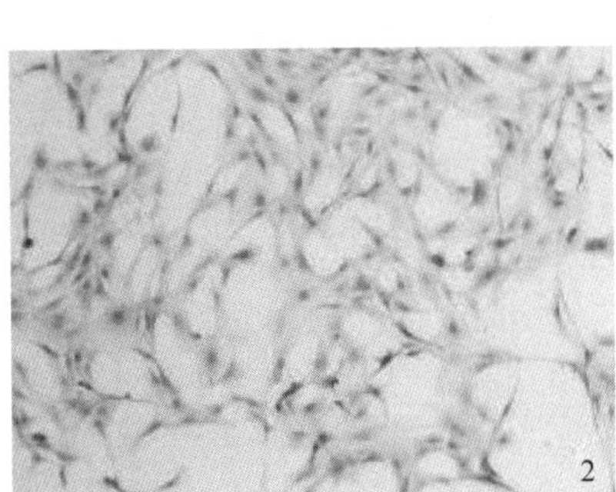

图 11.11　2 号（PEI/肝素钠）的 HE 染色

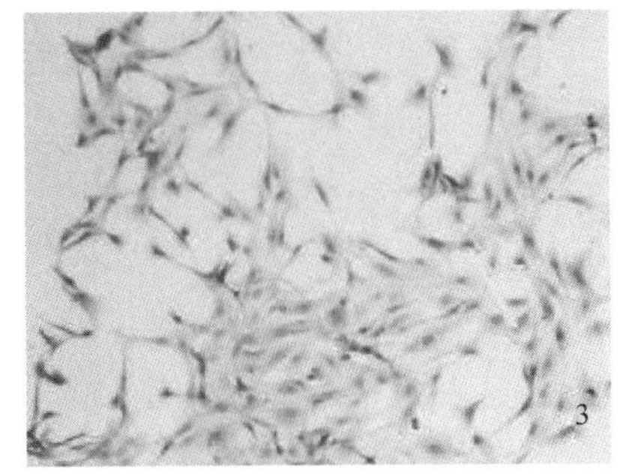

图 11.12　3 号（壳聚糖/肝素钠）的 HE 染色

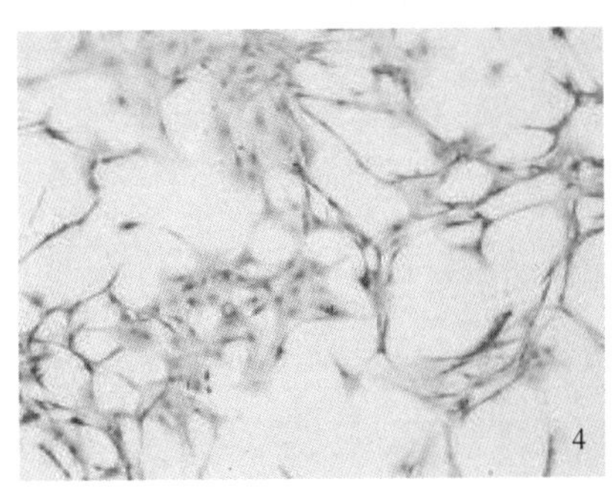

图 11.13　4 号（溶胶凝胶法 TiO_2 ）的 HE 染色

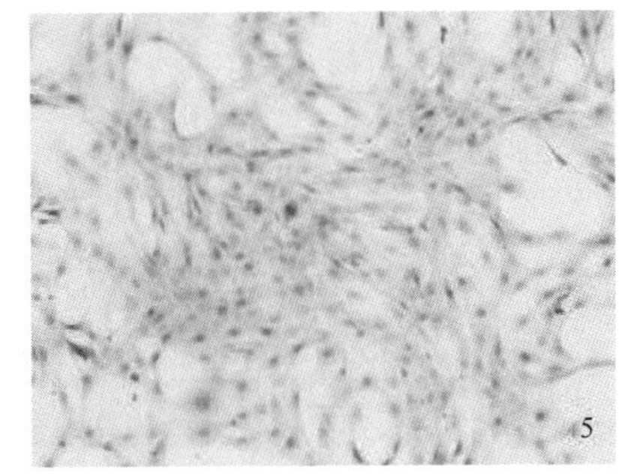

图 11.14　5 号（热氧化法 TiO_2 ）的 HE 染色

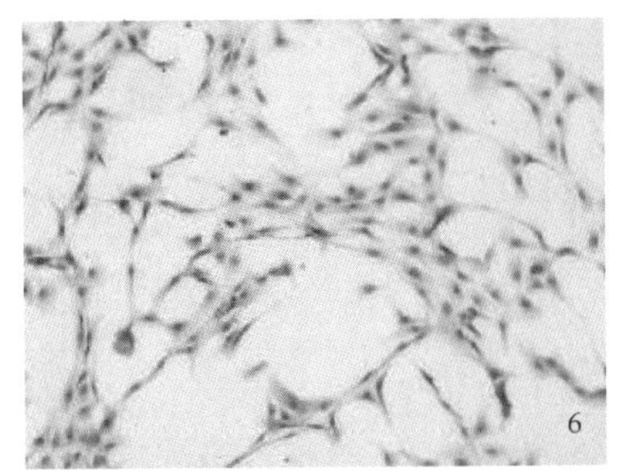

图 11.15　6 号（溶胶凝胶法 TiO_2 /肝素钠）的 HE 染色

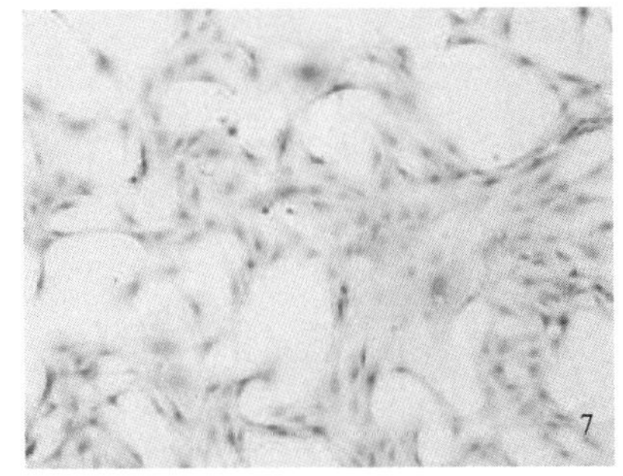

图 11.16　7 号（热氧化法 TiO_2 /肝素钠）的 HE 染色

由图 11.9～图 11.16 可见，各组样品的 HE 染色照片与 0 号细胞对照组基本相同，从细胞形态上看，其细胞核与细胞质界限清晰，没有明显病变；细胞排列比较均匀，有处于分裂期、增殖期的细胞，说明当各组样品间接作用于细胞时，细胞毒性较小。

11.2.3　SEM 观察

将传至第 3 代的细胞以 1×10^4 个/mL 的密度接种于 24 孔细胞培养板中，细胞培养板中预先放入 1 号～7 号待测样品，留 3 个孔为细胞对照组，命名为 0 号样品，则可以得到 3 组数据。3d 后取出 1 号～7 号待测样品，经干燥喷金后进行 SEM 观察，见图 11.17～图 11.23。

图 11.17　1 号（NiTi 记忆合金）的 SEM 形貌（左图为 100×，右图为 1000×）

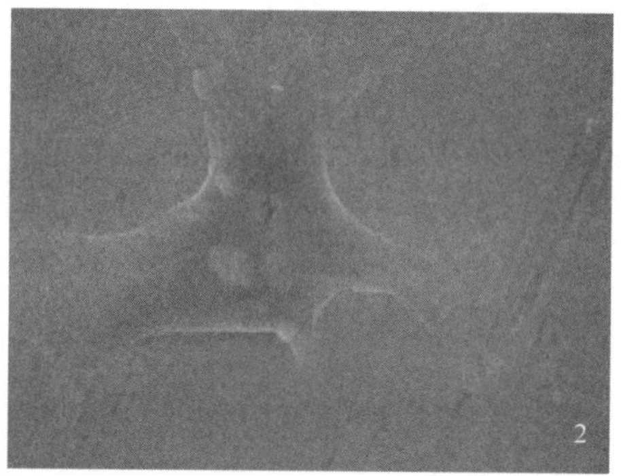

图 11.18　2 号（PEI/肝素钠膜层）的 SEM 形貌（左图为 100×，右图为 1000×）

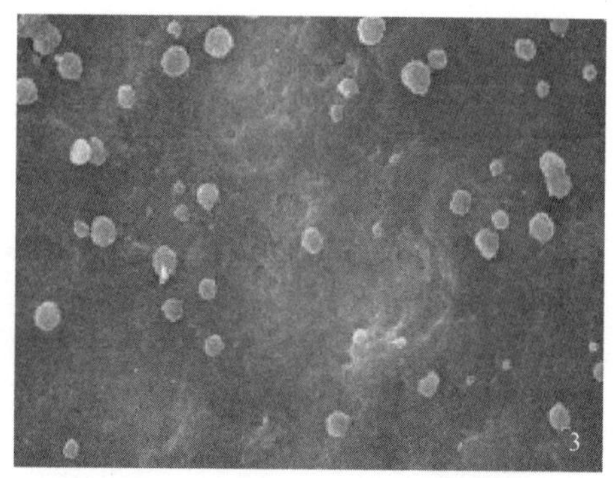

图 11.19　3 号（壳聚糖/肝素钠膜层）的 SEM 形貌（左图为 100×，右图为 1000×）

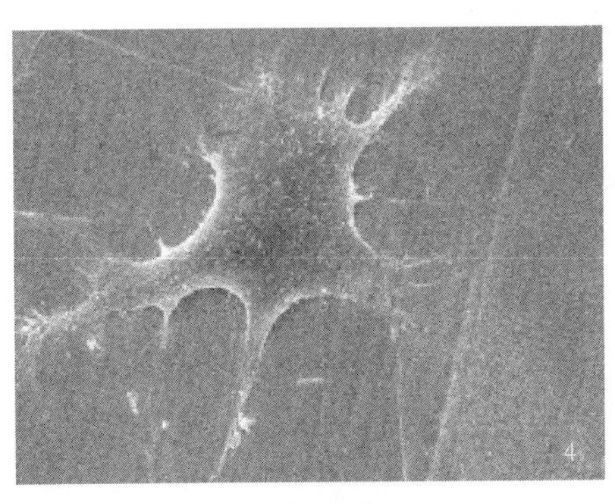

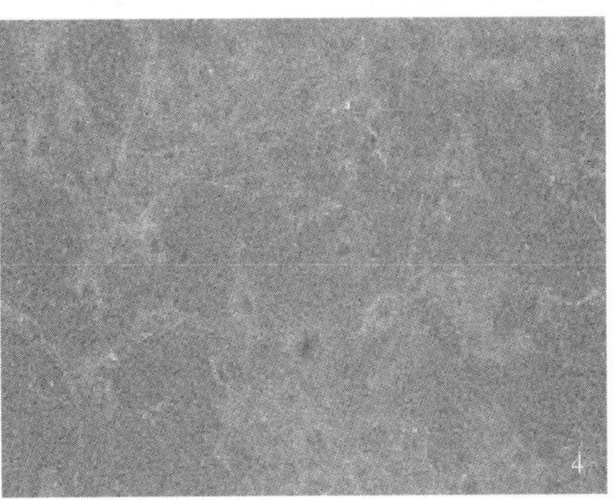

图 11.20　4 号（溶胶凝胶法 TiO_2 膜层）的 SEM 形貌（左图为 100×，右图为 1000×）

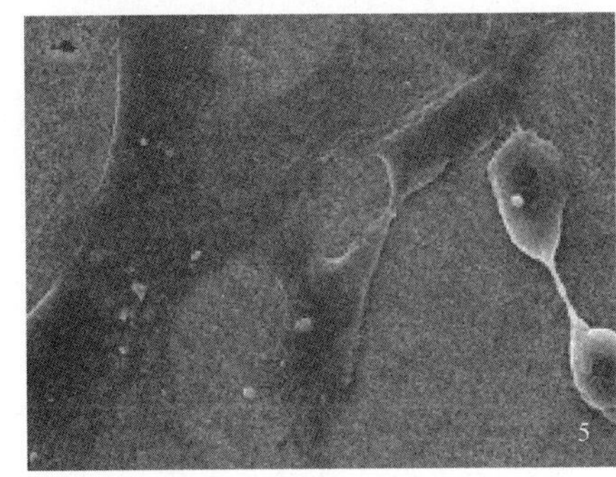

图 11.21　5 号（热氧化法 TiO_2 膜层）的 SEM 形貌（左图为 100×，右图为 1000×）

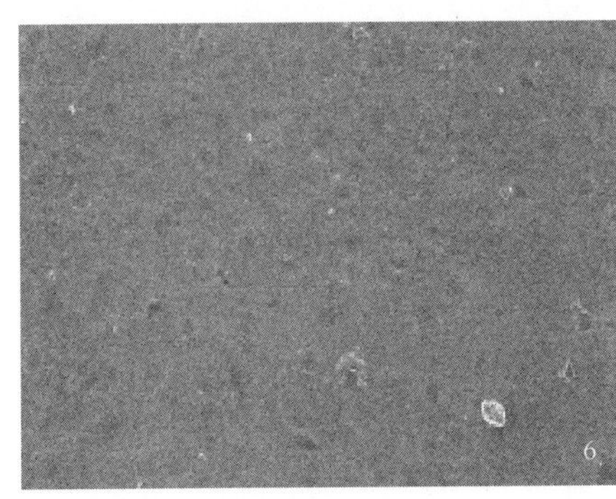

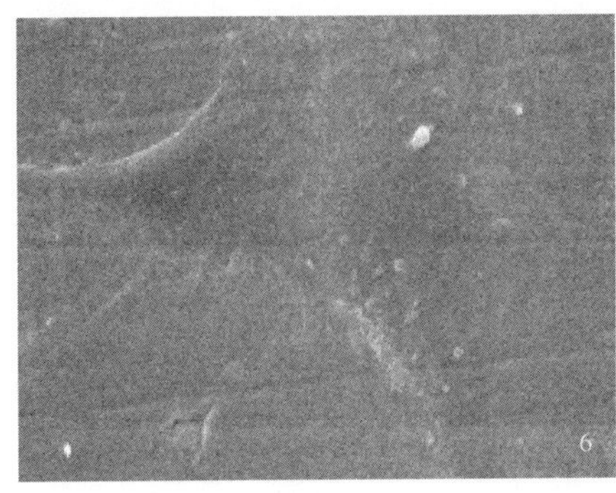

图 11.22　6 号（溶胶凝胶法 TiO_2 /肝素钠膜层）的 SEM 形貌（左图为 100×，右图为 1000×）

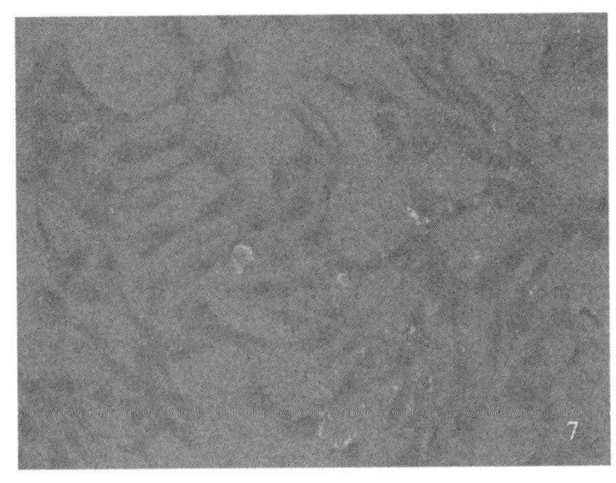

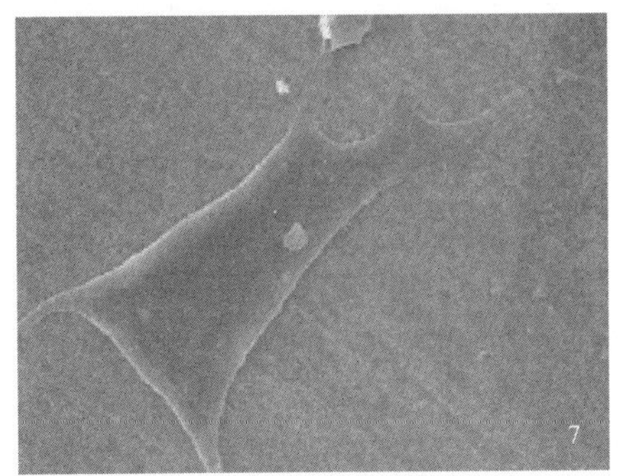

图 11.23　7 号（热氧化法 TiO_2 /肝素钠膜层）的 SEM 形貌（左图为 100×，右图为 1000×）

分析比较各图可知，在低倍大视野下，2 号、5 号、7 号样品细胞边缘分明，生长情况良好。由于初始接种密度相同，3d 后细胞密集程度为 7 号样品>2 号样品>5 号样品，说明 7 号样品细胞增殖最为旺盛。观察放大倍数为 1000 倍的各样品可知，细胞确实形貌正常，状态良好，说明这 3 种材料的细胞毒性小，细胞与其接触后，可以在其表面正常生长、增殖。6 号样品和 1 号样品形貌类似，虽然都比较密集，但细胞状态一般。仔细观察可发现它们的细胞核较为清晰，而细胞质比较模糊，即细胞边缘不分明，有团缩的趋势，有的细胞甚至发生了核质分离，说明这两种材料对细胞产生了一定的影响。3 号、4 号样品表面的细胞形貌变化最大，3 号样品使细胞呈团状，大倍数图片显示部分细胞不再贴壁生长，已经死亡；4 号样品使细胞生出了伪足和毛刺，使细胞凋亡的速度增快。这两种样品不利于细胞的黏附生长。这主要是因为 3 号样品中的壳聚糖溶于乙酸当中，有一定的酸性，而 4 号样品的溶胶凝胶 TiO_2 也有一定的酸性，而正常细胞应在 pH 为 7.2～7.4 的弱碱性环境下生长，细胞表面酸碱环境的差异使得细胞难以在这两种样品表面生长，导致了凋亡细胞的增多。6 号样品在 4 号样品的基础上涂覆了一层生物相容性良好的肝素钠，使得细胞凋亡有所减缓，但也对细胞产生了一定的影响。1 号样品为 NiTi 记忆合金样品，通过原子吸收光谱的测试，可知在模拟人体环境中，它的 Ni^{2+} 溶出量最大，且在植入初期远高于各种薄膜样品，故它对细胞的影响应当归因为初期 Ni^{2+} 较大量的溶出所致。但可以看到，虽然 6 号样品和 1 号样品对细胞有一定的不良影响，但细胞仍然可以在其表面生长。2 号、5 号、7 号样品表面的细胞生长情况良好，可见这 3 种表面减少了细胞毒性反应发生的概率，对提高材料细胞相容性能够起到良好的作用。

11.3　细胞生长数量的评价

MTT 比色法是一种检测细胞存活和生长的方法。其检测原理为活细胞线粒体中的琥珀酸脱氢酶能使外源性 MTT 还原为水不溶性的蓝紫色结晶甲瓒（Formazan）并沉积在细胞中，而死细胞无此功能。十二烷基磺酸钠（SDS）能溶解细胞中的甲瓒，用酶联免疫检测仪在 570nm 波长处测定其光吸收值，可间接反映活细胞数量。在一定细胞数范围内，MTT 结晶形成的量与细胞数成正比。该方法具有灵敏度高、经济等特点，已广泛用于一些生物活性因子的活性检测、大规模的抗肿瘤药物筛选、细胞毒性实验以及肿瘤放射敏感性测定等。

利用 MTT 法绘制细胞生长曲线的简要步骤如下：

1）配制 MTT 溶液。称取 25mg MTT［3-(4,5-二甲基噻唑)-2、5-二苯基四氮唑溴盐、噻唑蓝］溶于 5mL PBS，配成浓度为 5mg/mL 的 MTT 溶液。用 0.22μm 多孔滤膜过滤灭菌，用前现配，避光保存。

2）将传至第 3 代的细胞以 1×10^4 个/mL 的密度接种于两块 24 孔细胞培养板中，细胞培养板中预先放入 1 号～7 号待测样品，每块板留 3 个孔为细胞对照组。

3）细胞接种时，每个培养孔中细胞悬液和培养基共 2mL，在细胞植入后的第 1～6 天分别加入 0.2mL MTT 液后，将细胞培养板放入培养箱中等待 4h。

4）每孔加入 0.2mL SDS，20h 后用酶联免疫检测仪在 570nm 处测吸光度，绘制曲线。

对于自组装组来说（图 11.24 和图 11.25），两种自组装薄膜的吸光度值均大于 NiTi 记忆合金（图 11.26）材料，说明样品植入后，在自组装薄膜作用下的活细胞数量都要多于 NiTi 记忆合金材料。其中，2 号样品略优于 3 号样品。这个结果似乎与 SEM 的结果矛盾，其实不然。SEM 实验是观察样品表面的细胞生长情况，而本实验是看样品在培养基环境中对细胞产生的直接和间接的影响。从 SEM 图像可以得到，3 号样品植入一定时间后，对其表面的细胞影响较大，甚至导致细胞死亡，但由于其在生理环境中 Ni^{2+} 溶出较少，对其周边的细胞影响相对较少，因此导致了其 MTT 生长曲线好于 NiTi 记忆合金材料的情况出现。可见对于同一种样品，应综合运用多种手段从不同侧面进行评价。

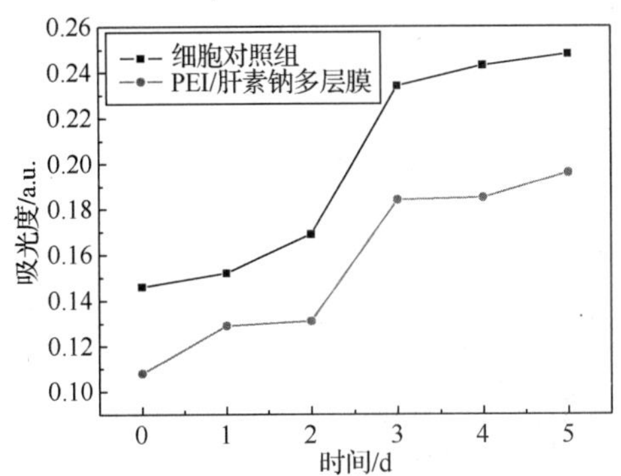

图 11.24　2 号（PEI/肝素钠多层膜）与 0 号（细胞对照组）MTT 生长曲线

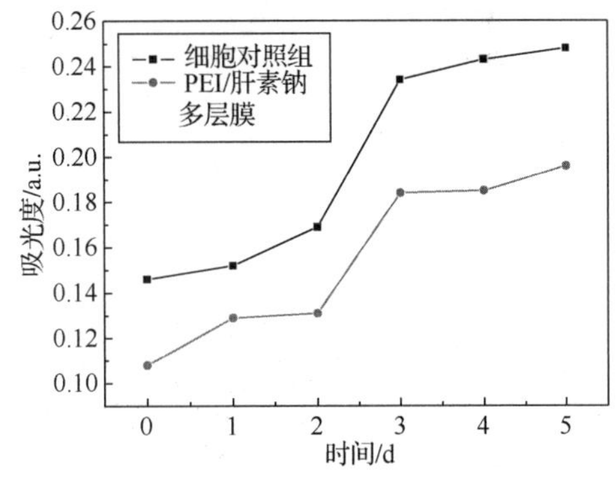

图 11.25　3 号（壳聚糖/肝素钠多层膜）与 0 号（细胞对照组）MTT 生长曲线

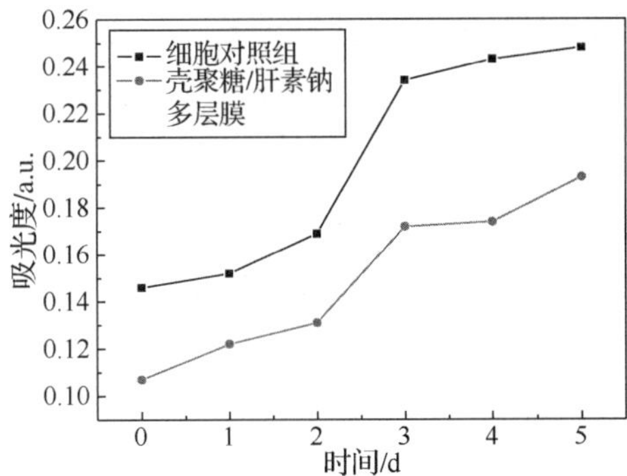

图 11.26　1 号（NiTi 记忆合金）与 0 号（细胞对照组）MTT 生长曲线

TiO_2 组的样品中（图 11.27 和图 11.28），两种不同方法制备的 TiO_2 都对活细胞的数量产生了影响。其中，4 号样品的 MTT 曲线与 NiTi 记忆合金接近；而 5 号样品开始时高于 NiTi 记忆合金，后来细胞生长较为缓慢，数量上少于 NiTi 记忆合金，最后它们基本上是 0 号样品细胞对照的一半。这是由于这几种样品都释放出一定数量的 Ni^{2+}，其中 4 号样品的 Ni^{2+}释放较多，其表面呈现弱酸性，且表面粗糙度较小，这样黏附在其表面的细胞数量较少，因此在细胞生长期，其 MTT 曲线比较平缓。4d 后，Ni^{2+}溶出的作用逐渐显现，使其生长曲线受到了抑制。5 号样品的表面粗糙度大，在开始时促进细胞生长，使得细胞生长旺盛期提前，后来的曲线较为平缓，说明 Ni^{2+}溶出的作用逐渐增强。

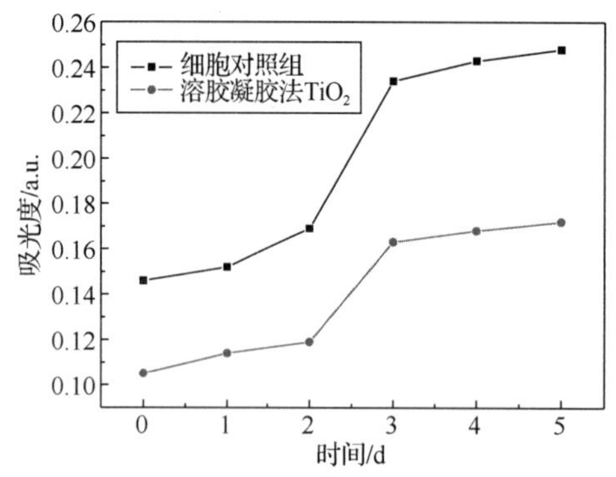

图 11.27　4 号（溶胶凝胶法 TiO_2）与 0 号（细胞对照组）MTT 生长曲线

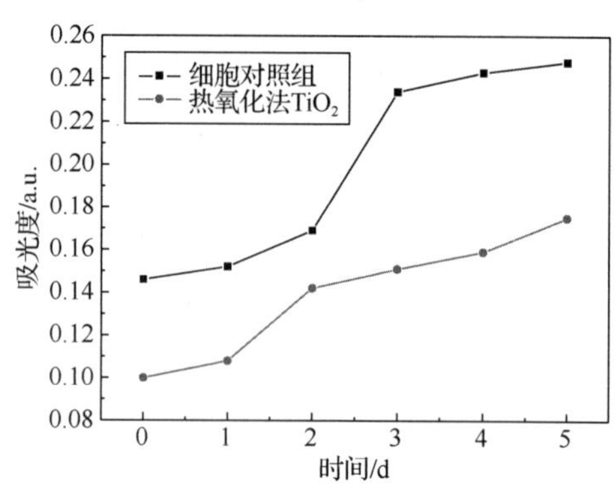

图 11.28　5 号（热氧化法 TiO_2）与 0 号（细胞对照组）MTT 生长曲线

复合膜组（图 11.29 和图 11.30）中，两种薄膜样品的吸光度值均比 NiTi 记忆合金材料高，说明这两种样品的细胞毒性较小。其中 7 号样品的后期增殖速度较快，而 6 号样品第 4 天后吸光度增长缓慢，说明植入一段时间后，7 号样品的细胞活性仍然较好，这与 SEM 的观测结果相一致。这是因为 7 号样品表面的肝素钠为生物相容性良好的材料，它的负载降低了样品表面的粗糙度，在初期时导致细胞黏附量较少，曲线较平缓，但同时其抑制 Ni^{2+}溶出，对细胞的毒副作用小，使得在第 3～4 天时细胞生长的高峰期到来；后来肝素钠逐渐释放，热氧化的 TiO_2 表面也能促进细胞的生长与增殖，故在第 5～6 天时，活细胞数量又有一个比较大的提高。

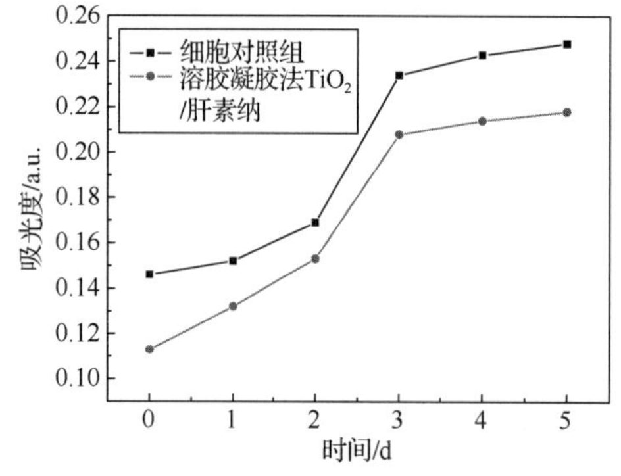

图 11.29　6 号（溶胶凝胶法 TiO_2/肝素钠）与 0 号（细胞对照组）MTT 生长曲线

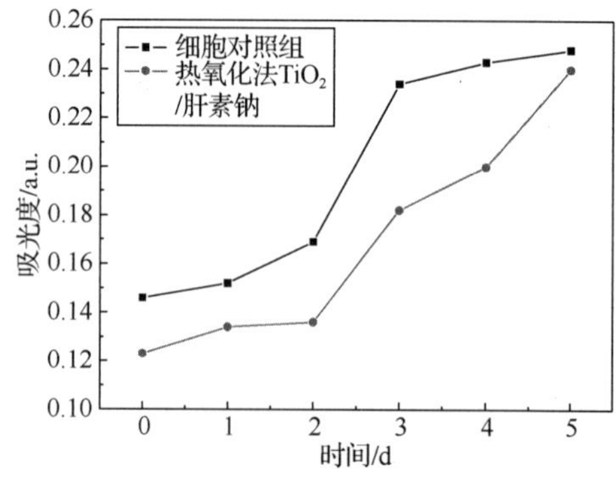

图 11.30　7 号（热氧化法 TiO_2/肝素钠）与 0 号（细胞对照组）MTT 生长曲线

取各样品在第 3 天时的吸光度数据做比较，可得图 11.31。可以看到，0 号样品细胞对照组的吸光度值最大，说明它的活细胞数量最多，生长情况最好，这反映出样品的植入会在一定程度上影响细胞的活性。分析其他样品与 1 号样品（NiTi 记忆合金）在第 3 天时的细胞数量情况可知，2 号、6 号、7 号吸光度值均大于 1 号样品，说明这 3 种样品比 1 号样品更利于细胞的生长；而 3 号～5 号吸光度值略低于 1 号样品，说明这 3 种样品在植入第 3 天时不如 1 号样品（NiTi 记忆合金）。

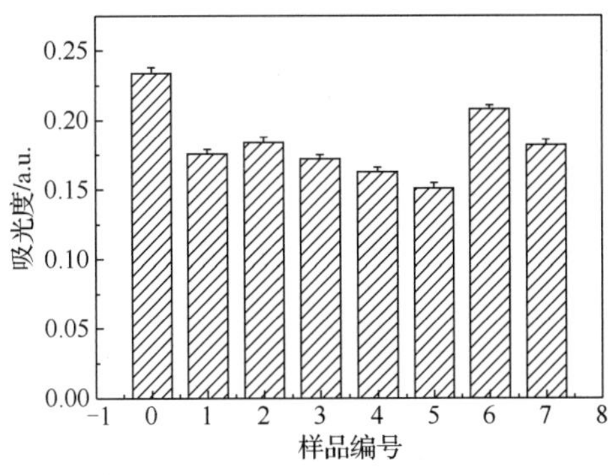

图 11.31　各组样品 MTT 比较

11.4　细胞生长质量的评价

在评价材料的细胞毒性方面，我们除了对不同时间点的活细胞数量有一个比较系统的统计外，还应注意细胞生长活力，即活细胞质量的好坏。

11.4.1　碱性磷酸酶指标

碱性磷酸酶（ALP 或 AKP）是广泛分布于人体肝脏、骨骼、肠、肾和胎盘等组织经肝脏向胆外排出的一种酶，是目前免疫诊断试剂产品常用的标记酶之一。碱性磷酸酶可由成骨细胞产生，是成骨细胞分化及骨形成的标志之一[115]。本实验通过使用试剂盒，检验碱性磷酸酶含量的多少，可以说明成骨细胞分化潜能的大小，从而对细胞的质量进行评价。其具体操作过程如下：

1）将传至第 3 代的细胞以 1×10^4 个/mL 的密度接种于两块 24 孔细胞培养板中，细胞培养板中预先放入 1 号～7 号待测样品，每块板留 3 个孔为细胞对照组。

2）细胞接种时，每个培养孔中细胞悬液和培养基共 2mL，在细胞植入后的第 1、3、5 天，用微量取样器分别取 50μL 样品于测定管内；同时，标准管中加入 50μL 酚标准溶液，空白管中加入三蒸水 50μL。

3）各管均加入缓冲液 0.5mL 和基质液 0.5mL，充分混匀，于 37℃水浴 15min 后，加入显色剂 1.5mL，立即混匀，用空白管调零，在 520nm 处测量各管吸光度。

4）根据公式计算碱性磷酸酶活性。碱性磷酸酶（金氏单位/100mL）=测定管吸光度/标准管吸光度×0.005×100/0.05，并以时间为横轴，碱性磷酸酶活性为纵轴绘制比较图，见图 11.32～图 11.34。

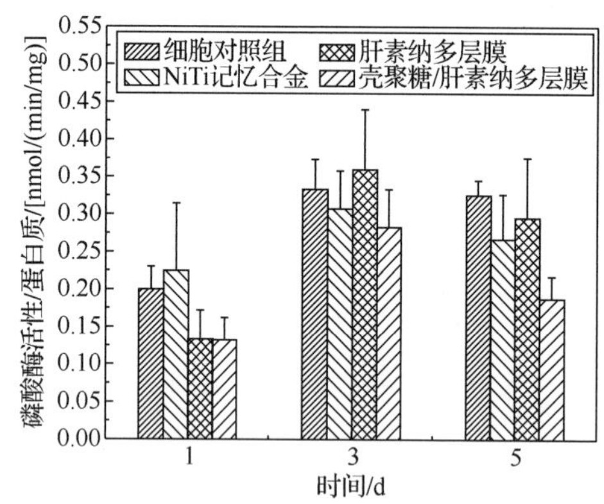

图 11.32　自组装组样品与细胞对照和 NiTi 记忆合金碱性磷酸酶对比曲线

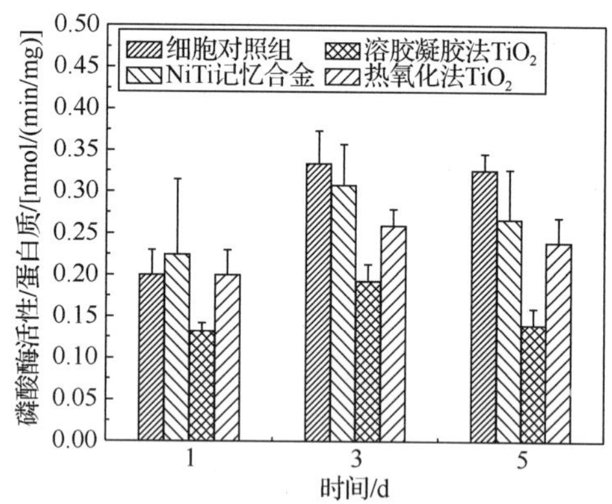

图 11.33　TiO_2 组样品与细胞对照和 NiTi 记忆合金碱性磷酸酶对比曲线

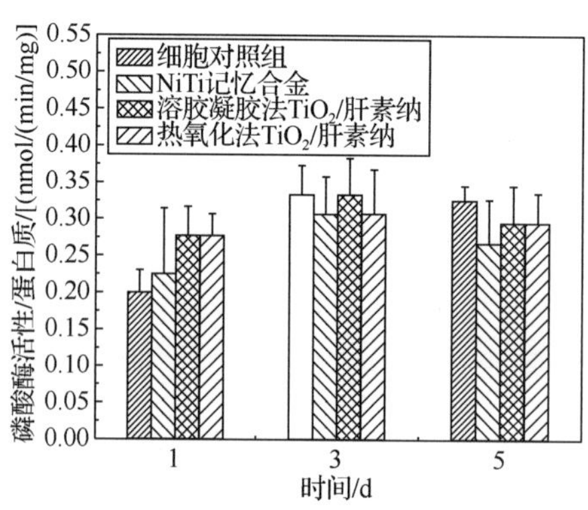

图 11.34　复合膜组样品与细胞对照和 NiTi 记忆合金碱性磷酸酶对比曲线

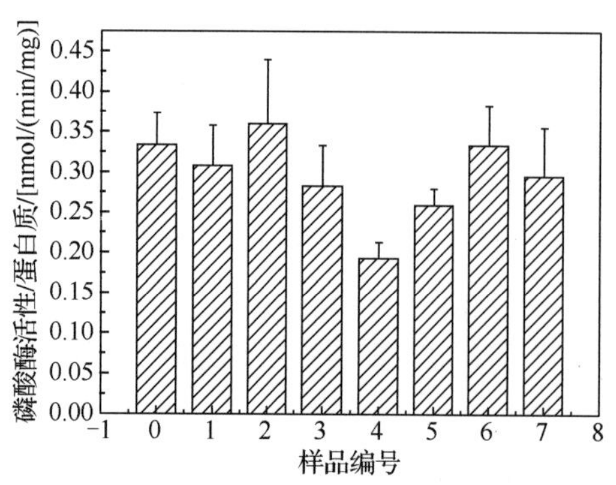

图 11.35　各样品碱性磷酸酶比较

观察各图可以发现，总体来说，碱性磷酸酶的数值在第 3 天达到最大，说明从第 1 天到第 3 天，细胞活力在不断增加，结合 MTT 细胞生长曲线，可知这应该是细胞数量在增长所导致。第 3～5 天，虽然细胞的数量还有少量增长，但各样品的碱性磷酸酶指标有所下降，这说明到细胞生长后期，有一部分细胞已经老化，其活力有所下降。取碱性磷酸酶第 3 天的数据做总体比较图（图 11.35），可知碱性磷酸酶由高到低为 2 号>0 号=6 号>1 号≈7 号>3 号>5 号>4

号，这与前面的其他结果相一致，说明样品表面进行药物负载后，对提高材料植入后的细胞活性有所帮助。

11.4.2　羟脯氨酸指标

羟脯氨酸（Hyp）作为胶原蛋白中的特异性氨基酸，可以反映机体活组织中胶原蛋白含量的变化[122]。其中，成骨细胞能够合成和分泌 I 型胶原，I 型胶原中，羟脯氨酸约占氨基酸总量的 13.4%。因此，成骨细胞中羟脯氨酸的含量可以间接反映成骨细胞合成 I 型胶原的能力[115]。本实验通过使用试剂盒，检验成骨细胞中羟脯氨酸含量的多少，可以说明细胞合成胶原能力的大小，从而对细胞的生长质量进行评价。其具体操作过程如下：

1）将传至第 3 代的细胞以 1×10^4 个/mL 的密度接种于两块 24 孔细胞培养板中，细胞培养板中预先放入 1 号～7 号待测样品，每块板留 3 个孔为细胞对照组。

2）细胞接种时，每个培养孔中细胞悬液和培养基共 2mL，在细胞植入后的第 1、3、5 天，用取样器分别取 0.5mL 样品于测定管内，准确加水解液 1mL 混匀，放入沸水浴中水解 20min。

3）按照试剂盒说明调节 pH 至 6.0～6.8，加三蒸水稀释至 10mL 后，加入活性炭 100mg，混匀，3500r/min 离心 10min，取上清 1mL 待检测。

4）在空白管中加入 1mL 三蒸水，标准管中加入 1mL 5μg/mL 标准应用液，测定管中加入 1mL 检测液。检测时各管依次加入 0.5mL 试剂一，混匀静置 10min；0.5mL 试剂二，混匀静置 5min；0.5mL 试剂三，混匀，60℃水浴 15min 后，3500r/min 离心 10min，去上清，在 550nm 处测量各管吸光度。

5）根据公式计算羟脯氨酸含量：

$$\text{羟脯氨酸含量}=\frac{\text{测定管吸光度}-\text{空白管吸光度}}{\text{标准管吸光度}-\text{空白管吸光度}}\times\text{标准管含量}\times\frac{\text{水解液总体积}}{\text{取样量}}$$

以时间为横轴，羟脯氨酸含量为纵轴绘制比较图，见图 11.36～图 11.38。

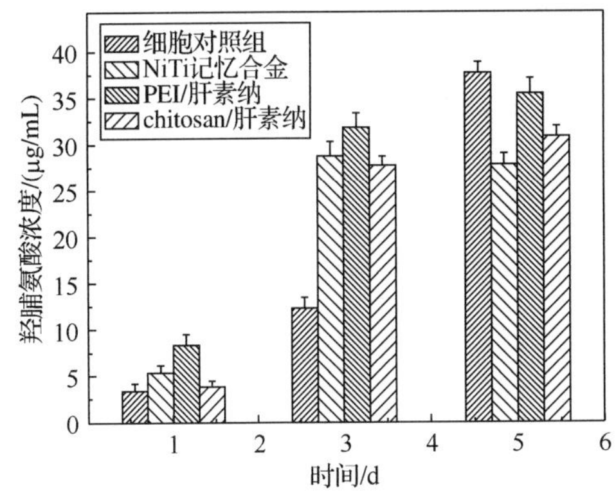

图 11.36　自组装组样品与细胞对照和 NiTi 记忆合金羟脯氨酸对比曲线

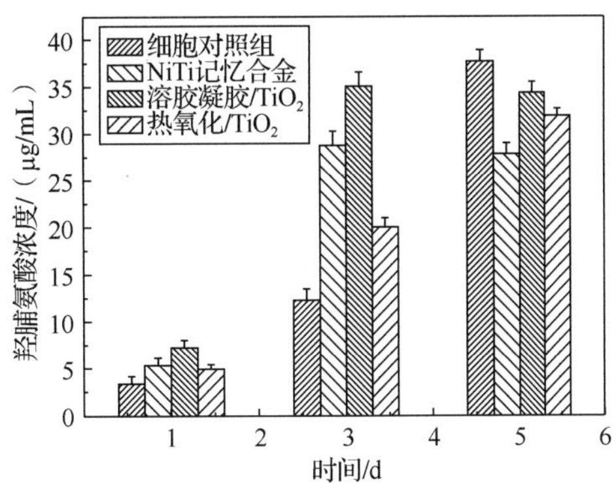

图 11.37　TiO_2 组样品与细胞对照和 NiTi 记忆合金羟脯氨酸对比曲线

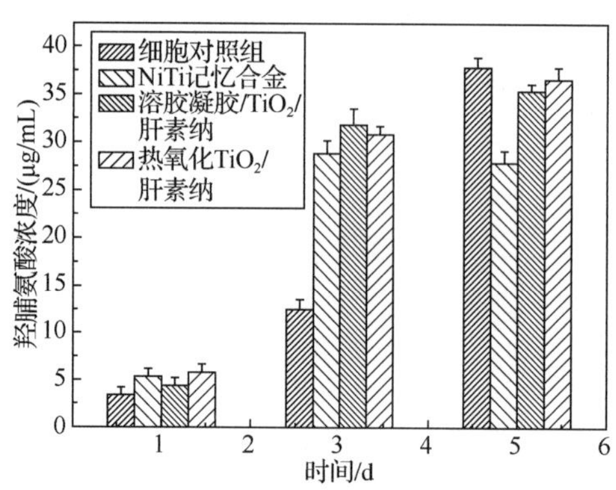

图 11.38　复合膜组样品与细胞对照和 NiTi 记忆合金羟脯氨酸对比曲线

由图 11.36～图 11.38 可见，总体来说，各组样品的羟脯氨酸数值在第 5 天达到最大，说明第 1～5 天，细胞分泌的 I 型胶原在不断增加。第 1～3 天，羟脯氨酸含量增长幅度较大；第 3～5 天，其数量略有增长。结合 MTT 细胞生长曲线和碱性磷酸酶测试结果，可知第 1～3 天，细胞处于增殖期，数量在增加，同时活性较好；第 3～5 天，虽然细胞的数量还有少量增长，但各样品的碱性磷酸酶指标有所下降，这说明到细胞生长后期，有一部分细胞已经老化，其活力有所下降，从而导致其合成和分泌 I 型胶原的速率有所降低。图 11.39 给出各组样品在第 3 天时的羟脯氨酸含量比较，可见各组样品均大于 0 号细胞对照组，说明样品植入后能够促进细胞合成和分泌的 I 型胶原。从各组样品来看，除了 5 号样品外，其余样品的羟脯氨酸数值接近，说明其促进细胞合成和分泌的 I 型胶原的能力接近。

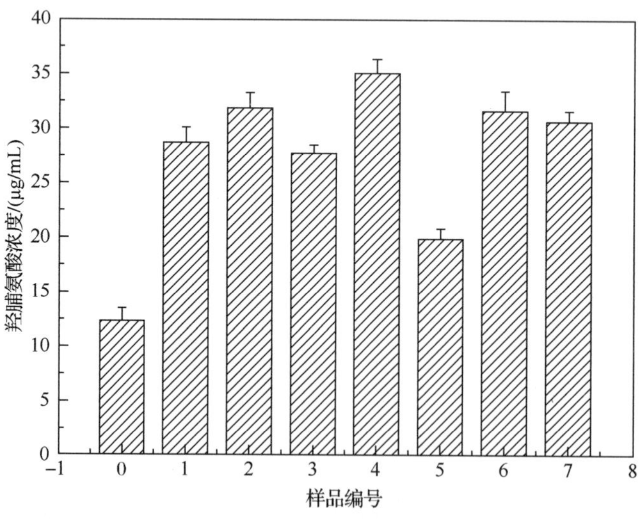

图 11.39　各样品羟脯氨酸比较

11.5　细胞凋亡评价

材料与细胞相互作用时，其细胞毒性可表现为抑制细胞生长与促进细胞凋亡。在进行了细胞生长形态、生长数量变化、生长活力变化等研究后，本节选用 casepase-3 目标基因，利用 RT-PCR 实验，从基因水平上研究细胞的凋亡。

RT-PCR 是将 RNA 的反转录（reverse-transcription，RT）和 cDNA 的聚合酶链式扩增（polymerase chain reaction，PCR）相结合的技术。首先经反转录酶的作用从 RNA 合成 cDNA，再以 cDNA 为模板，扩增合成目的片段。RT-PCR 技术灵敏且用途广泛，可用于检测细胞中基因表达水平、细胞中 RNA 病毒的含量和直接克隆特定基因的 cDNA 序列。作为模板的 RNA 可以是总 RNA、mRNA 或体外转录的 RNA 产物。无论使用何种 RNA，关键是确保 RNA 中无 RNA 酶和基因组 DNA 的污染。RT-PCR 用于对表达信息进行检测或半定量分析。其具体操作步骤如下。

1．Trizol 法提取 RNA

Trizol 法提取 RNA 的步骤如下：

1）用加样器将 1mL Trizol 加入准备好的样品中，吹打数次，待液体澄清且无细胞团块时，将液体转移至 Eppendorf 管（Gibco 公司），室温放置 5min 后，加入 0.2mL 氯仿，颠倒混匀后，室温放置 5min。

2）将 dorf 管放入低温离心机中，4℃，12000r/min 离心 15min，用移液器小心转移上层水相于另一 1.5mL Eppendorf 管中。

3）加入 0.5mL 异丙醇，混匀后放入−20℃冰箱过夜。

4）第 2 天取出 dorf 管，4℃，12000r/min 离心 10min 后，弃上清；加入预冷的 75%乙醇（溶于 DEPC 水中）1mL，4℃，7500r/min 离心 5min 后，弃上清。

5）在空气中干燥 5min 左右后，溶于 DEPC 水中至 20μL，放入 60℃水浴中 3min 后，测试蛋白与盐质含量。

2．逆转录获得 cDNA

将样品浓度调整一致后，将 RNA 按照 25μL 体系进行分管，按照说明书，加入 RT-PCR 试剂盒中各试剂；同时，分别加入内参基因 GAPHD 和目标基因 casepase-3 的下游引物。然后将 dorf 管放入 42℃水浴中 1h，获得逆转录的 cDNA 产物。

3．PCR 产物的获得

按照试剂盒说明书在 dorf 管中加入 Taq 酶、上游引物、下游引物和 cDNA 产物后，将 dorf 管放入 PCR 仪中。本实验的条件如下。

预变性：94℃　5min。

循环阶段：94℃　30s，退火温度　30s，72℃　30s。

（本实验的退火温度为 GAPDH：56℃，casepase-3：51℃）。
末端延伸：72℃ 10min。
共设 35 个循环。

4．凝胶电泳

将琼脂糖 0.7g、40mL 1×TAE 加入锥形瓶中，放入微波炉，中火 2min 左右，待溶胶沸腾后取出摇匀，重复几次直至胶体完全均匀后，趁热加入 2μL 溴化乙锭（EB），摇匀后灌入放有梳子的胶板中。待 1h 后胶体完全凝固，取出梳子，在点样孔中进行点样。

本实验中上样缓冲液 1μL+PCR 产物 4μL 为一个样，点样时对于同一个样品，将内参基因与目标基因点在同一个孔中方便比较。实验结果如图 11.40 所示。

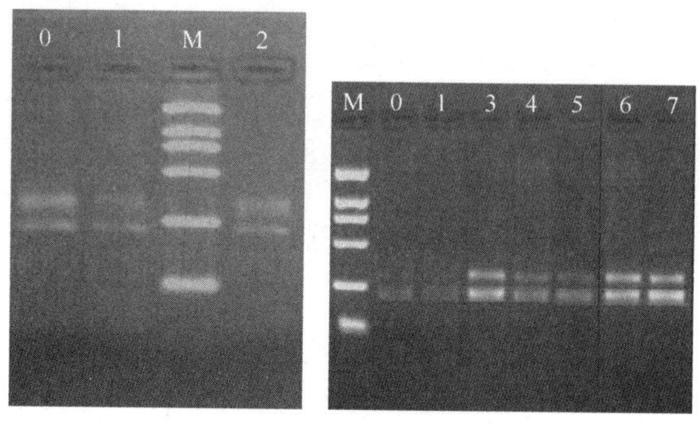

图 11.40　实验结果

图 11.40 中 M 为 DL-2000marker，其从上到下分别为 2000bp、1000bp、750bp、500bp、250bp、100bp。实验所用内参基因为 GAPDH，长度为 267bp；目标基因为 casepase-3，长度为 218bp。

Caspases 家族是近年来发现的一组存在于胞质溶胶中的结构上相关的半胱氨酸蛋白酶，它们的一个重要共同点是特异地断开天冬氨酸残基后的肽键。由于这种特异性，使 caspase 能够高度选择性地切割某些蛋白质，切割的结果或是活化某种蛋白，或使某种蛋白失活。其中 casepase-3 参与细胞凋亡的执行。通过半定量 RT-PCR 实验测试目标条带 casepase-3 与内参条带 GAPDH 的相对百分比，可以反映出细胞凋亡信号的大小，从而确定材料的细胞毒性。用 BandScan 软件对凝胶电泳得到的图片进行分析，计算目标条带所占的百分比，见表 11.1。

表 11.1　RT-PCR 数据列表

样本编号	0	1	2	3	4	5	6	7
casepase-3/%	46.2	62.3	54.4	70.2	64.5	60.1	59.3	57.3

由表 11.1 可见，细胞对照组（0 号样品）的 casepase-3 所占的百分比最小，说明细胞对照组细胞的相对凋亡数量最小。与 NiTi 记忆合金（1 号样品）的数据相比较，壳聚糖/肝素钠多层膜（3 号样品）和溶胶凝胶法 TiO_2（4 号样品）的凋亡基因数值较大，说

明这两种样品的细胞凋亡率较大，这可能是由于样品表面的弱酸性导致的。热氧化法 TiO_2（5 号样品）的凋亡基因数值比 NiTi 记忆合金略小，这是由于表面氧化后，较致密的 TiO_2 膜层抑制了 Ni^{2+}的溶出。而 PEI/肝素钠多层膜（2 号样品）、溶胶凝胶法 TiO_2/肝素钠（6 号样品）和热氧化法 TiO_2/肝素钠（7 号样品）的凋亡基因百分比都小于 NiTi 记忆合金，说明这 3 种样品的细胞毒性较小。这与 SEM 的结果相吻合。

综合以上分析结果可以看到，在血液相容性方面，进行了药物肝素钠负载的改性膜层确实能够在一定程度上减小溶血率，减少血小板黏附，延长凝血时间；而在细胞相容性方面，进行了药物肝素钠负载的改性膜层也表现出良好的细胞相容性。同时可以看到，复合膜层的制备有利于抑制 Ni^{2+}的溶出，降低样品的生物毒性。

本章小结

本章介绍了采用前述技术制备的 7 种药物负载复合膜层样品与 NiTi 记忆合金基材的细胞相容性对比，总结了细胞生长形态的观察、数量的记录、质量的测试和细胞凋亡基因的表达等研究，得到如下结果：

1）将各组样品放入细胞培养瓶后，其对周围细胞的影响较小，1d 后观察细胞形态正常，这说明样品短时间浸泡在培养液中的 Ni^{2+}释放数量有限，细胞毒性不明显。将样品置于 24 孔培养板中进行细胞爬片时，3d 后 SEM 结果显示 2 号、5 号、7 号样品表面的细胞生长情况良好；6 号和 1 号样品对细胞有一定的影响，但大部分细胞仍然可以在其表面生长；而 3 号、4 号样品导致部分细胞死亡。

2）通过 MTT、ALP 和 Hyp 实验，得到细胞生长数量和生长质量方面的结果。细胞生长 3d 时，各改性膜层组细胞数量均大于 NiTi 记忆合金组，小于细胞对照组，最大的 6 号样品比最小的 4 号样品多 28.57%；各改性膜层的细胞质量参差不齐，3 号～5 号样品均不如 NiTi 记忆合金，2 号、6 号样品均优于 NiTi 记忆合金，7 号样品和 NiTi 记忆合金差不多。

3）RT-PCR 实验结果显示，0 号～7 号样品细胞凋亡基因的表达分别为 46.2%、62.3%、54.4%、70.2%、64.5%、60.1%、59.3%和 57.3%，说明各样品的植入使得凋亡基因的表达均高于细胞对照组。与 NiTi 记忆合金相比，3 号、4 号样品 casepase-3 表达较高，说明细胞凋亡量多；2 号样品凋亡基因表达最少；5 号～7 号均比 NiTi 记忆合金小，但相差不多。

参考文献

[1] 浦素云. 金属植入材料及其腐蚀[M]. 北京: 北京航空航天大学出版社, 1990: 2-8.

[2] D. F. 威廉姆斯. 医用与口腔材料[M]. 朱鹤孙, 等译. 北京: 科学出版社, 1999: 12.

[3] JERGESEN F H. Studies of various factors influencing internal fixation as a method of treatment of fractures of the long bones[R]. Report to National Research Council, 1951.

[4] BUEHLER W J, GILFRICH J V, WILEY R C. Effect of low temperature phase changes on the mechanical properties of alloys near composition NiTi [J]. Journal of Applied Physics, 1963 (34):1475-1477.

[5] 杨大智, 吴明雄. Ni-Ti 形状记忆合金在生物医学领域的应用[M]. 北京: 冶金工业出版社, 2003: 57-186.

[6] RYHÄNEN J. Biocompatibility evaluation of nickel-titanium shape memory metal alloy [M]. Oulu: The University Hospital of Oulu, 1999.

[7] 杨大智. 形状记忆合金[J]. 科学, 1987(3): 188-193, 235, 239.

[8] TAN L Z. Effect of oxygen plasma source ion implantation on microstructure evolution and mechanical properties of nickel-titanium shape memory alloys [D]. Madison: The University of Wisconsin-Madison, 2003.

[9] 杨大智, 张连生, 王凤庭. 形状记忆合金[M]. 大连:大连工学院出版社, 1988: 10-20.

[10] 贾堤, 董治中, 于申军, 等. NiTi 合金的价电子结构分析及结合能计算[J]. 稀有金属, 1998(2): 3-5.

[11] 贾堤, 董治中, 于申军, 等. NiTi 形状记忆合金的价电子结构分析与马氏体相变[J]. 原子与分子物理学报, 1998, 15(3): 421-426.

[12] ANDREAS F V R. Handbook of biomaterials evalution [M]. New York: Macmilan Publishing Company, 1986.

[13] 贾堤, 费学宁, 王德法, 等. NiTi 形状记忆合金的价电子结构及其空间分布模型[J]. 天津城市建设学院学报, 2000(2): 89-91.

[14] 李文. 金属间化合物的价电子结构空间分布模型[D]. 中国有色金属学报, 1999(s1): 3-5.

[15] 马如璋, 蒋民华, 徐祖雄. 功能材料学概论[M]. 北京: 冶金工业出版社, 1999: 96.

[16] 郑玉峰, 赵连成. 生物医用镍钛合金[M]. 北京: 科学出版社, 2004: 99-168.

[17] 徐祖耀. 形状记忆材料[M]. 上海: 上海交通大学出版社, 2000: 10.

[18] 陈威, 张伟红, 刘礼华, 等. NiTi 基形状记忆合金加工工艺研究的现状和发展趋势[D]. 第九届全国塑性工程学术年会, 2005: 38-44.

[19] 俞庭耀, 张兴栋. 生物医用材料[M]. 天津: 天津大学出版社, 2001: 9.

[20] 崔福斋, 冯庆玲. 生物材料学[M]. 北京: 科学出版社, 1996: 17.

[21] 师昌绪. 生物降解聚合物[M]. 北京: 化学工业出版社, 1994: 6.

[22] 材料科学技术百科全书编委会. 材料科学技术百科全书[M]. 北京: 中国大百科出版社, 1995: 20.

[23] 崔振铎. 生物医学用镍钛形状记忆合金激光表面改性的研究[D]. 天津: 天津大学, 2002.

[24] WILLIAMS D F, WILLIAMS R L. Degradative effects of the biological environment on metals and ceramics, Biomaterials science; in: An introduction to materials in medicine [M]. San Diego: Academic Press, 1996: 260-267.

[25] RHALMI S, ODIN M, ASSAD M, et al. Hard soft tissue and in vitro cell response to porous nickel-titanium: a biocompatibility evaluation [J]. Biomed. Mater. Eng., 1999 (9): 151-162.

[26] CASTLMAN L S, MOTZKIN S M, ALICANDRI F P. Biocompatibility of Nitinol alloy as an implant material [J]. Journal of Biomedical Materials Research, 1976 (10):695-731.

[27] WEVER D J, VELDHRIZEN A G, VRIES J D, et al. Electrochemical and surface characterization of a nickel-titanium alloy[J]. Biomaterials, 1998 (19):761-769.

[28] ROCHER P, MEDAWAR L E, HORNEZ J C, et al. Biocorrosion and cytocompatibility assessment of NiTi shape memory alloys[J]. Scripta Materialia, 2004 (50): 255-260.

[29] CUI Z D, MAN H C, YANG X J. The corrosion and nickel release behavior of laser surface-melted NiTi shape memory alloy in Hank's solution[J]. Surface and Coatings Technology, 2005 (192): 347-353.

[30] ARNDT M, BRÜCK A, SCULLY T, et al. Nickel ion release from orthodontic NiTi wires under simulation of realistic in-situ conditions[J]. Journal of Materials Science, 2005, 40(14):3659-3667.

[31] STAROSVESKY D, GOTMAN I. Corrosion behavior of titanium nitride coated NiTi shape memory surgical alloy[J]. Biomaterials, 2001 (22): 1853-1859.

[32] SCHULTE A, BELGER S, ETIENNE M, et al. Imaging localized corrosion of NiTi shape memory alloys by means of alternating current scanning electrochemical microscopy(AC-SECM) [J]. Materials Science and Engineering A, 2004 (378): 523-526.

[33] 包柏成. NiTi 丝致敏的病案报道[J]. 口腔正畸学, 1997, 4(2): 76.

[34] 徐伟明, 李葛洪. 镍钛丝引起口腔粘膜过敏反应一例报道[J]. 口腔正畸学, 1997(2): 84.

[35] 茹连法. 镍钛丝引起口腔粘膜过敏反应 1 例[J]. 实用口腔医学杂志, 1999(2): 153-154.

[36] YAHIA L H, LOMBARDI S, HAGEMEISTER N, et al. Improvement of cytocompatibility and biomechanical compatibility of NiTi shape memory alloys[J]. Journal of Applied Biomechanics, 1995, 10(2):19-27.

[37] 邢春旺, 李晓眠. 正畸镍钛丝临床使用前后生物相容性研究[J]. 天津医药, 2005(1): 25-26,65.

[38] 鲍善芬, 王海鹰, 赵霖, 等. 镍钛形状记忆合金生物安全度的研究[J]. 军医进修学院学报, 1997(2): 18-21.

[39] 区宝祥, 陆彝芬, 黄小薇, 等. 微量元素镍在诱发大鼠鼻烟癌中的作用[J]. 广东医学, 1980(3): 32-35.

[40] 王海鹰, 鲍善芬, 李珍, 等. 形状记忆合金骨内植入后实验犬组织中镍钛含量的变化[J]. 军医进修学院学报, 1996, 17(2): 113-115.

[41] 赵英, 郭文杰, 宋焱峰, 等. 镍及其合金植入大鼠体内后镍的代谢变化[J]. 现代预防医学, 2007(20): 3830-3835, 3839.

[42] 李永滨, 孙明学, 卢世璧, 等. 镍及镍钛合金的致癌机制[J]. 军医进修学院学报, 2006, 27(2): 154-155.

[43] SHI C C, LIN S J, CHEN Y L, et al. The cytotoxicity of corrosion products of nitinol stent wire on culture smooth muscle cells[J]. Journal of Biomedical Materials Research, 2000 (52):395-403.

[44] GROSGOGEAT B, PERNIER C, SCHIFF N, et al. Biocompatibility and resistance to corrosion of orthodontic wires[J]. Orthod. Fr., 2003 (74):115-121.

[45] PETOUMENOU E, ARNDT M, KEILIG L, et al. Nickel concentration in the saliva of patients with nickel-titanium orthodontic appliances[J]. Am J Orthod Dentofacial Orthop, 2009, 135(1):59-65.

[46] AMINI F, BORZABADI F A, et al.In vivo study of metal content of oral mucasa cells in patients with and without fixed orthodontic appliances[J]. Orthod Craniofac Res, 2008, 11(1): 51-56.

[47] 吕晓迎, 包翔, 陆慧琴, 等. 基于基因表达芯片技术和生物信息学方法的金属离子细胞毒性机理初步研究[C]//2004 年中国材料研讨会文集. 北京: 中国材料研究学会, 2004:157.

[48] NIINOMI M. Recent research and development in titanium alloys for biomedical applications and healthcare goods [J]. Science and Technology of Advanced Materials, 2003 (4):445-454.

[49] 王胜难, 崔跃, 袁志山, 等. 医用金属材料离子释放机制、致病机理及防护[J]. 稀有金属材料与工程, 2015, 44(2):509-513.

[50] 邵明增, 崔春娟, 杨洪波. 医用 NiTi 形状记忆合金表面氧化改性研究进展[J]. 材料导报, 2018, 32(7): 1181-1186.

[51] MICHIARDI A, APARICIO C, PLANELL J A, et al. New oxidation treatment of NiTi shape memory alloys to obtain Ni-free surface and to improve biocompatibility[J]. Journal of Biomedical Materials Research party B: Appl. Biomater, 2006 (77):249-256.

[52] CUI Z D, MAN H C, YANG X J. The corrosion and nickel release behavior of laser surface-melted NiTi shape memory alloy in Hanks: solution [J]. Surface&Coating Technology, 2005 (192): 347-353.

[53] 刘敬肖, 杨大智, 徐久军, 等. 离子束合成 TiO_2 薄膜对医用 NiTi 合金表面的改性[J]. 材料研究学报, 2001, 15(4): 445-450.

[54] BRIEN B O, CAEEOLL W M, KELLY J. Passivation of nitinol wire for vascular implants –a demonstration of the benefits [J]. Biomaterials, 2002 (23):1739-1748.

[55] CHENG F T, SHI P, MAN H C. A preliminary study of TiO_2 deposition on NiTi by a hydrothermal method[J]. Surface&Coating Technology, 2004 (187):26-32.

[56] LIU J X, YANG D Z, SHI F, et al. Sol-gel deposited TiO_2 film on NiTi surgical alloy for biocompatibility improvement[J]. Thin Solid Films, 2003 (429):225-230.

[57] 杨贤金, 朱胜利, 崔振铎, 等. NiTi 合金表面化学沉积羟基磷灰石生物活性层机理的研究[J]. 功能材料, 2001(2): 154-155.

[58] LIU Y, YANG X J, CHENG M F, et al. Deposition of Bioactive layer on NiTi alloy by chemical treatment [J]. Journal of Materials Science and Technology, 2002, 18(6):534-537.

[59] 尹燕, 马宝玉, 夏天东, 等. NiTi 形状记忆合金表面电化学沉积-碱处理制备 HA 生物活性涂层[J]. 甘肃工业大学学报, 2003(1): 22-25.

[60] RAY W Y, JOAN P Y, LIU X Y, et al. Anti-corrosion performance of oxidized and oxygen plasma-implanted NiTi alloys[J]. Materials science & Engineering A, 2005 (390):444-451.

[61] 华英杰, 王崇太, 孟长功, 等. 表面氧化及离子注氮对 NiTi 形状记忆合金耐腐蚀性能的影响[J]. 功能材料, 2003(6): 654-656, 659.

[62] ZHAO X K, CAI W, ZHAO L C. Corrosion behavior of phosphorus ion-implanted Ni50.6Ti49.4 shape memory alloy[J]. Surface & Coatings Technology, 2002 (155):236-238.

[63] PELLETIER H, MULLER D, MILLE P, et al. Effect of high energy argon implantation into NiTi shape memory alloy [J]. Surface & Coatings Technology, 2002 (158-159): 301-308.

[64] STAROSVETSKY D, GOTMAN I. Corrosion behavior of titanium nitride coated NiTi shape memory surgical alloy[J]. Biomaterials, 2001 (22):1853-1858.

[65] 成艳, 蔡伟, 李洪涛, 等. 镀钽 TiNi 形状记忆合金表面的 XPS 分析[J]. 功能材料, 2004(5): 558-559, 562.

[66] GIACOMELLI F C, GIACOMELLI C, OLIVEIRA A G D, et al. Effect of electrolytic ZrO_2 coating on the breakdown potential of NiTi wires used as endovascular implants[J]. Materials Letters, 2005 (59):754-758.

[67] CHENG F T, SHI P, MAN H C. Nature of oxide layer formed on NiTi by anodic oxidation in methanol [J]. Materials Letters, 2005 (59): 1516-1520.

[68] 孔祥确, 金学军, 刘剑楠. 医用镍钛合金的阳极氧化表面改性研究[J]. 功能材料, 2016, 47(1):1007-1011.

[69] ENDO K, SACHDEVA R, ARAKI Y, et al. Effects of titanium nitride coating on surface and corrosion characteristics of NiTi alloy[C]//Proceedings of The First International Conference on Shape Memory and Superelastic Technologies. California: Pacific Grove, 1994: 233-237.

[70] CUI Z D, MAN H C, YANG X J. Characterization of the laser gas nitrided surface of NiTi shape memory alloy [J]. Applied Surface Science, 2003 (208-209):388-393.

[71] OHGOE Y, KOBAYASHI S, OZEKI K, et al. Reduction effect of nickel ion release on a diamond-like carbon film coated onto an orthodontic archwire [J]. Thin Solid Films, 2006 (497):218-222.

[72] 张征林, 邵力为, 徐爱群, 等. NiTi 基 C 型聚对二甲苯膜等离子体处理的表面能及生物相容性[J]. 功能材料, 1999(6): 3-5.

[73] 郭海霞, 梁成浩, 牟宗信. 离子注入 TiNiSMA 及 Co 合金耐蚀性与血液相容性研究[J]. 大连理工大学学报, 2002 (3): 301-305.

[74] 姜训勇, 高学平, 宋德瑛. 普通渗碳剂与新型高聚物渗碳剂进行 NiTi 合金固体渗碳的对比[J]. 金属学报, 2003 (9): 962-966.

[75] HEDAYAT A, RECHTIEN J, MUKHERJEE K. Phase transformation in carbon-coated nitinol with application to the design of a prosthesis for the reconstruction of the anterior cruciate ligament[J]. Journal of Materials Science: Materials in Medicine,

1992 (3):65-67.

[76] 杨隽, 汪建华, 童身毅. NiTi 合金表面低温等离子体接枝类 PEG 研究[J]. 材料科学与工程学报, 2004(4): 476-478.

[77] CHU C L, ZHOU J. In situ formation of titania film on NiTi alloy treated with hydrogen peroxide solution at low temperature [J]. Trans. Nonferrous Met. Soc. China, 2005, 15(4):834-838.

[78] M.G.方坦纳, N.D.格林. 腐蚀工程[M]. 北京: 冶金工业出版, 1982: 41.

[79] 朱姿虹, 邵红红, 王兰, 等. 医用 NiTi 合金表面无镍 TiO_2 层的制备与表征[J]. 功能材料, 2016, 47(7): 7182-7186.

[80] 孙秋霞. 材料腐蚀与保护[M]. 北京: 冶金工业出版社, 2000: 24.

[81] 张承忠. 金属的腐蚀与保护[M]. 北京: 冶金工业出版社, 1985: 16.

[82] 李年杏, 王俭秋, 韩恩厚, 等. 温度、pH 和 Cl^-浓度对 NiTi 形状记忆合金电化学行为的影响[J]. 中国腐蚀与防护学报, 2006, 26(4): 202-206.

[83] CHENG Y, CAI W, ZHAO L C. Effects of Cl^- ion concentration and pH on the corrosion properties of NiTi alloy in NaCl solution [J]. Journal of Mterials Science Letters, 2003 (22):239-240.

[84] 尤里克. 腐蚀科学与腐蚀工程导论[M]. 北京: 石油工业出版社, 1994:34-55.

[85] 杨贤金, 何菲, 朱胜利, 等. NiTi 形状记忆合金表面氧化膜的成分和结构[J]. 兵器材料科学与工程, 2002(2):7-10.

[86] LU H B, LI Y, WANG F H. Synthesis of porous copper from nanocrystalline two-phase Cu-Zr film by dealloying [J]. Scripta Materialla, 2007 (56):165-168.

[87] FATHY M B, BADR G A. Formation of self-organized titania nano-tubes by dealloying and anodic oxidation [J]. Electrochemistry Communications, 2006 (8):38-44.

[88] HAKAMADA M, MABUCHI M. Mechanical strength of nanoporous gold fabricated by dealloying [J]. Scripta Materialla, 2007 (56):1003-1006.

[89] QIAN L H, CHEN M W. Ultrafine nanoporous gold by low-temperature dealloying and kinetics of nanopore formation [J]. Applied Physics Letter, 2007 (91):083105.

[90] DING Y, KIM Y J, ERLEBACHER J. Nanoporous gold leaf: Ancient technology/advance material [J]. Advance Materials, 2004,16(21):1897-1900.

[91] LU X, BALK T J, SPOLENAK R, et al. Dealloying of Au-Ag thin films with a composition gradient:influence on morphology of nanoporous Au [J]. Thin Solid Film, 2007 (515):7122-7126.

[92] HUANG J F, SUN I W. Fabrication and surface functionalization of nanoporous gold by electrochemical alloying /dealloying of Au-Zn in ionic liquid, and the self-assembly of L-Cysteine monolayers[J]. Advance Functional Materials, 2005 (15):989-994.

[93] 肖纪美. 腐蚀总论: 材料的腐蚀及其控制方法[M]. 北京: 化学工业出版社, 1994: 12.

[94] 刘道新. 材料的腐蚀与防护[M]. 西安: 西北工业大学出版社, 2006: 48.

[95] 李洪桂. 湿法冶金[M]. 长沙: 中南大学出版社, 2002: 55.

[96] 傅崇说. 冶金溶液热力学原理与计算[M]. 北京: 冶金工业出版社, 1979: 55.

[97] 钟竹前, 梅光贵. 化学位图在湿法冶金和废水净化中的应用[M]. 长沙: 中南工业大学出版社, 1987: 28.

[98] 杨显万. 高温水溶液热力学数据计算手册[M]. 北京: 冶金工业出版社, 1983: 2.

[99] 郭持皓, 赵中伟, 霍广生. Li-Ni-H_2O 系的热力学分析[J]. 电源技术, 2005,29(6): 376-379.

[100] 杨熙珍, 杨武. 金属腐蚀电化学热力学: 电位-pH 图及其应用[M]. 北京: 化学工业出版社, 1991: 33-58.

[101] 武汉大学, 吉林大学, 等. 无机化学（下）[M]. 北京: 高等教育出版社, 2000: 67.

[102] 莫鼎成. 冶金动力学[M]. 长沙: 中南工业大学出版社, 1987: 12-40.

[103] 顾新丰, 蒋垚, 韩培, 等. 钛合金表面纳米化对成骨细胞黏附的影响[J]. 中国临床康复, 2006,10(25): 46-49, 195.

[104] WEBSTER T J, EJIOFOR J U. Increased osteoblast adhesion on nanophase metals:Ti, Ti6Al4V, and CoCrMo[J]. Biomaterials, 2004, 25(19): 4731-4739.

[105] SHIH C C, LIN S J, CHUNG K H, et al. Increased corrosion resistance of stent materials by converting current surface film

of polycrystalline into amorphous oxide [J]. Journal of Biomedical Materials Research, 2000 (52): 323-332.

[106] GREEN S M, GRANT D M, WOOD J V. XPS characterisation of surface modified NiTi shape memory alloy [J]. Materials Science & Engineering A, 1997 (224):21-26.

[107] JOKINEN M, PATSI M, RAHIALA H, et al. Influence of sol and surface properties on in vitro bioactivity of sol-gel-derived TiO_2 and TiO_2-SiO_2 films deposited by dip-coating method[J]. Journal of Biomedical Materials Research, 1998 (42):295-302.

[108] WOIRGARD J, TROMAS C, GIRARD J C, et al. Study of the Mechanical Properties of Ceramic Materials by the Nanoindentation Technique [J]. Acta Mater, 1999, 47(17): 2227-2235.

[109] 谢存毅. 纳米压痕技术在材料科学中的应用[J]. 物理, 2001, 30(7): 432-435.

[110] OLIVER W C, PHARR G M. An improved technique for determining hardness and elastic modulus using load and displacement sensing indentation experiments [J]. J .Mater. Res., 1992, 7(6):1564-1583.

[111] 梁英教, 车荫国. 无机物热力学手册[M]. 沈阳: 东北大学出版社, 1993: 66.

[112] 杨贤金, 梁玉, 朱胜利, 等. 钙磷层对 NiTi 形状记忆合金与骨组织结合特性的影响[J]. 材料热处理学报, 2002, 23(1): 40-42, 175.

[113] 杨武. 金属的局部腐蚀[M]. 北京: 化学工业出版社, 1993: 28.

[114] DAVID A A, DAVID M G. Characterisation of surface-modified nickel titanium alloys[J]. Materials Science & Engineering A, 2003, 349(1-2): 89-97.

[115] FILIP P, MUSIALEK J, MICHALEK K, et al. TiAlV/Al_2O_3/NiTi shape memory alloy smart composite biomaterials for orthopedic surgery[J]. Materials Science & Engineering A, 1999 (273-275): 769-774.

[116] RONDELLI G, VICENTINI B. Evaluation by electrochemical test of the passive film of equiatomic Ni-Ti alloy also in presence of stress-induced martensite[J]. Journal of Biomedical Materials Research, 2000, 51(1): 47-54.

[117] POHL M, HEBING C, FRENZEL J. Electrolytic processing of NiTi shape memory alloys[J]. Materials Science & Engineering A, 2004 (378):191-199.

[118] FIRSTOV G S, KUMAR H. Surface oxidation of NiTi shape memory alloy[J]. Biomaterials, 2002 (23): 4863-4868.

[119] TRIGWELL S, HAYDEN R D, NELSON K F, et al. Effects of surface treatment on the surface chemistry of NiTi alloy for biomedical applications[J]. Surface and Interface Analysis, 1998(26): 483-489.

[120] LIN C M, YEN S K. Biomimetic growth of apatite on electrolytic TiO_2 coating in simulated body fluid[J]. Materials Science & Engineering C, 2006 (26): 54-64.

[121] 宋江江, 沈嘉年, 李凌峰, 等. 电化学氧化生长纳米晶 TiO_2 光催化薄膜结构与性能表征[J]. 中国腐蚀与防护学报, 2002(2): 35-37.

[122] HAUFFE K. Oxidation of Metals[M]. New York: Plenum Press, 1965: 87.

[123] ZWILLING V, et al. Structure and physicochemistry of anodic oxide films on titanium and TA6V alloy[J]. Surface and Interface Analysis, 1999, 27(7): 629-637.

[124] 杨贤金, 何菲, 朱胜利, 等. NiTi 形状记忆合金表面氧化膜的成分和结构[J]. 兵器材料科学与工程, 2002,25(2): 7-10.

[125] TIETZE H, MULLNER M, SELAERT P, et al. Temperature-induced precipitation in the memory alloy NiTi[J]. Appl. Phys., 1984 (17): 1391.

[126] 聂琼, 许天民, 林久祥. 三种正畸用形状记忆合金丝的结构形貌分析[J]. 化学通报, 2007(8): 621-624.

[127] GAO X, JIANG L. Water-repellent legs of water striders[J]. Nature, 2004, 432(7013): 36.

[128] ZHANG D S, YOSHIDA T, MINOURA H. Low-temperature fabrication of efficient porous titania photoelect rodes by hydro-thermal crystallization at t he solid/ gas interface [J]. Adv. Mater., 2003 (15): 814-817.

[129] 颜鲁婷, 司文捷, 刘莲云, 等. 低温制备二氧化钛纳米薄膜研究进展[J]. 材料工程, 2006(s1): 495-497, 500.

[130] NATARAJAN C, NOGARNI G. Cathodic electrodeposition of nanocrystalline titanium dioxide thin films[J]. J Electrochem. Soc., 1996, 143(5): 1547-1550.

[131] ZHITOMIRSKY I. Cathodic electrosynthesis of titania films and powders [J]. Nanostructured Materials, 1997, 8(4): 521-528.

[132] KAVAN L, O'REGAN B, KAY A, et al. Preparation of Titania (anatase) Films on Electrodes by Anodic Oxidative Hydrolysis of Titanium Trichloride[J]. Electroanal Chem, 1993, 346(1-2): 291-307.

[133] MATSUMOTO Y, ISHIKAWA Y. A new electrochemical method to prepare mesoporous titanium (IV) oxide photocatalyst fixed on alumite substrate[J]. J. Phys.Chem., 2000 (104): 4204-4209.

[134] 潭小春, 黄颂羽. 电泳法制备 TiO_2 超微粒薄膜的研究[J]. 化学物理学报, 1998, 11(5): 416-421.

[135] GU Y W, TAY B Y, LIM C S, et al. Characterization of bioactive surface oxidation layer on NiTi alloy[J]. Applied Surface Science, 2005 (252): 2038-2049.

[136] 刘坤, 王福合, 尚家香, 等. NiTi（110）表面氧原子吸附的第一性原理研究, 物理学报, 2017, 66(21): 363-374.

[137] 顾汉卿, 徐国风. 生物医学材料学[M]. 天津: 天津科技翻译出版公司, 1993: 27.

[138] 许建霞, 王春仁, 奚廷斐. 生物材料血液相容性体外评价的研究进展[J]. 生物医学工程学杂志, 2004(5): 861-863, 870.

[139] 耿芳, 石萍, CHENG F T. NiTi 形状记忆合金表面 TiO_2 薄膜的制备及其血液相容性[J]. 中国有色金属学报, 2004(9): 1575-1579.

[140] TAKEMOTO S, YAMAMOTO T, TSURU K, et al. Platelet adhesion on titanium oxide gels: effect of surface oxidation[J]. Biomaterials, 2004 (25): 3485-3492.

[141] 夏亚一. NiTi 形状记忆合金及其表面改性层的生物相容性研究[D]. 兰州: 兰州大学, 2004.

[142] 孟洁, 许海燕. 生物材料与血液相互作用过程的研究进展[J]. 生物医学工程学杂志, 2005(6): 1271-1274.

[143] 刘敬肖, 杨大智, 梁成浩, 等. 316L 不锈钢表面电镀 Rh 膜的腐蚀行为及血液相容性研究[J]. 生物医学工程学杂志, 2001(2): 169-172.

[144] 郭海霞, 梁成浩, 穆琦. NiTi 及 Co 合金生物医用材料的腐蚀行为及血液相容性[J]. 中国有色金属学报, 2001(s2): 272-276.

[145] BELANGER M C, MAROIS Y. Hemocompatibility, biocompatibility, inflammatory and in vivo studies of primary reference materials low-density polyethylene and polydimethylsiloxane: a review[J]. J Biomed. Mater. Res., 2001 (58): 467.

[146] HUANGA N, YANGA P, LENG Y X, et al. Hemocompatibility of titanium oxide films[J]. Biomaterials, 2003 (24): 2177-2187.

[147] SUNNY M C, SHARMA C P. Titanium-protein interaction change with oxide layer thickness[J]. J. Biomater. Appl., 1991, 5(6): 89-98.

[148] HUANG N, YANG P, LENG Y X, et al. Surface Modification for Controlling the Blood-Materials Interface[R]. Chengdu: Southwest Jiaotong University, 2004.

[149] 张峰, 陈宇, 郑志宏, 等. 金红石型氧化钛覆膜热解碳的制备及血液相容性研究[J]. 中国科学 C 辑: 生命科学, 1999, 29(1): 104-107.

[150] KAWAHARA H. Studies on the effect of dental metals upon the mesenchymal cells in tissue culture [J]. J. Osaka. Anolontol. Soc., 1955, 18(2): 343-348.

[151] SHOUNANY Y, FENG X M, CONNELL O, et al. Apoptosis detection by annexin Ⅴbinding: a novel method for the quantitation of cell-mediated cytotoxicity[J]. J. Immu. Meth., 1998, 217(1-2): 61-70.

[152] WATAHA J C, HANKS C T, CRAIG R G. In vitro effects of metal ions on celluar metalbolism and the correlation between these effects and the uptake of the ions [J]. J. Biomed. Mater. Res., 1994, 28(4): 427-432.

[153] EICK J D, KOSTORYZ E L, JACOBS D W, et al. In vitro biocom-patibility of oxirane/ polyol dental composites with promising physical properties [J]. Dent. Mater., 2002, 18(5): 413-421.

[154] IGNATIUS A A, CLAES L E. In vitro biocompatibility of bioresorbable polymers: poly(l, dl-lactide) and poly(l-lactide-co-glycolide) [J]. Biomaterials, 1996, 17(8): 831-839.

[155] PIOLETTI D P, TAKEI H, LIN T, et al. The effects of calcium phosphate cemment particles on osteoblast function[J]. Biomaterials, 2000, 21(6): 1103-1107.

[156] SABITA S, STEPHEN D G. Screening of in vitro cytotoxicity by the adhesive test [J]. Biomaterials, 1990, 11(3): 133-139.

[157] JEAN G T, IAN A M, DARIUS B, et al. Isolation and characterization of multipotent skin-derived precursors from human skin[J]. Stem Cells, 2005 (23): 727-737.

[158] JEAN G T, MAHNAZ A, KARL J. Isolation of multipotent adult stem cells from the dermis of mammalian skin[J]. Nature Cell Biology, 2001 (3): 778-784.

[159] 史春梦, 程天民. 大鼠真皮多能间充质干细胞的分离培养[J]. 第三军医大学学报, 2001(9): 1068-1070.

[160] KARL J L, FERNANDES IAN A, MC KENZIE, et al. A dermal niche for multipotent adult skin-derived precursor cells[J]. Nature Cell Biology, 2004, 6(11): 1082-1093.

[161] 文亮, 屈纪富, 刘明华, 等. 真皮多能干细胞在创伤愈合中作用的实验研究[J]. 世界急危重病医学杂志, 2006, 3(1): 1074-1077.

[162] YOUNG H E, CEBALLOS E M, SMITH J C, et al. Pluripotent mesenchymal stem cells reside within avian connective tissue matrices[J]. In Vitro Cell Dev Biol Anim, 1993, 29(9): 723-736.

[163] 金岩. 组织工程学原理与技术[M]. 西安: 第四军医大学出版社, 2004: 36.

[164] C.莱茵斯 C, M. 皮特尔斯.钛与钛合金[M]. 陈振华, 等译. 北京: 化学工业出版社, 2005:68.

[165] SHABALOVSKAYA S A. Surface corrosion and biocompatibility aspects of Nitinol as an implant material [J]. Biomed. Mater. Eng., 2002(12): 69-79.

[166] WATAHA J C, LOCKWOOD P E, MAREK M, et al. Ability of Ni-containing biomedical alloys to activate monocytes and ednothelial cells in vitro [J]. J. Biomed. Mater. Res., 1999 (45): 251-257.

[167] ASSAD M, LEMIEUX N, RIVARD C H, et al. Comparative in vitro biocompatibility of nickel-titanium, pure nickel, pure titanium, and stainless steel: genotoxicity and atomic absorption evaluation[J]. Biomed. Mater. Eng., 1999 (9): 1-12.

[168] 张雪, 张扬, 冯翠娟, 等, 表面氧化镍钛形状记忆合金的细胞毒性[J]. 中国组织工程研究与临床康复, 2009, 13(34): 6645-6649.

医学器械与应用实例图片

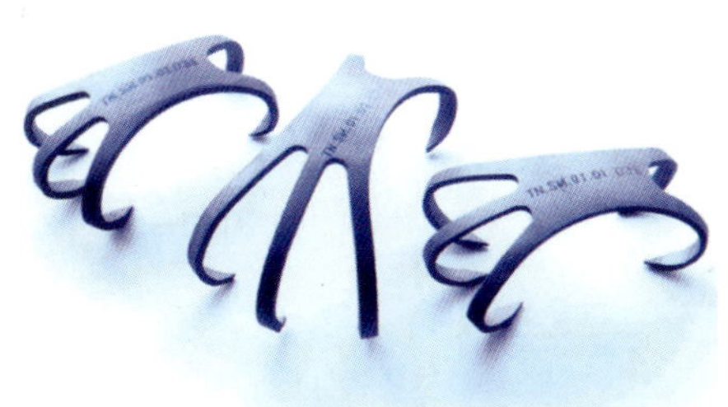

器械实例 1　NiTi 记忆合金髌骨爪

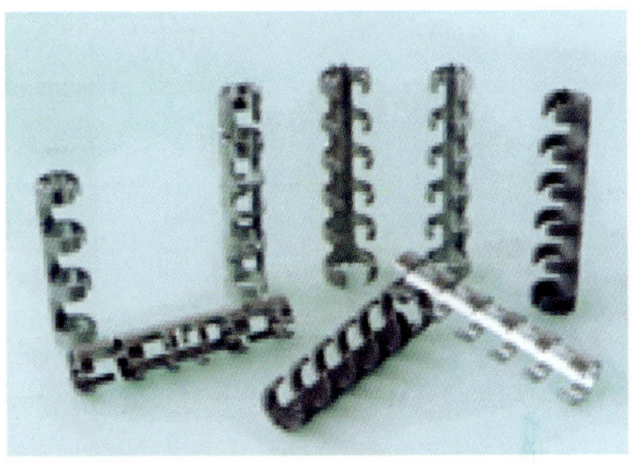

器械实例 2　NiTi 记忆合金环抱式接骨板

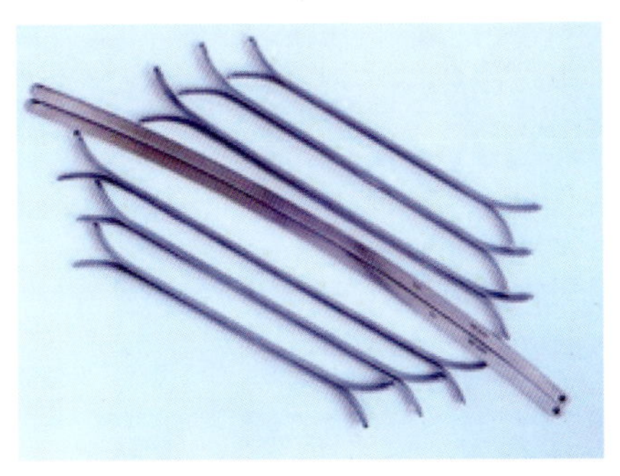

器械实例 3　NiTi 记忆合金髓内针

器械实例 4　NiTi 记忆合金骨卡环

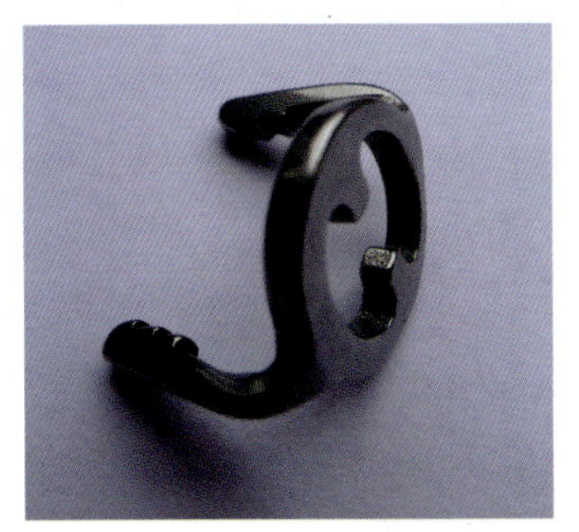

器械实例 5　NiTi 记忆合金颈椎前路记忆固定器

器械实例 6　NiTi 记忆合金天鹅接骨器

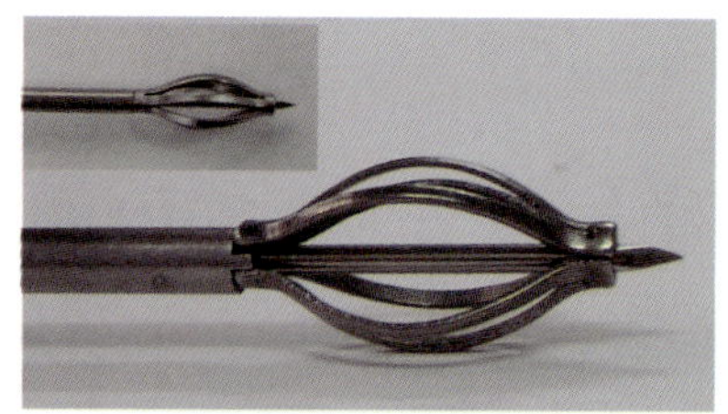

器械实例 7　NiTi 记忆合金脊柱支架

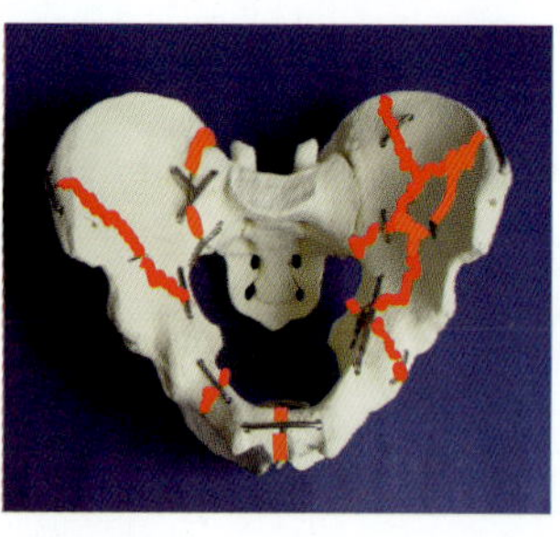

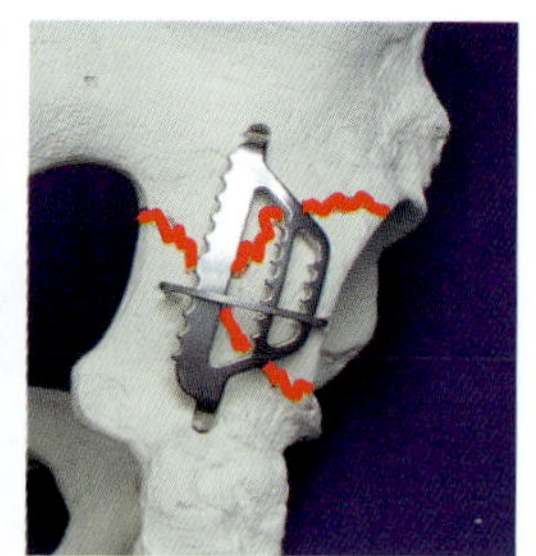

应用实例 1　NiTi 记忆合金骨盆三维内固定系统

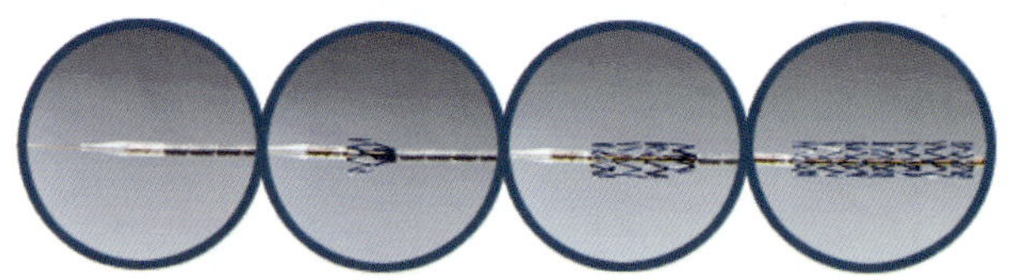

应用实例 2　NiTi 记忆合金冠状动脉支架

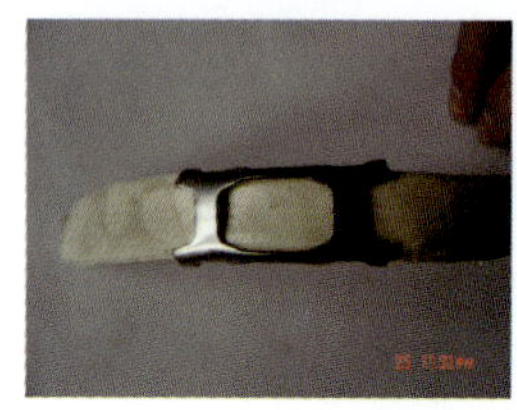

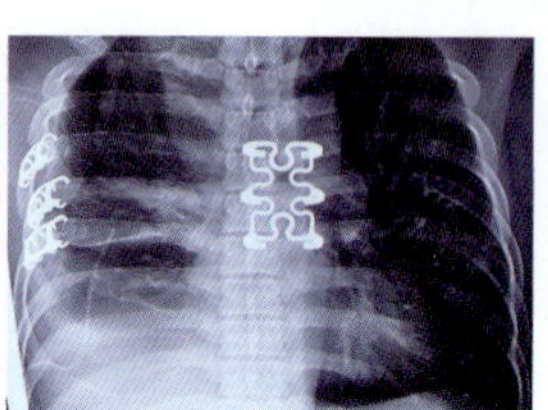

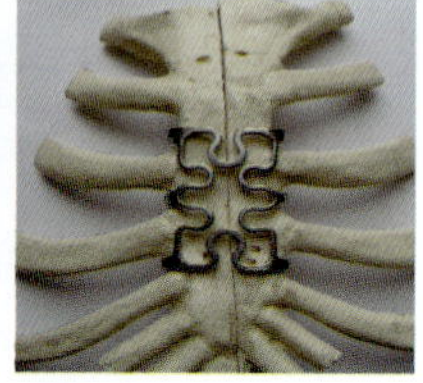

应用实例 3　NiTi 记忆合金肋骨接骨器和胸骨接骨器

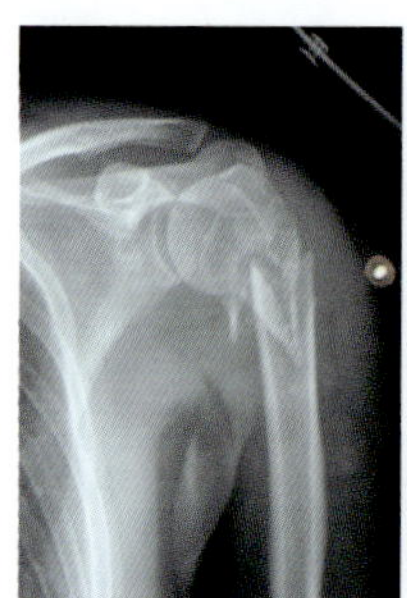

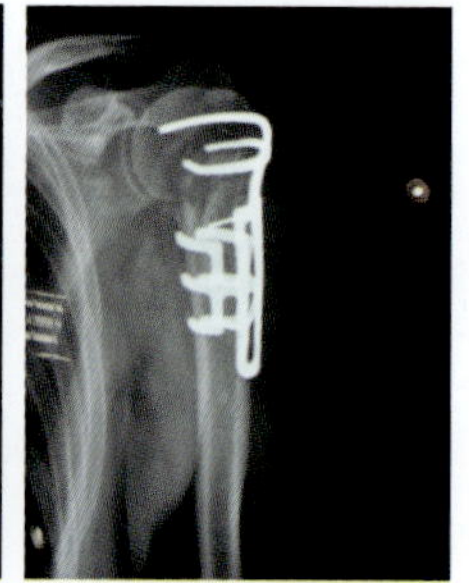

应用实例 4　肱骨头粉碎性骨折应用 NiTi 记忆合金内固定器手术前后

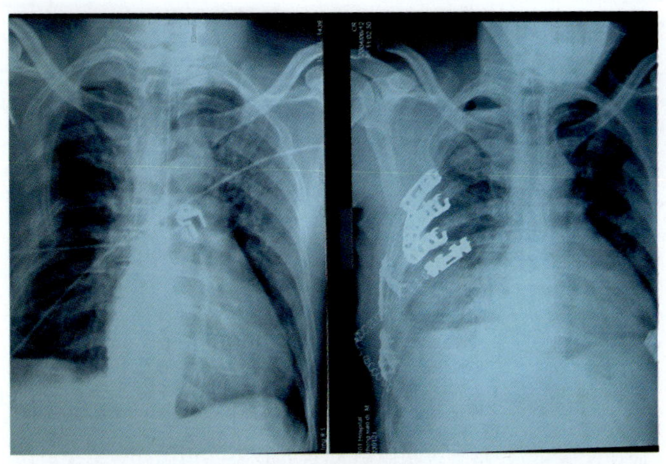

应用实例 5　肋骨骨折应用 NiTi 记忆合金内固定器手术前后

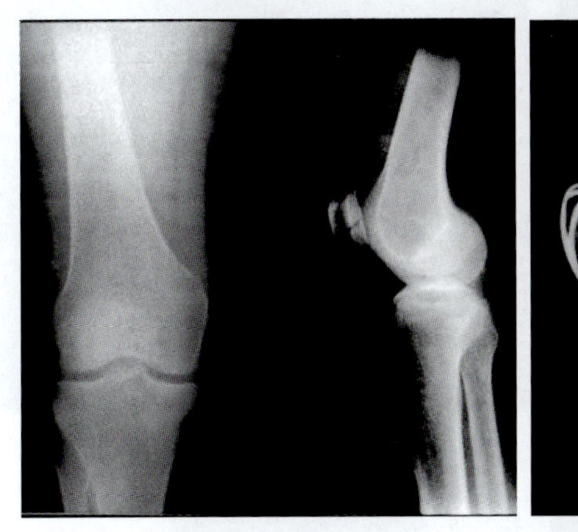
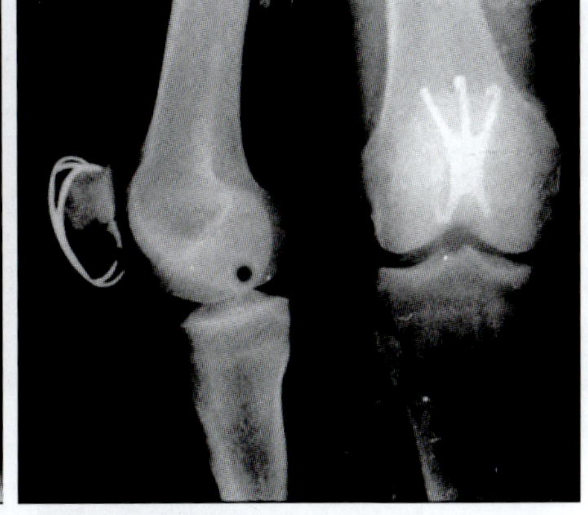

应用实例 6　髌骨骨折应用 NiTi 记忆合金髌骨爪手术前后

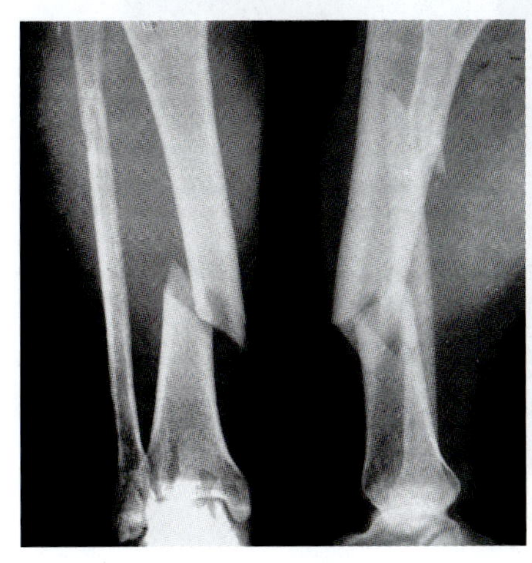
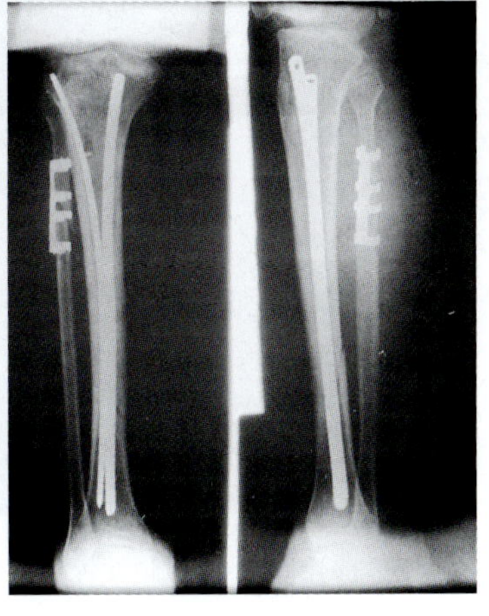

应用实例 7　胫腓骨骨折应用 NiTi 记忆合金内固定器手术前后

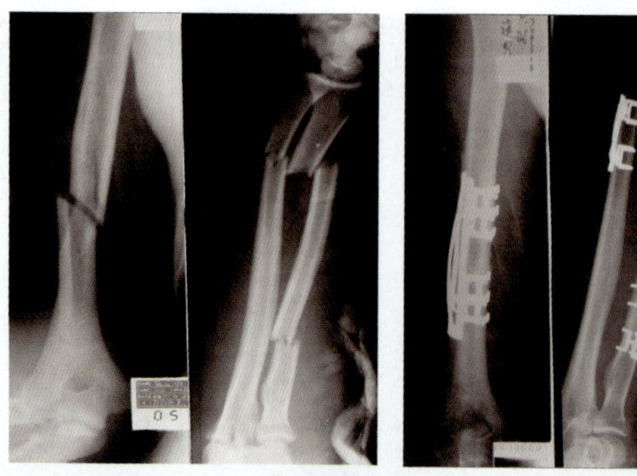

应用实例 8　尺桡骨骨折应用 NiTi 记忆合金内固定器手术前后

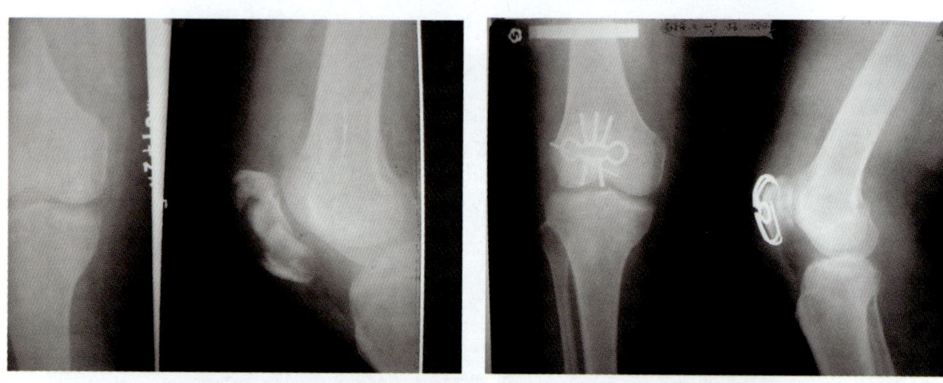

应用实例 9　髌骨骨折应用 NiTi 记忆合金蝶形髌骨爪手术前后

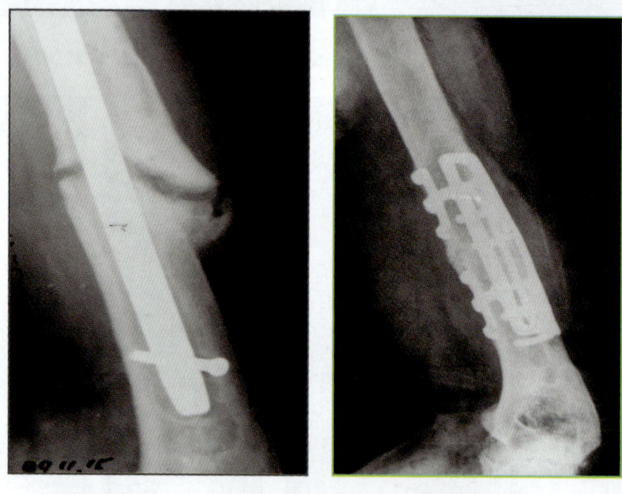

应用实例 10　肱骨骨折应用 NiTi 记忆合金内固定器手术前后

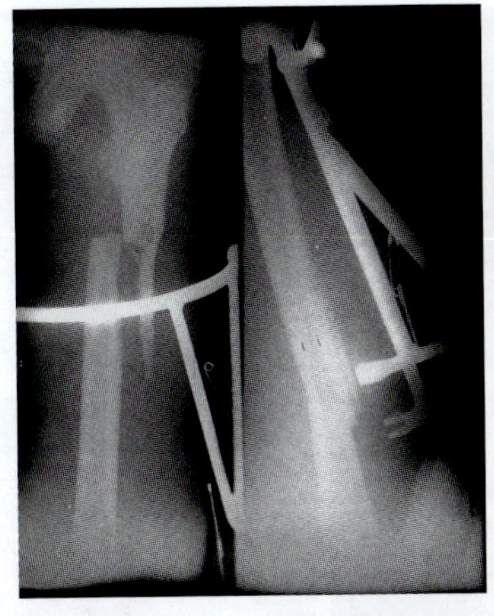
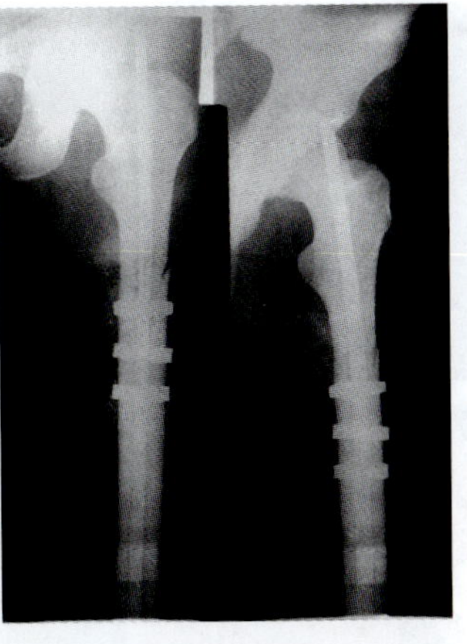

应用实例 11　股骨骨折应用 NiTi 记忆合金内固定器手术前后

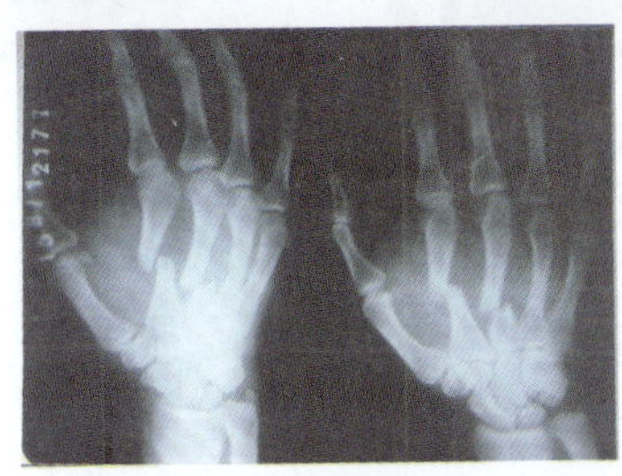
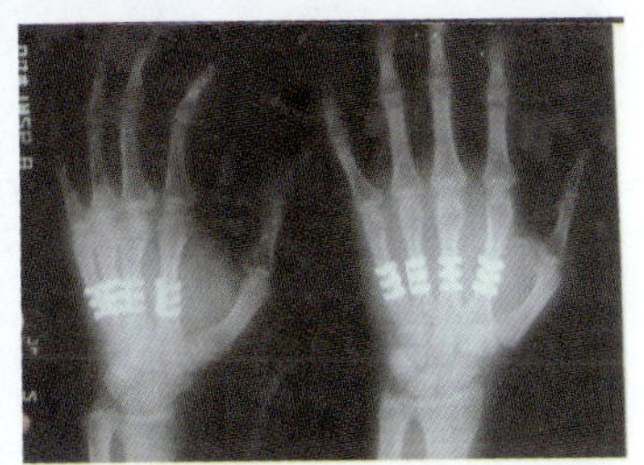

应用实例 12　指掌骨骨折应用 NiTi 记忆合金内固定器手术前后

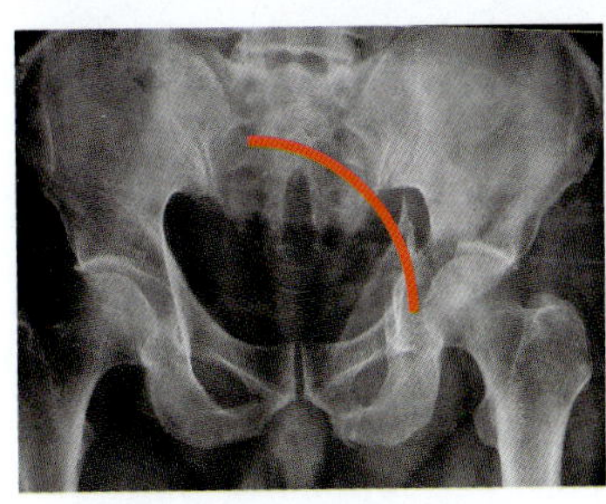
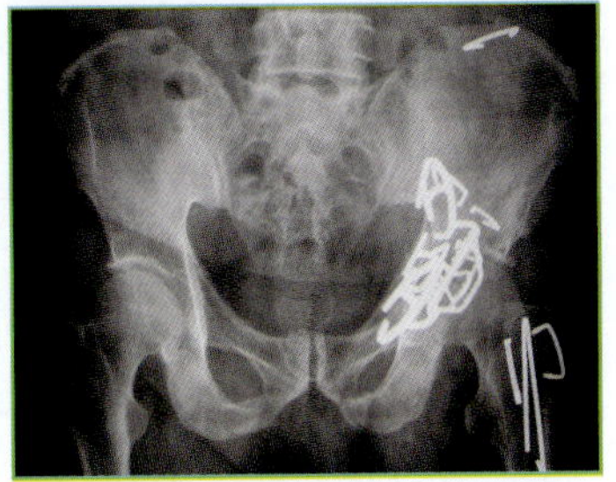

应用实例 13　骨盆骨折应用 NiTi 记忆合金内固定器手术前后

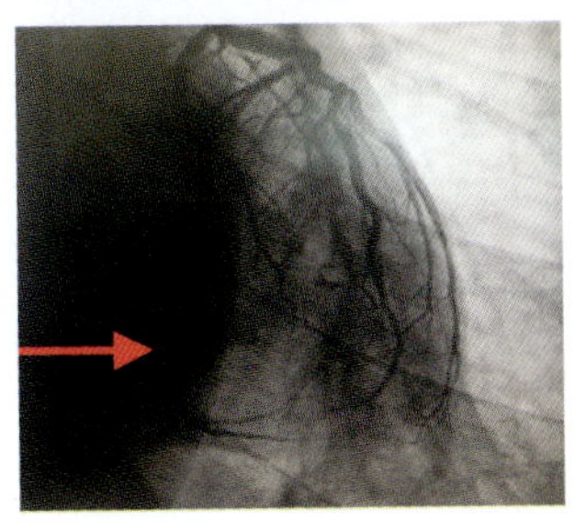
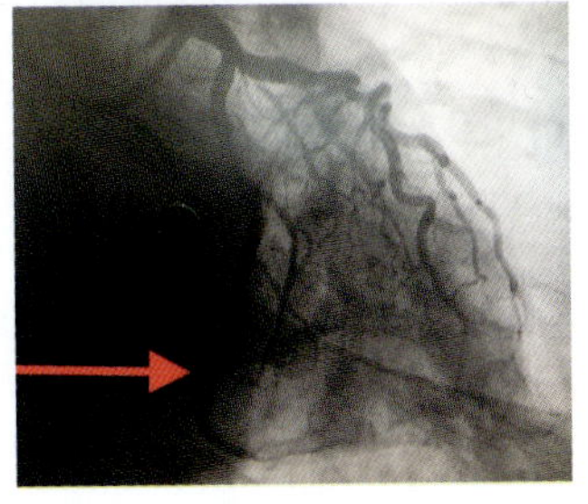

应用实例 14　回旋支狭窄应用 NiTi 记忆合金支架手术前后

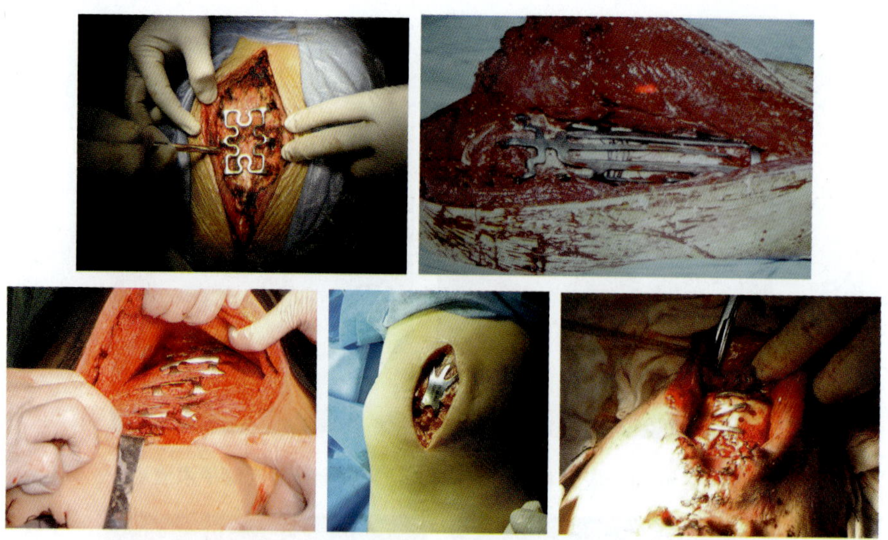

应用实例 15　胸骨、肱骨、肋骨、髌骨、弓齿骨折利用
NiTi 记忆合金相变安装内固定器手术操作